GUANGDONG
JIGONG

智能制造生产线的网络安装与调试

广东省职业技术教研室　组织编写

全国优秀出版社
全国百佳图书出版单位
广东教育出版社
·广　州·

图书在版编目（CIP）数据

智能制造生产线的网络安装与调试 / 广东省职业技术教研室组织编写．— 广州：广东教育出版社，2021.7（2022.6重印）
（“广东技工”工程教材．新技能系列）
ISBN 978-7-5548-4415-1

Ⅰ．①智… Ⅱ．①广… Ⅲ．①智能制造系统—自动生产线—运营—职业教育—教材 Ⅳ．①TH166

中国版本图书馆CIP数据核字（2021）第169254号

出 版 人：朱文清
策　　划：李　智
责任编辑：叶楠楠
责任技编：佟长缨
装帧设计：友间文化

智能制造生产线的网络安装与调试
ZHINENG ZHIZAO SHENGCHANXIAN DE WANGLUO ANZHUANG YU TIAOSHI

广东教育出版社出版发行
（广州市环市东路472号12—15楼）
邮政编码：510075
网址：http：// www.gjs.cn
佛山市浩文彩色印刷有限公司印刷
（佛山市南海区狮山科技工业园A区 邮政编码：528225）
787毫米×1092毫米 16开本 16印张 320 000字
2021年7月第1版 2022年6月第2次印刷
ISBN 978-7-5548-4415-1
定价：43.00元
质量监督电话：020-87613102 **邮箱**：gjs-quality@nfcb.com.cn
购书咨询电话：020-87615809

“广东技工”工程教材
指导委员会

主　任：陈奕威

副主任：杨红山

委　员：魏建文　刘正让　袁　伟　高良锋　邱　璟　陈鲁彬
刘启刚　陈　锋　叶　磊

“广东技工”工程教材新技能系列
专家委员会

组　长（按姓氏拼音排序）：

郭海龙　牛增强　王永信　叶　晖

成　员（按姓氏拼音排序）：

陈彩凤　成亚萍　廖俊峰　林　坚　魏文锋　吴玉华
杨永强　叶光显

《智能制造生产线的网络安装与调试》
编写委员会

主　　编：陈兆铭　梁秋霞

副 主 编：严　铖　聂思明

参编人员（按姓氏拼音排序）：

金正宾　刘　宏　牛保琴　谭伟健　温沪斌

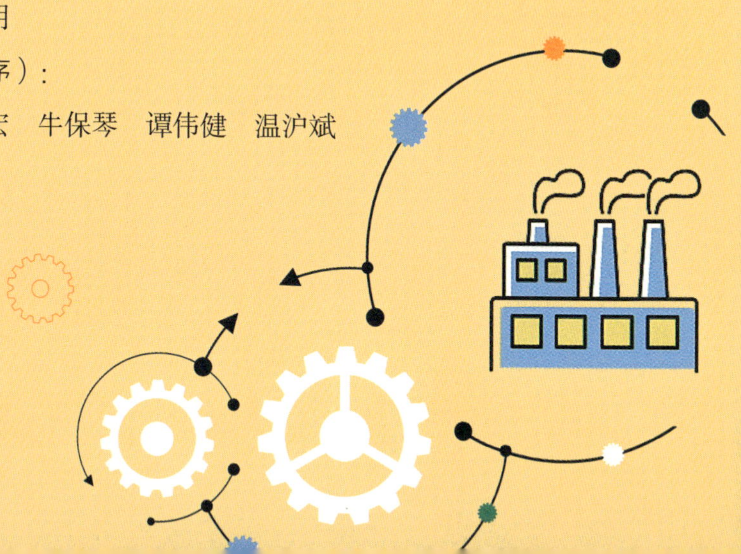

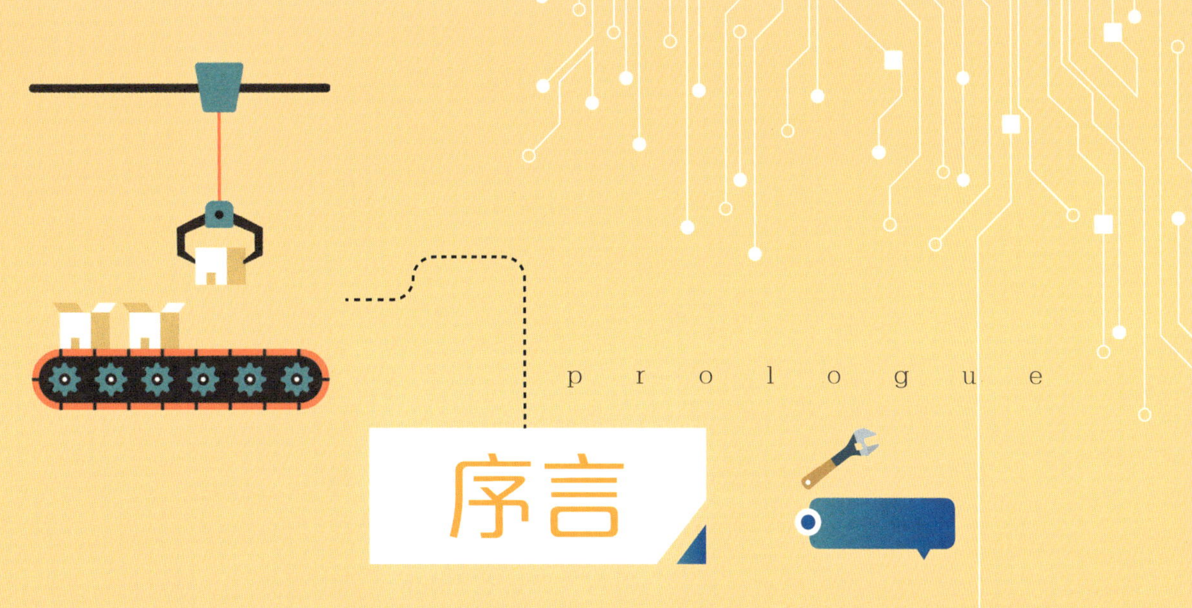

序言

技能人才是人才队伍的重要组成部分，是推动经济社会发展的重要力量。党中央、国务院高度重视技能人才工作。党的十八大以来，习近平总书记多次对技能人才工作作出重要指示，强调劳动者素质对一个国家、一个民族发展至关重要。技术工人队伍是支撑中国制造、中国创造的重要基础，对推动经济高质量发展具有重要作用。要健全技能人才培养、使用、评价、激励制度，大力发展技工教育，大规模开展职业技能培训，加快培养大批高素质劳动者和技术技能人才。要在全社会弘扬精益求精的工匠精神，激励广大青年走技能成才、技能报国之路。要加快构建现代职业教育体系，培养更多高素质技术技能人才、能工巧匠、大国工匠。总书记的重要指示，为技工教育高质量发展和技能人才队伍建设提供了根本依据，指明了前进方向。

广东省委、省政府深入贯彻落实习近平总书记重要指示和党中央决策部署，把技工教育和技能人才队伍建设放在全省经济社会发展大局中谋划推进，高规格出台了新时期产业工人队伍建设、加强高技能人才队伍建设、提高技术工人待遇、推行终身职业技能培训制度等政策，高站位谋划技能人才发展布局。2019年，李希书记亲自点题、亲自谋划、亲自部署、亲自推进了“广东技工”工程。全省各地各部门将实施“广东技工”工程作为贯彻落实习近平新时代中国特色社会主义思想和习近平总书记对广东系列重要讲话、重要指示精神的具体行动，以服务制造业高质量发展、促进更加充分更高质量就业为导向，努力健全技能人才培养、使用、评价、激励制度，加快培养造就一支规模宏大、结构合理、布局均衡、技能精湛、素养优秀的技能人才队伍，推动广东技工与广东制造共同成长，为打造新发展格局战略支点提供坚实的技能人才支撑。

在中央和省委、省政府的关心支持下，广东省人力资源和社会保障厅深入实施“广东技工”工程，聚焦现代化产业体系建设，以高质量技能人才供给为核心，以技工教育高质量发展和实施职业技能提升培训为重要抓手，塑造具有影响力的重大民生工程广东战略品牌，大力推进技能就业、技能兴业、技能脱贫、技能兴农、技能成才，让老百姓的增收致富道路越走越宽，在社会掀起了“劳动光荣、知识崇高、人才宝贵、创造伟大”的时代风尚。强化人才培养是优化人才供给的重要基础、必备保障，在“广东技工”发展壮大征程中，广东省人力资源和社会保障厅坚持完善人才培养标准、健全人才培养体系、夯实人才培养基础、提升人才培养质量，注重强化科研支撑，统筹推进“广东技工”系列教材开发，围绕广东培育壮大10个战略性支柱产业集群和10个战略性新兴产业集群，围绕培育文化技工、乡村工匠等领域，分类分批开发教材，构建了一套完整、科学、权威的“广东技工”教材体系，将为锻造高素质广东技工队伍奠定良好基础。

新时代意气风发，新征程鼓角催征。广东省人力资源和社会保障厅将坚持高质量发展这条主线，推动“广东技工”工程朝着规范化、标准化、专业化、品牌化方向不断前进，向世界展现领跑于技能赛道的广东雄姿，为广东在全面建设社会主义现代化国家新征程中走在全国前列、创造新的辉煌贡献技能力量。

广东省人力资源和社会保障厅

2021年7月

前言

“十四五”时期，我国改革开放和社会主义现代化建设进入高质量发展的新阶段，加快发展现代产业体系，推动经济体系优化升级已成为高质量发展的核心、基础与前提。制造业是国家经济命脉所系，习近平总书记多次强调要把制造业高质量发展作为经济高质量发展的主攻方向，促进我国产业迈向全球价值链中高端，特别对广东制造业发展高度重视、寄予厚望，明确要求广东加快推动制造业转型升级，建设世界级先进制造业集群。

广东作为全国乃至全球制造业重要基地，认真贯彻落实党中央、国务院决策部署，始终坚持制造业立省不动摇，持续加大政策供给、改革创新和要素保障力度，推动制造业集群化、高端化、现代化发展，现已成为全国制造业门类最多、产业链最完整、配套设施最完善的省份之一。但依然还存在产业整体水平不够高、新旧动能转换不畅、关键核心技术受制于人、产业链供应链不够稳固等问题。因此，为适应制造业高质量发展的新形势新要求，广东省委、省政府立足现有产业基础和未来发展需求，谋划选定十大战略性支柱产业集群和十大战略性新兴产业集群进行重点培育，努力打造具有国际竞争力的世界先进产业集群。

“广东技工”工程是广东省委、省政府提出的三项民生工程之一，以服务制造业高质量发展、促进更加充分更高质量就业为导向，旨在健全技能人才培养、使用、评价、激励制度，加快培养大批高素质劳动者和技能人才，为广东经济社会发展提供有力的技能人才支撑。“广东技工”工程教材新技能系列作为“广东技工”工程教材体系的重要板块，重在为广东制造业高质量发展实现关键要素资源供给保障提供技术支撑，聚焦10个战略性支柱产业集群和10个战略性新兴产业集群，不断推进技能人才培养“产学研”高度融合。

该系列教材围绕推动广东制造业加速向数字化、网络化、智能化发展而编写，教材内容涉及智能工厂、智能生产、智能物流等智能制造（工业化4.0）全过程，注重将新一代信息技术、新能源技术与制造业深度融合，首批选题包括《智能制造单元安装与调试》《智能制造生产线编程与调试》《智能制造生产线的运行与维护》《智能制造生产线的网络安装与调试》《工业机器人应用与调试》《工业激光设备安装与客户服务》《3D打印技术应用》《无人机装调与操控》《全媒体运营师H5产品制作实操技能》《新能源汽车维护与诊断》10个。该系列教材计划未来将20个产业集群高质量发展实践中的新技能培养、培训逐步纳入其中，更好地服务“广东技工”工程，推进广东省建设制造业强省，推进广东技工与广东制造共同成长。

该系列教材主要针对院校高技能人才培养，适度兼顾职业技能提升，以及企业职工的在岗、转岗培训。在编写过程中始终坚持“项目导向，任务驱动”的指导思想，“项目”以职业技术核心技能为导向，“任务”对应具体化实施的职业技术能力，涵盖相关理论知识及完整的技能操作流程与方法，并通过“学习目标”“任务描述”“学习储备”“任务实施”“任务考核”等环节设计，由浅入深，循序渐进，精简理论，突出核心技能实操能力的培养，系统地为制造业从业人员提供标准的技能操作规范，大幅提升新技能人才的专业化水平，推进广东制造新技术产业化、规模化发展。

在该系列教材组织开发过程中，广东省职业技术教研室深度联系院校、新兴产业龙头企业，与各行业专家、学者共同组建编审专家委员会，确定教材体系，推进教材编审。广东教育出版社以及全体参编单位给予了大力支持，在此一并表示衷心感谢。

目录

contents

项目四　基于网络控制系统的CC-Link通信应用实践

项目五　基于工业网络系统的智能制造生产线的安装与调试

项目一

智能制造生产线网络系统

项目导入

2020年2月，人力资源和社会保障部正式发布“工业互联网工程技术人员”新职业，并纳入《中华人民共和国职业分类大典》。当前，工业互联网高技术高质量人才紧缺，急需提高职业技能培训技术和服务水平，支撑工业互联网人才队伍建设，推动工业互联网进一步创新发展。

职业名称：工业互联网工程技术人员。

职业编码：2-02-10-13。

职业定义：围绕工业互联网网络、平台、安全三大体系，在网络互联、标识解析、平台建设、数据服务、应用开发、安全防护等领域，从事规划设计、技术研发、测试验证、工程实施、运营管理和运维服务等工作的工程技术人员。

我们尝试将本项目与新职业“工业互联网工程技术人员”对标，将其职业功能、工作内容、技能要求、相关知识要求等融入项目各任务中。

任务：智能制造生产线网络系统的认知。

考虑目前工控市场占有率、技术成熟度等因素，本项目将介绍ProfiNet、CC-Link IE、Modbus TCP、Ethernet/IP、EtherCAT等先进的工业网络技术，从而使读者对工业网络有比较深入的了解。最后通过对基于工业网络的水利闸门监控系统进行分析，使读者认识工业网络系统的结构与组成，认识工业网络实训平台主要网络设备的功能与作用。

智能制造生产线网络系统的认知

1. 了解工业网络的定义、发展、分类。
2. 了解OSI七层模型，认识工业网络的特点及本质。
3. 认识工业网络在工业现场中的典型应用。
4. 能够举例引证工业网络在实现“互联网+先进制造业”中的重要作用。
5. 能够列举三种以上的工业网络，并说出其特点。
6. 认识工业网络实训平台，简述平台主要设备的功能。

任务描述

工业网络技术是智能制造的核心技术之一，是学习智能制造综合工厂必须掌握的技术。

在本任务的学习中，我们将结合机电工学中有关“工业网络技术”“网络控制技术”和“现场总线应用”等的概念，探究工业网络的发展过程和技术体系，分析工业网络的定义、系统特性，进而让学习者可以明白并且举例引证工业网络在实现“互联网＋先进制造业”中的重要作用。

学习储备

一、工业网络技术的产生

工业控制网络从结构上看可分为三个层次，从底向上依次为：现场设备层、制造执行层和企业管理层。

最上层的企业管理层，主要用于企业经营管理等方面信息的传输。中间的制造执行层，主要用于监控、优化、调度等方面信息的传输。企业管理层和制造执行层上各终端设备之间进行信息交换的数据报文都比较长，数据吞吐量比较大，因此要求网络必须具有较大的带宽，均主要由快速以太网（Ethernet）组成。

最底层的现场设备层（现场总线）是指安装在制造或过程区域的现场装置与控制室内的自动装置之间的数字式、串行、多点通信的数据总线，主要用于控制系统中大量现场设备之间测量与控制信息的传输。这些信息报文的长度一般都比较短，对网络传输的吞吐量要求不高，但对通信响应的实时性和确定性要求较高，同时要有较强的可靠性和安全性。由于以上特点和特殊性，目前现场设备层主要由低速现场总线网络组成。

随着工业自动化系统正向分布化、智能化的实时控制方向发展，统一的通信协议和网络的要求日益迫切。而且，今天以太网已无可争议地成为企业管理层的主要网络技术，现场总线也由RS485、RS232等串行通信方式逐渐统一到以太网络，几乎所有的可编程控制器（PLC）和远程I/O供应商都能提供支持TCP/IP的以太网接口的产品。所以，工业网络被人们普遍认为是未来现场总线的最佳解决方案。

从技术上讲，工业网络技术充分吸收、利用了传统现场总线技术与商用以太网技术中的适用技术，但又比传统现场总线技术简单、易用，技术开发和应用难度大大降低，因此容易被用户接受。对比传统现场总线技术，工业网络技术有以下优点。

（1）具有相当高的数据传输速率（目前已达到100 Mbps），能提供足够的带宽。

（2）由于具有相同的通信协议，Ethernet和TCP/IP很容易集成到IT世界。

（3）能在同一总线上运行不同的传输协议，从而能建立企业的公共网络平台或基础构架。

（4）在整个网络中，运用了交互式和开放的数据存取技术。

（5）沿用多年，已为众多的技术人员所熟悉，市场上能提供广泛的设置、维护和诊断工具，成为事实上的统一标准。

（6）允许使用不同的物理介质和构成不同的拓扑结构。

总体而言，工业网络技术以其成本低、易于组网、数据传输速率高、易与Internet连接和几乎所有的编程语言都支持以太网的应用开发的优点而受到广大工程人员的欢迎。当然，工业网络技术也存在着确定性和实时性欠佳的问题，但目前已由于智能集线器、主动切换功能、优先权的引入以及双工的布线等设备与技术的使用得到了极大的改善。

二、网络七层模型（OSI七层模型）

OSI是一个开放性的通信系统互连参考模型，是一个协议规范。OSI模型有七层结构，如图1-1-1所示，每层都可以有几个子层。OSI的七层从上到下分别是应用层、表示层、会话层、传输层、网络层、数据链路层、物理层；其中高层（即7、6、5、4层）定义了应用程序的功能，下面三层（即3、2、1层）主要面向通过网络的端到端的数据流。

OSI模型将开放系统的通信功能划分为七个层次，各层协议各自独立，相似的功能集中在同一层内，功能差别较大时则分层处理，每层只对相邻的上、下层定义接口。

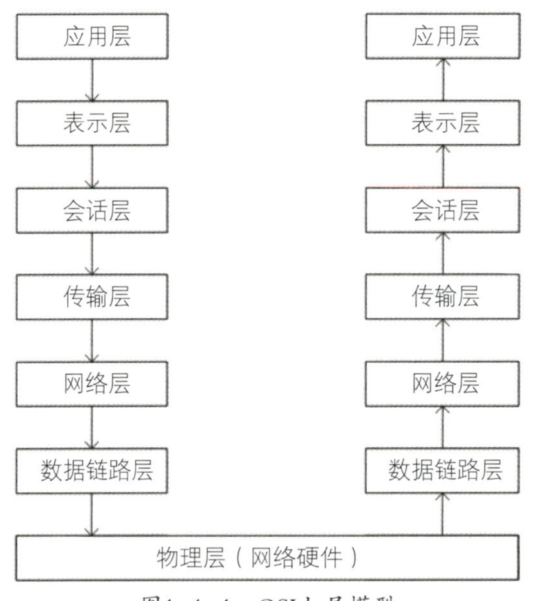

图1-1-1　OSI七层模型

（1）应用层：为应用软件提供文件服务器、数据库、电子邮件等网络服务，让应用程序与其他计算机进行网络通信，如SMTP、HTTP、FTP、WWW等。

（2）表示层：主要功能是定义数据格式及加密。例如，FTP允许选择以二进制或ASCII格式传输。如果选择二进制格式，那么发送方和接收方不改变文件的内容。如果选择ASCII格式，发送方将把文本从发送方的字符集转换成标准的ASCII后发送数据。

（3）会话层：定义如何开始、控制和结束一个会话，以及管理数据交换等，即维护两个结点之间的传输连接，以便确保点到点传输不中断，从而使表示层看到的数据是连续的。

（4）传输层：向用户提供可靠的端到端服务，处理数据包错误、数据包次序，以及其他一些关键传输问题。例如，是选择差错恢复协议还是无差错恢复协议（如TCP或UDP）。传输层向高层屏蔽了下层数据通信的细节，是计算机通信体系结构中最关键的一层。

（5）网络层：为端到端的包数据在节点之间传输创建逻辑链路。这一层定义了能够标识所有结点的逻辑地址（如IP），还定义了路由实现的方式、选择算法以及实现拥塞控制、网络互连等功能。

（6）数据链路层：定义了在单个链路上如何传输数据。即在物理层提供的服务的基础上，在通信的实体间建立数据链路连接，传输以“帧”为单位的数据包，并采用差错控制与流量控制方法，使有差错的物理线路变成无差错的数据链路，如SDLC、IEEE 802.2、令牌环网（已淘汰）等。

（7）物理层：OSI的物理层规范是有关传输介质的特性标准，这些规范通常也参考了其他组织制定的标准。连接头、针、电流、电压、编码及光调制等都属于各种物理层规范中的内容。物理层常用多个规范完成对所有细节的定义，如RJ45、IEEE 802.3、IEEE 802.15（蓝牙）等。

OSI模型为网络数据通信提供了要领性和功能性结构，是工业计算机网络的基础，对我们理解工业网络或者现场总线很有帮助。

工业生产现场的传感器、控制器、执行器，通常相当零散地分布在一个较大范围内。对由它们组成的工业控制底层网络来说，单个节点面向控制的信息量不大，信息传输的任务比较简单，但对实时性、快速性的要求较高。典型的现场总线协议模型如图1-1-2所示。

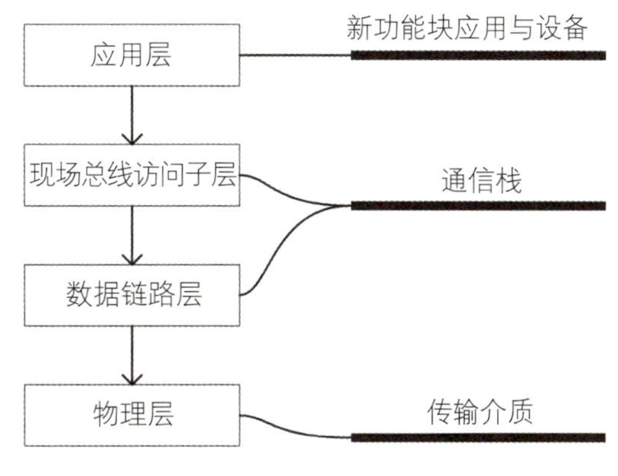

图1-1-2　典型的现场总线协议模型

典型的现场总线协议模型采用OSI模型中的3个典型层——物理层、数据链路层和应用层，是OSI模型的简化形式。在省去中间3～6层后，考虑现场总线的通信特点，设置一个现场总线访问子层，具有结构简单、执行协议直观、价格低廉等优点，也满足工业现场应用的性能要求。总之，OSI模型是工业网络和现场总线技术的基础。

三、主流工业网络技术介绍

目前，主流工业网络技术主要有：ProfiBus用户组织（PNO）/西门子公司推出的ProfiNet，CC-Link协会/三菱公司推出的CC-Link IE，Modbus-IDA/施耐德电气公司推出的Modbus TCP，控制网国际组织（CI）和开放式设备网供货商协会（ODVA）/罗克韦尔自动化公司推出的Ethernet/IP，倍福自动化有限公司推出的EtterCAT。事实上，ProfiNet、Ethernet/IP已是IEC 61158所包含的现场总线，也被写入了现场总线行规IEC 61784-1。此外，Modbus/TCP已成为半导体工业的标准。

1. ProfiNet简介

ProfiNet由PI（ProfiBus International）组织制定，是以互联网技术为基础的自动化总线标准。它为工业现场通信提供了一套完整的解决方案，包括实时以太网、运动控制、分布式自动化以及网络安全等；同时，作为跨供应商的技术，它能够兼容现有的现场总线（如ProfiBus）技术，保护现有投资。ProfiNet基于工业网络，采用存贮转发机制而非现场总线的共享方式通信，总线带宽和节点扩展能力强。

2. CC-Link IE简介

CC-Link IE技术是CC-Link协会于2007年推出的开放、高速、可实现无缝通信的新型工业网络。CC-Link IE目前包含两大协议：CC-Link IE控制网络与CC-Link IE现场网络。CC-Link IE控制网络适用于高速、大容量的控制器分散控制通信。CC-Link IE现场网络适用于现场的分布I/O控制、运动控制、简单的控制器分散控制。CC-Link IE被列入SEMI标准，2008年CC-Link被批准成为中国国家标准（GB/T 19760《CC-Link控制与通信网络规范》）。

3. Modbus TCP简介

Modbus是施耐德电气公司于1979年开发的一种工业现场总线协议标准，主要的物理层接口有RS232、RS422、RS485。1999年施耐德电气公司公布了基于以太网的

Modbus协议——Modbus TCP，这也是首个工业网络技术。Modbus TCP基本上没有对Modbus协议本身进行修改，只是为了满足控制网络实时性的需要，改变了数据的传输方法和通信速率。Modbus TCP协议完全开放，因此，支持该协议的厂家比较多，典型的是施耐德、GE等。Modbus TCP设备包括：连接到Modbus TCP网络上的客户机和服务器、用于Modbus TCP网络和串行线子网互连的路由器或网关等互连设备。Modbus TCP以一种非常简单的方式将Modbus帧嵌入TCP帧中，在应用层采用与常规的Modbus/RTU协议相同的登记方式。Modbus TCP采用一种面向连接的通信方式，即每一个呼叫都要求一个应答。这种呼叫/应答的机制与Modbus的主/从机制相互配合，使Modbus TCP交换式以太网具有很强的确定性。

4. Ethernet/IP简介

Ethernet/IP是主推ControlNet现场总线的罗克韦尔自动化公司开发的工业网络协议。Ethernet/IP网络采用商业以太网通信芯片、物理介质和星形拓扑结构，采用以太网交换机实现各设备间的点对点连接，能同时支持10 Mbps和100 Mbps商用以太网产品。Ethernet/IP的协议由IEEE802.3物理层和数据链路层标准、TCP/IP协议组、控制与信息协议（CIP）等三个部分组成。因而使用通用的设备规范和目标库，使得不同厂商的复杂设备之间都能兼容。

5. EtherCAT实时以太网技术简介

EtherCAT总线技术是德国倍福自动化有限公司提出的实时工业网络技术。EtherCAT技术采用专门的实时以太网硬件控制器，在介质访问控制（MAC）层采用实时MAC接管通信控制，能获得响应时间短于1 ms的硬实时。EtherCAT使用标准的以太网物理层和普通的以太网控制卡，以双绞线或光纤为传输媒介，利用以太网全双工特性，采用主从模式介质访问方式实现主—从—主之间的循环通信。在运动控制领域使用EtherCAT，在拓扑结构、时钟同步、数据传输速度和构建成本方面具有很大的优势。

一、工业网络应用案例分析：基于工业网络的水利闸门监控系统

水利闸门监控系统具有设备繁多、闸门分布较为分散的特点。图1-1-3所示的是

一个典型的基于工业网络的水利闸门监控系统，主要由可编程控制器、以太网交换机、水位传感器、闸位传感器、智能电量表、闸门现地控制单元、监控工控机、视频监控摄像头、视频监控主机、服务器和远程管理工作站等设备组成。

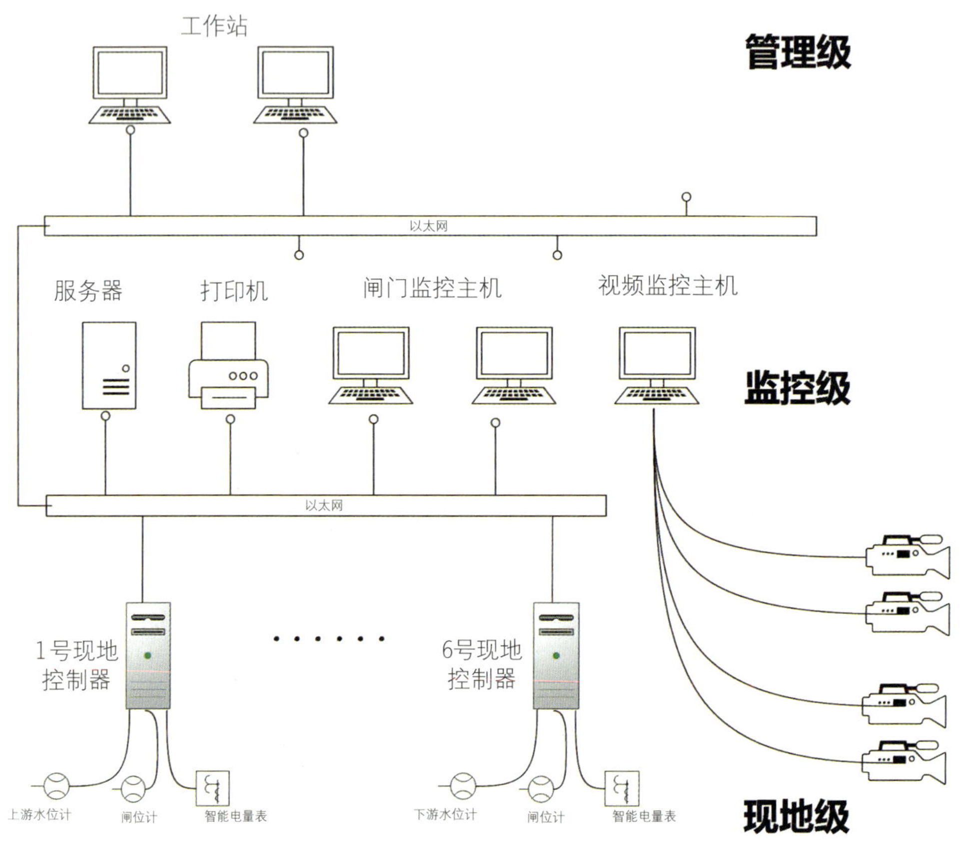

图1-1-3 基于工业网络的水利闸门监控系统

可以看出，整个闸门自动监控系统被分成三个层次：第一层是连接上级管理部门内部局域网的管理信息层，称之为管理级；第二层是闸管所内部局域网上互相联网的监控主机和服务器等，称之为监控级；第三层是现场各设备的网络层，称之为现地级。

现地控制器由PLC和输出继电器等设备组成，下接各类传感器与执行机构的输入输出信息点，采集设备运行参数和状态信号；上接监控级工控主机的监测监控命令，上传现场的实时信息。PLC通过工业网络，完成现地级的通信，并与监控级的交换机相连，将现地级的各种实时信息传递给监控工控机。监控工控机通过工业网络，记录实时数据、参数数据和历史数据，便于用户查询。

整个闸门监控系统通过工业网络贯穿，可进行极快的直接通信，实现了闸门监控和信息管理的无缝集成。同时利用工业网络可以同步进行监控与实现远程修改程序参数。

二、认识工业网络控制系统

工业网络的主要设备是转发器、网桥、路由器和网关。它们的功能传统上划分如下。

1. 转发器

转发器是连接LAN最简单的设备，它运行在OSI模型的物理层，工作在两个媒体访问方法和数据传输速率相同的LAN之间，其任务是将一个LAN收到的信号不失真地重新生成后转发到下一个LAN，扩展LAN的覆盖距离，如图1-1-4所示。如一个以太网电缆段的最大长度为500 m，超过500 m则信号变弱、失真，传输不可靠。使用转发器，可链接三个以太网电缆段，整个总线长度达1500 m，但也不能再长，否则时延增加，报文不能在网络协议要求的时间内应答。转发器不能控制信息或路由选择，也不具备网络管理能力。

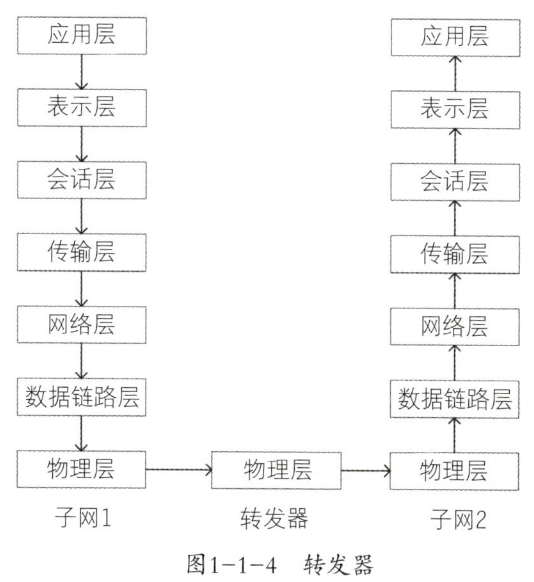

图1-1-4 转发器

2. 网桥

网桥连接LAN，它运行在OSI模型的数据链路层，如图1-1-5所示。数据链路层分成逻辑链路控制（LLC）和介质访问控制（MAC）两个子层，网桥实质上运行在MAC子层。网桥不执行协议变换功能，它监视所链接的两个子网上的全部通信量，检查

MAC子层上每个数据分组的源地址和目的地址，确定分组来自哪个子网，拟送往哪个子网。

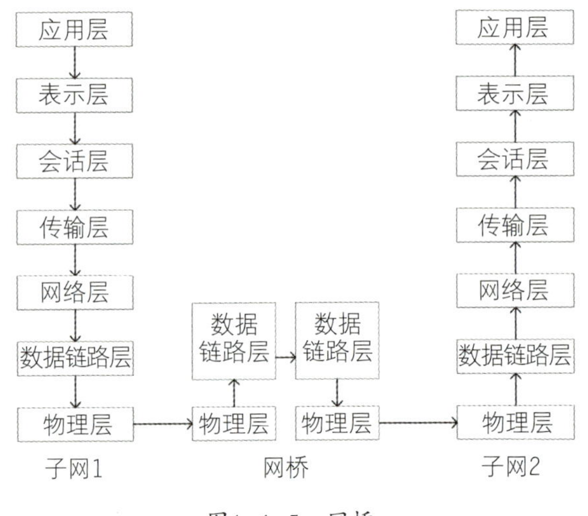

图1-1-5　网桥

3. 路由器

路由器可连接LAN或WAN，它运行在OSI模型的网络层，如图1-1-6所示。路由器比网桥更智能，它拥有一张全网络图，包含该层协议上运行的设备及目前未运行的设备。网桥只能检查所传送数据分组的目的地址是否在本网内，从而决定是否需转发；而路由器则可根据网络图，检查连往目的地址的各通路的状态，从中选择最佳路由。路由器是与协议关联的设备，它只能用于连接相同协议的网络。

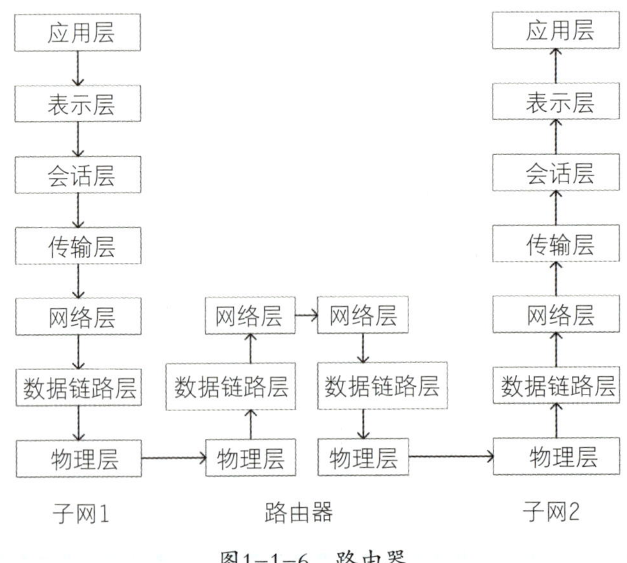

图1-1-6　路由器

4. 网关

网关运行在OSI模型传输层及其上的高层，它互连不同体系结构的网络或媒体，提供协议变换及路由选择功能，使得某一类型网络上的设备能与另一类型网络上的设备相互通信，如图1-1-7所示。显然，网关比网桥或路由器复杂得多，并且开销要大一些。网关可用于LAN—LAN之间，也可用于LAN—WAN之间。

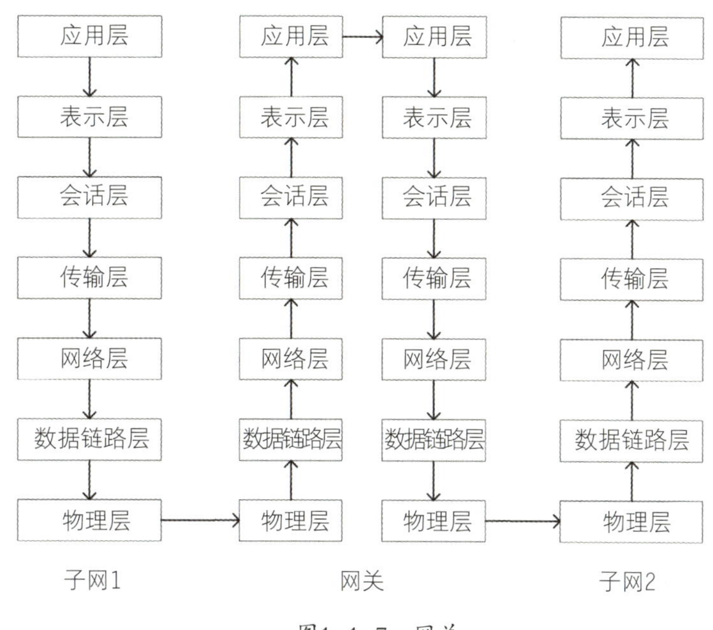

图1-1-7 网关

三、认识网络实训平台主要设备的功能

对比工业网络实训平台，参考工业网络实训室实训指导书，简述平台主要设备的功能（表1-1-1）。

表1-1-1 网络实训平台主要设备功能

名称及规格型号	产品图片	功能描述
路由器		路由器连接外网和提供实训室无线网络连接环境
XL90智能网关		XL90智能网关对三菱PLC、西门子PLC和汇川PLC这三种PLC的信号进行收集和转发，起到对三种PLC进行通信信号交互的作用

（续表）

名称及规格型号	产品图片	功能描述
三菱远程IO		三菱远程IO模块：NZ2MFB1-32DT
西门子分布式IO		西门子分布式IO模块：ET 200SP
16口网络交换机		每个实训室1个16口网络交换机

任务考核

一、对任务实施的完成情况进行检查，并将结果填入表1-1-2内。

表1-1-2　项目一任务考核评价表

考核内容						
	考核评比要求		项目分值	自我评价	小组评价	教师评价
专业能力（60%）	了解工业网络	认识工业网络技术： （1）能够说出五个工业网络技术相对于传统如ProfiBus的工业现场总线的优点； （2）能够列举一个工业网络的实际应用案例	10			
		能够说出OSI七层模型，并简述每层的作用： （1）描述OSI七层模型； （2）简述OSI七层模型的功能	10			
		认识主流工业网络（ProfiNet、CC-Link IE、Modbus TCP）： （1）能够列举两种以上的主流工业网络； （2）能够说出ProfiNet、CC-Link IE、Modbus TCP的主要推广企业	10			

（续表）

考核内容						
专业能力（60%）	考核评比要求		项目分值	自我评价	小组评价	教师评价
	认识工业网络实训平台主要网络设备	认识实训平台主要网络设备： （1）能够说出实训平台的网络设备名称； （2）能够说出实训设备中路由器、智能网关、交换机的作用，无错误或遗漏	30			
综合能力（40%）	信息收集能力	基础理论；收集和处理信息的能力；独立分析和思考问题的能力；综述报告	10			
	交流沟通能力	编程设计、安装、调试总结；程序设计方案论证	10			
	分析问题能力	程序设计与线路安装调试基本思路、基本方法研讨；工作过程中处理程序设计	10			
	深入研究能力	将具体实例抽象为模拟安装调试的能力；相关知识的拓展与知识水平的提升；了解步进顺序控制未来发展的方向	10			
备注	强调项目成员注意安全规程及行业标准； 本项目可以小组或个人形式完成					

二、完成下列相关知识技能拓展题。

（1）参考工业网络实训室实训指导书，绘制实训系统网络拓扑图。

（2）简述工业网络实训室主要网络设备的功能，并说说与西门子PLC、三菱PLC对应的分布式IO采用何种工业网络，汇川PLC与智能网关之间采用何种工业网络。

（3）通过网络搜集资料，列举一种工业网络在工业现场中的应用。

（4）列举三种以上的主流工业网络，说说其特点。

项目二

基于ProfiNet现场总线的网络通信应用实践

项目导入

ProfiNet是结合了ProfiBus与标准以太网两者的优势发展而来的通信协议，由西门子公司创立并在其工控产品上广泛应用，是一种非常成熟、成功的现场总线技术。

为使读者逐步深入了解西门子ProfiNet通信技术，做到知其然亦知其所以然，本项目将结合实训平台，通过以下四个任务帮助读者学习ProfiNet技术及其通信组态。

任务一　西门子ProfiNet通信技术的认知

任务二　基于网络控制系统的ProfiNet IO通信组态与应用

任务三　西门子ET 200SP分布式I/O组态与调试

任务四　西门子PLC与智能网关的Modbus TCP通信应用编程与调试

以上四个任务均结合了网络实训平台的设备项目。希望通过本项目四个任务的学习，读者能了解ProfiNet与Modbus TCP通信技术原理及其特点，掌握ProfiNet IO通信组态与接线的基本流程，掌握基于ProfiNet工业网络控制系统的调试方法，并掌握西门子PLC与智能网关的通信方法。

西门子ProfiNet通信技术的认知

1. 对比ProfiBus，认识ProfiNet通信技术的产生及其优势。
2. 理解记忆ProfiNet的结构和通信机制。
3. 认识ProfiNet IO工业网络中的设备类型及其功能。
4. 理解ProfiNet IO系统的拓扑结构并掌握其安装方法。
5. 能够列举ProfiNet IO通信中的设备类型。

在本任务中，我们将学习ProfiNet工业网络技术。通过对比ProfiBus，认识ProfiNet工业网络的特点。同时还将学习ProfiNet的结构和通信机制，在这部分的知识学习中，尤其需要理解记忆ProfiNet的设备类型、ProfiNet IO启动前寻址的机制。

一、ProfiBus与ProfiNet现场总线比较

ProfiBus和ProfiNet是由PNO推出的两种现场总线。

ProfiBus是一种国际化、开放式、不依赖于设备生产商的现场总线标准。它是一种用于工厂自动化车间级监控和现场设备层数据通信与控制的现场总线技术，能实现现场设备层到车间级监控的分散式数字控制和现场网络通信，从而为实现工厂综合自动化和现场设备智能化提供可行的解决方案。

ProfiNet是PNO推出的新一代基于工业网络技术的自动化总线标准。该技术为自动化通信领域提供了一个完整的工业网络解决方案，囊括了诸如分布式自动化、运动控制、实时以太网、故障安全以及网络安全等自动化领域的许多热点话题，并且可完全兼容工业网络或现有的ProfiBus现场总线技术，可有效地保护现有投资。

表2-1-1为ProfiBus与ProfiNet两种网络的性能比较。

表2-1-1　ProfiBus与ProfiNet的性能比较

性能指标	ProfiBus	ProfiNet
传输最大带宽/Mbps	12	100
传输方式	半双工	全双工
一致性数据最大长度/B	32	254
用户数据最大长度/B	244	1400
总线最大长度/m	100（12 Mbps时）	100
引导轴	必须在DP主站中运行	可以在任意SIMOTION中运行
组态和诊断	需要专门的接口模块（如CP5512）	可使用标准的以太网卡
抗干扰性能	可能引起通信问题	几乎没有问题
网络诊断	需要特殊的工具进行网络诊断	使用IT相关的工具即可
主站数	一般只有一个，多主站会导致DP循环周期过长	多个控制器不会影响IO响应时间
终端电阻	需要	不需要
通信介质	铜或者光纤	无线（WLAN）可用于额外的介质
站点类型	只能做主站或从站	可以既做控制器又做IO设备
设备的位置	不能确定设备的网络位置	可以通过拓扑信息确定设备的网络位置

通过与ProfiBus对比，可以发现ProfiNet具有如下优势。

（1）通信速度快，ProfiNet网络控制既具有传统的实时性，也有适应新的控制要求的快速性，能克服ProfiBus控制网络的低速、复杂以及诊断困难等缺点。

（2）ProfiNet能实现一网到底。最上层网络可通过TCP/IP协议直接访问和诊断到最底层的设备，使底层设备控制网、车间主干网、集中监控网、生产管理网实现网络层的统一，从而可快速定位设备故障，使系统维护变得简单。

（3）ProfiNet网络可用星型、线型、树型、环型等拓扑结构的以太网网络，结构多样。

（4）ProfiNet抗干扰能力强，网络安全可靠，可依据工业环境下对以太网的特殊要求，给设备制造商提供清晰的设备接口规范和布线要求。

（5）ProfiNet设备管理的所有功能，包括设备和网络组态、网络诊断都能够在ProfiNet网络管理中实现，方便现场调试。

二、ProfiNet工业网络技术简介

ProfiNet工业网络功能主要由八个部分组成：IT 行业标准和信息安全、实时通信协议、现场设备分布化、运动控制要求、分布式自动化、安装网络、故障安全和过程自动化。可以说，ProfiNet为自动化在通信领域上提供了一个完整、高性能，且可以升级的网络解决方案。

ProfiNet是开放的、实时的工业网络标准，以工业网络为基础，其RT甚至可以在1 ms内刷新64个I/O点及设备，其IRT 可以在1 ms内同步150个轴，且抖动精度小于1 μs。IO控制器最多可以连接256个IO设备，当然其对于整个以太网网络节点则是无限制的。由于它具有开放性，在通信过程中TCP/IP等非实时数据能够在不同的总线上进行传输，这样可以同时应用IT等服务，包括Web、E-mail等。在节点方面，安装简单，直接连接到交换机即可，方便办公室网络增加或减少设备，也可以无缝集成已有的现场总线系统，如ProfiBus、ASi、Interbus等。ProfiNet同时支持故障安全系统，通过ProfiSafe行规进行安全节点间的通信。

根据响应时间的不同，ProfiNet支持下列三种通信方式，其网络模型如图2-1-1所示。

（1）TCP/IP标准通信方式。当ProfiNet是基于以太网技术时，采用TCP/IP和IT标准。TCP/IP是IT领域关于通信协议方面的事实标准，其响应时间大概在100 ms的量级，适用于工厂级控制。

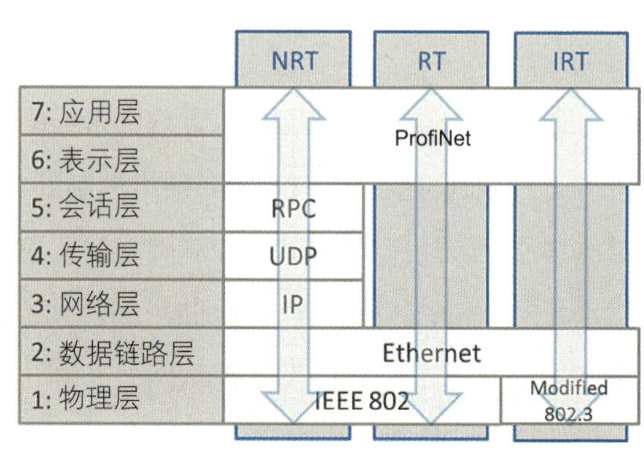

图2-1-1 ProfiNet三种通信方式的网络模型

（2）实时（RT）通信方式。

其响应时间是5~10 ms的量级，适用于系统对响应时间的要求更为严格的环境。

（3）同步实时（IRT）通信方式。对于现场级通信，在通信实时性上具有较高要求的是运动控制（Motion Control）要求，ProfiNet的同步实时技术能够满足有高速通信需求的运动控制要求。在100个节点下，其响应时间甚至能够小于1 ms，而抖动误差要小于1 μs，以此来保证实时、准确的响应。

三、ProfiNet IO的设备类型与启动前寻址方式

就工作方式而言，ProfiNet主要有两种通信方式。

（1）ProfiNet IO：实现控制器与分布式IO之间的实时通信。

（2）ProfiNet CBA：实现分布式智能设备之间的实时通信。

ProfiNet IO是ProfiNet中用于描述“现场设备分布化”的通信协议，是ProfiNet的主要内容。图2-1-2是ProfiNet IO的典型应用示例。

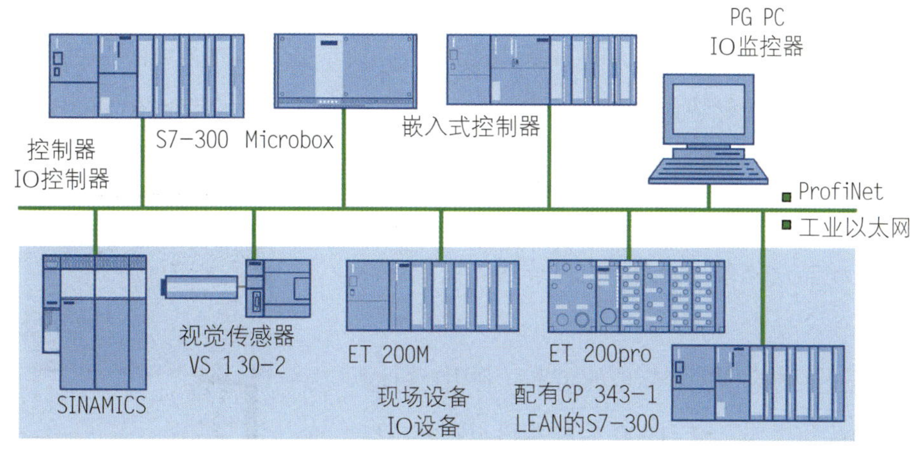

图2-1-2　ProfiNet IO应用示例

ProfiNet IO网络包含的设备类型有IO控制器（IO controller）、IO设备（IO device）和IO监控器（IO supervisor）三种设备类型。

ProfiNet IO控制器通常是负责控制IO系统的PLC。IO控制器的主要任务是获取现场设备的输入数据，经过控制器程序处理后，再输出所有数据。IO控制器的运行特点：以更新时间为间隔，周期性地获取输入数据，再以一定时间间隔运行自身的PLC程序，然后以更新时间为间隔，周期性地发送输出数据。所以，更新时间也决定了ProfiNet IO系统的响应时间。

ProfiNet IO设备通常是传感器或执行器之类的现场设备，IO设备只做IO控制器的IO点，不运行程序，程序都在控制器中运行，相当于扩展IO点。另外，ProfiNet IO设备也可以是CPU充当的智能IO设备（I-Device），除接收控制器数据外，自身可以运行CPU逻辑程序。一个IO控制器最多可以与512个IO设备进行点对点的通信。

ProfiNet IO监控器通常是运行组态编程工具的平台（PC），也可以是进行网络诊断的工程工具平台。

ProfiNet IO的启动前寻址方式与ProfiNet组态相关性比较大。控制器基于下载的组态数据，在分配IO设备IP地址时首先检查所组态的名称是否存在，具有所请求名称的相应IO设备作出回答，继而分配IP地址。IP地址设置好后，控制器利用设置的IP地址发送AR Setup 数据进行应用关系组态。ProfiNet设备在可以开始通信之前，必须在系统启动前基于设备名称分配IP地址，并记忆性地将其保存在设备中。

四、S7-1200的ProfiNet接口简介

西门子S7-1200集成ProfiNet接口如图2-1-3所示，其具有强大的工艺控制功能及灵活的可扩展性等特点，可以为各种工艺任务提供简单的通信和有效的解决方案。这个ProfiNet接口，可以带16个分布式IO设备，实现了实时的现场总线通信功能，具有ProfiNet 接口的变频器及分布式IO站均可以连接到该现场总线上。

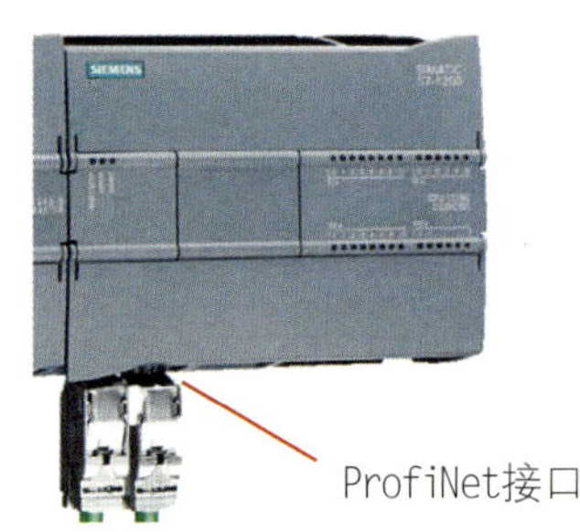

图2-1-3　S7-1200集成ProfiNet接口

通过在博途中进行简单的组态，利用对I/O映射区的读写操作，S7-1200 控制器可以搭建成智能IO设备（I-Device），从而实现主从结构的分布式IO应用。

任务考核

一、对任务实施的完成情况进行检查，并将结果填入表2-1-2内。

表 2-1-2　项目二任务一考核评价表

考核内容						
	考核评比要求		项目分值	自我评价	小组评价	教师评价
专业能力（60%）	了解ProfiNet通信技术	能对比ProfiBus，认识ProfiNet通信技术的产生、优势	10			
		能理解记忆ProfiNet的结构和通信机制	10			
	了解ProfiNet IO通信设备	能理解ProfiNet IO系统的拓扑结构并掌握其安装方法	20			
		能认识ProfiNet IO中的设备类型及其功能	20			
综合能力（40%）	信息收集能力	基础理论；收集和处理信息的能力；独立分析和思考问题的能力；综述报告	10			
	交流沟通能力	编程设计、安装、调试总结；程序设计方案论证	10			
	分析问题能力	程序设计与线路安装调试基本思路、基本方法研讨；工作过程中处理程序设计	10			
	深入研究能力	将具体实例抽象为模拟安装调试的能力；相关知识的拓展与知识水平的提升；了解步进顺序控制未来发展的方向	10			
备注	强调项目成员注意安全规程及行业标准； 本项目可以小组或个人形式完成					

二、完成下列相关知识技能拓展题。

（1）简述ProfiBus与ProfiNet之间的异同，并与ProfiBus对比说明ProfiNet的优点。

（2）根据通信速度和应用场合对ProfiNet进行分类。

（3）试述ProfiNet IO通信中有哪几类设备，其作用分别是什么。试述图2-1-2中的ProfiNet通信设备分属于哪些类别。

任务二 基于网络控制系统的ProfiNet IO通信组态与应用

学习目标

1. 认识S7-1200系列西门子PLC编程软件STEP 7 TIA Portal的界面与功能。
2. 掌握ProfiNet IO需要设置的网络参数及其意义。
3. 掌握ProfiNet硬件组态的步骤。
4. 掌握STEP 7 TIA Portal的使用。
5. 能够对ProfiNet IO网络进行正确的硬件组态。
6. 能够完成简单的分布式IO控制任务，并能够进行调试。

任务描述

随着工业现场跨度变大，集中控制的维护成本与可靠性将逐渐难以满足要求。采用ProfiNet可将分布式IO设备直接连到工业网络中，实现分散式控制，这将大大提高系统的可靠性，并降低系统维护成本。

本任务将实现S7-1200与分布式IO模块之间的ProfiNet IO通信，实现颗粒上料实训模块中物料填装机构的取放料功能。

学习储备

一、ProfiNet IO设备组态的基本步骤

ProfiNet IO的设备在ProfiNet上有着相同的等级，在网络组态时分配给一个IO控制

器。从应用角度而言，ProfiNet IO的应用步骤如下。

（1）在博途中进行硬件组态。ProfiNet IO设备的特性会由设备制造商在GSD（XML）档中说明，GSD档提供PC监控软件规划ProfiNet组态所需要的基本资料。对于西门子原厂的ProfiNet IO设备，其GSD文件集成在博途中，对于第三方的ProfiNet IO设备，则需要在博途中导入其GSD文件。

（2）分配IO设备名称，下载硬件组态到IO控制器中。进行完硬件组态并下载之后，IO控制器便可根据硬件组态各个站的DI、DO地址，如本地IO一样去使用IO设备上的分布式IO。IO控制器和IO设备之间建立应用关系（AR），自动交换数据。

（3）在IO控制器中进行编程，IO设备中无须编程，智能设备（I-Device）可进行编程。

二、西门子分布式IO模块说明

西门子ET 200SP分布式IO系统的接口模块如图2-2-1所示。其中，ET 200SP 是一种模块化、可扩展和通用的分布式IO系统。IM155-6PN作为ET 200SP系统的中央IO模块，将ET 200SP分布式IO系统与ProfiNet IO相连，使IO控制器可通过ProfiNet访问分布式IO系统。

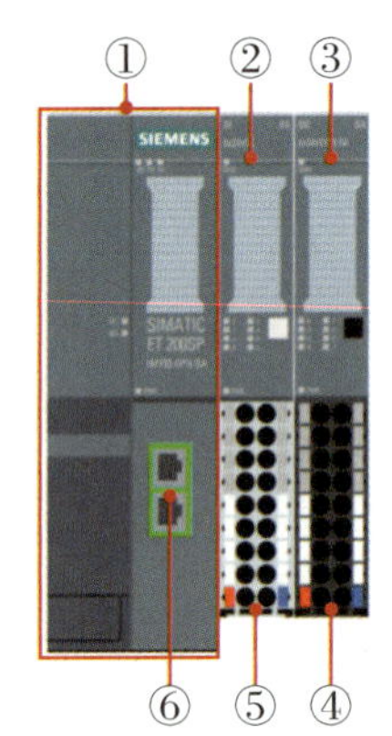

①接口模块（含服务器模块）
②DI 8×24VDC ST输入点模块
③DQ 8×24VDC/0.5A BA输出点模块
④模块基座（接线端子）
⑤带新电位模块基座（接线端子）
⑥网络接口

图2-2-1　IM155-6PN接口模块

此系统中IM155-6PN带一个数字量输入模块 DI 8 × 24VDC ST与数字量输出模块DQ 8 × 24VDC/0.5A BA。DI模块为8点数字量输入模块，漏型输入；DQ模块为8点数字量输出模块，源型输出。DI、DQ模块的内部电路接线图如图2-2-2所示。

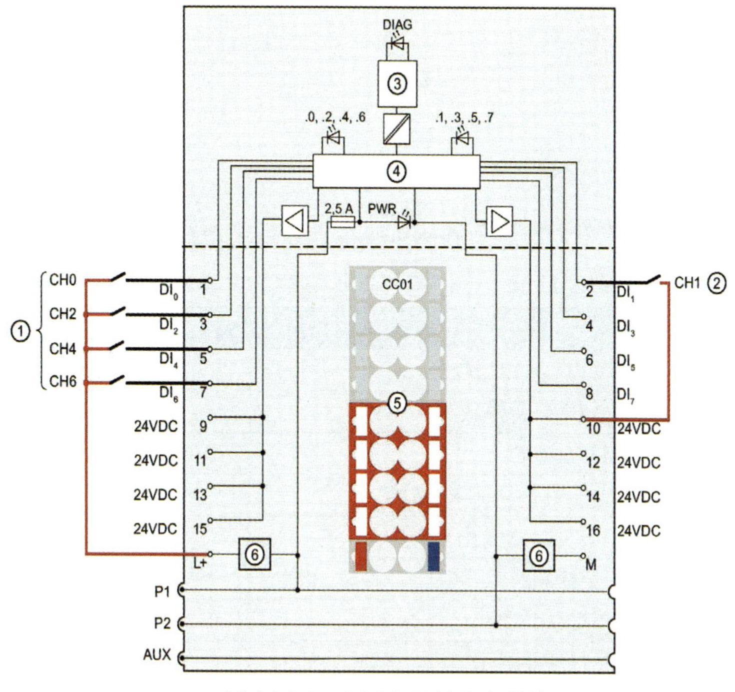

（1）DI 8×24VDC ST输入点模块

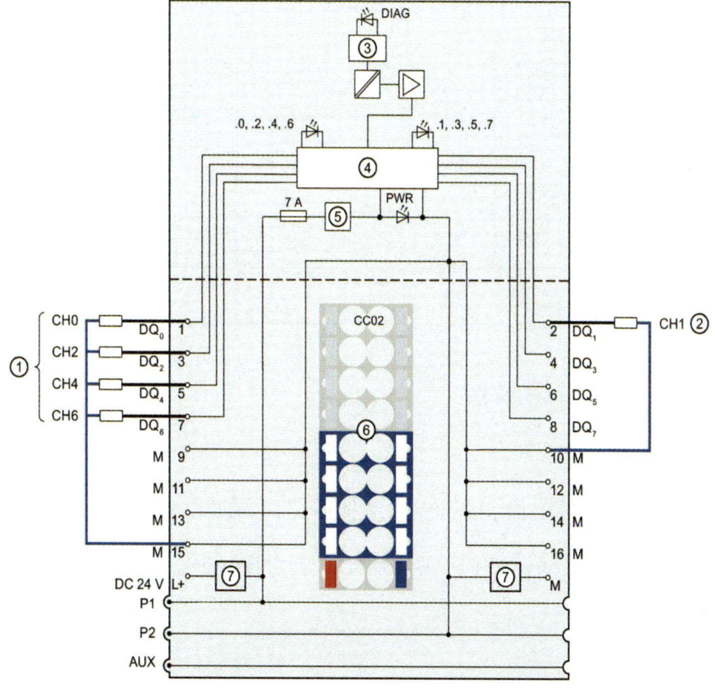

（2）DQ 8×24VDC/0.5A BA输出点模块

图2-2-2　IM155-6PN DI、DQ模块接线端子

一、任务准备

根据表2-2-1材料清单，清点与确认实施本任务教学所需的实训设备及工具。

表2-2-1　项目二中任务二实验需要的主要设备及工具

设备	数量	单位
S7-1200 CPU （1214C）	1	台
SM1223 IO扩展模块	1	台
IM155-6PN	1	台
DI 8×24VDC ST输入点模块	1	台
DQ 8×24VDC/0.5A BA输出点模块	1	台
交换机	1	台
RJ45接头网线	2	条
颗粒上料实训模块	1	套
装有Portal V13的个人电脑	1	台
工具	数量	单位
万用表	1	台
2 mm一字水晶头小螺丝刀	1	支
6 mm十字螺丝刀	1	支
6 mm一字螺丝刀	1	支
六角扳手组	1	套
试电笔	1	支

二、ProfiNet IO组态步骤

1. 新建项目

打开 TIA Portal，新建项目，名称可含中英文，例如命名为“ProfiNet IO应用”，如图2-2-3所示，然后点击左下角“项目视图”，切换到项目视图中。

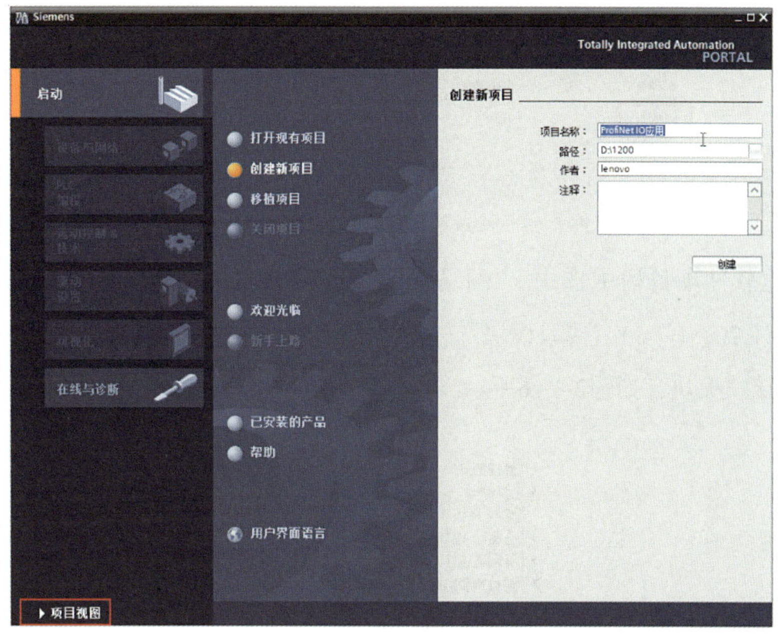

图2-2-3　新建项目

2. 配置硬件

如图2-2-4所示，在博途项目视图的项目树中，双击“添加新设备”，根据实际添加作为IO控制器的CPU模块“CPU 1214C DC/DC/DC”“6ES7 214-1AG40-0XB0”，设备名称为PLC_1。打开PLC_1的设备视图，在硬件目录中，添加继电器输出的扩展IO模块SM1223“6ES7 223-1PH32-0XB0”。

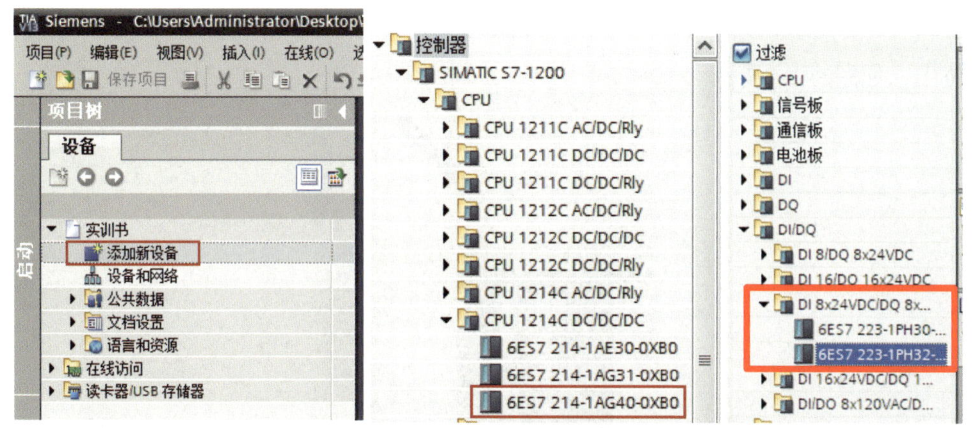

图2-2-4　添加S7-1200 CPU与SM1223扩展IO模块

为使扩展模块输入、输出地址与面板表示一致，将扩展模块的输入、输出起始地址改为2，如图2-2-5所示。

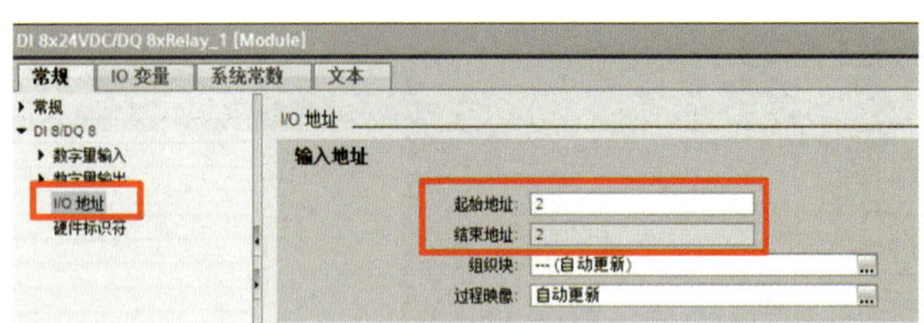

图2-2-5　修改扩展模块输入、输出地址

在博途软件项目树中选中 “网络视图” 选项卡，在 “硬件目录” → “分布式I/O” → “ET 200SP” → “接口模块” → “PROFINET” 中找到IM 155-6 PN ST，插入ProfiNet IO接口模块，如图2-2-6所示。

图2-2-6　添加IM 155-6 PN ST模块

选中IM155-6 PN模块，在 “设备视图” 选项卡中，将数字量输入模块DI 8×24VDC ST与数字量输出模块 DQ 8×24VDC/0.5A BA拖到IM 155-6 PN模块的1、2号槽位中，如图2-2-7所示。

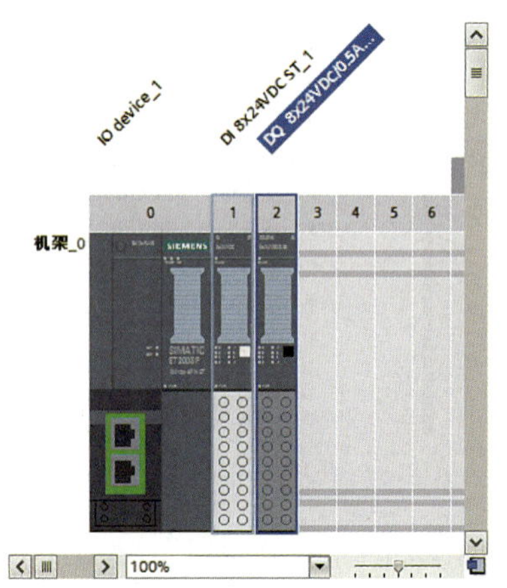

图2-2-7　添加IO设备 DI、DQ模块

3. 设置IO控制器的IP地址

选中“网络视图”，单击选中PLC_1绿色的PN端口，选中“属性”选项卡，在“常规”中找到“以太网地址”选项，设置IP地址为“192.168.0.1”，如图2-2-8所示。

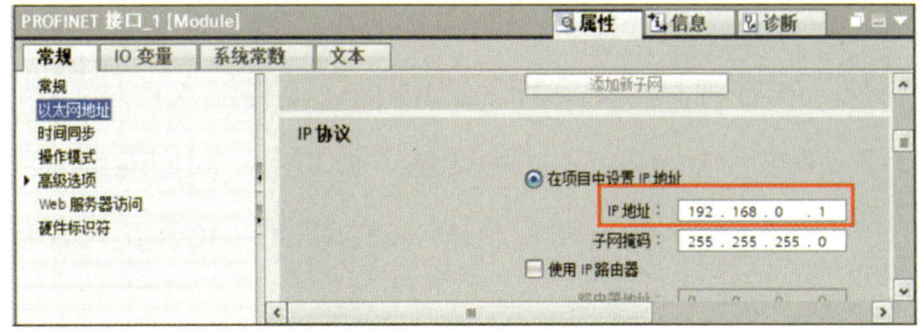

图2-2-8　IO控制器IP地址

再次回到“网络视图”，单击选中的IM 155-6 PN的PN端口，选中“属性”选项卡，在“常规”中找到“以太网地址”选项，设置IP地址为“192.168.0.2”，如图2-2-9所示。注意，ProfiNet IO协议是依据设备名进行通信的，类似于ProfiBus的站号。

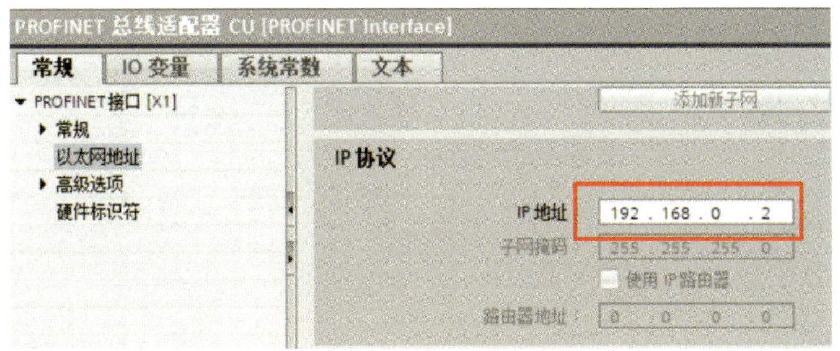

图2-2-9　IO设备IP地址

4. 建立IO控制器与IO设备IM 155-6 PN之间的ProfiNet IO连接

选中“网络视图”选项卡，选中IO控制器PLC_1的PN口，按住不放，拖曳到IO设备IM 155-6 PN的PN口处，如图2-2-10所示。这样便把IM 155-6 PN挂载到PLC_1的ProfiNet网络系统当中。同时在IM 155-6 PN模块下面能够看到“PLC_1”的蓝色字体，这说明IO设备作为ProfiNet的IO device成功分配给PLC_1这个IO 控制器了。

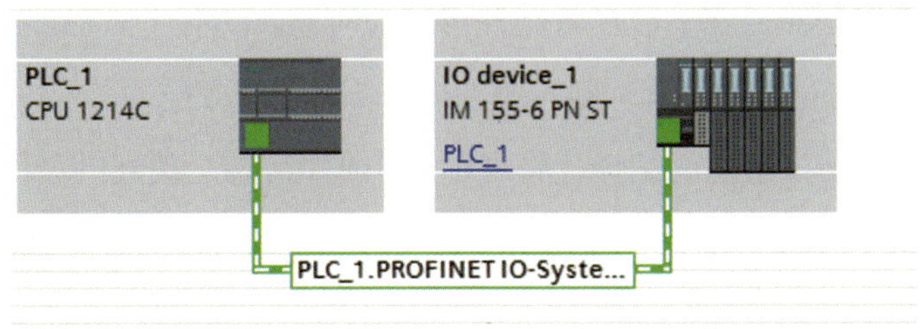

图2-2-10　IO控制器与IO设备的ProfiNet IO网络连接

5. 修改ProfiNet IO的IO地址

在“设备视图”中点击IM 155-6 PN的DI、DQ模块，在“属性”选项卡的“IO变量”页面中，可以看到ProfiNet分布式IO设备上的输入I与输出Q在主站中的映射地址为I2.0～I2.7以及Q2.0～Q2.7。如图2-2-11（1）所示，在“设备视图”中选择IM 155-6 PN的DI输入模块，在常规页面中选择“I/O地址”，将输入地址的“起始地址”修改为10。如图2-2-11（2）所示，在“IO变量”页面中，我们能够看到DI模块的8个点的地址为I10.0～I10.7。相似地，可以将IM 155-6 PN的DQ输出模块的8个输出点的地址配置为Q10.0～Q10.7，此步骤略。

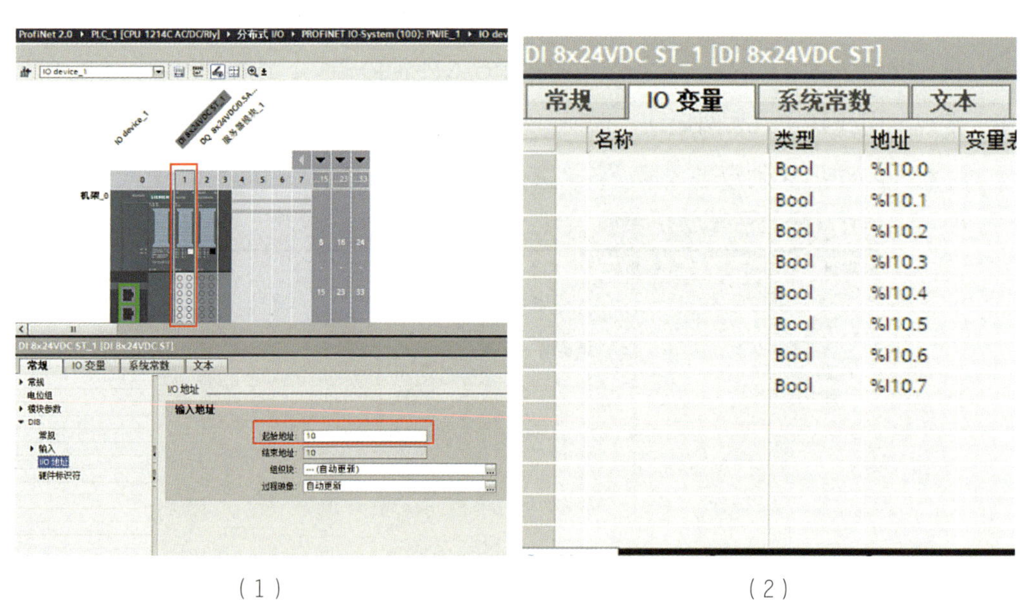

（1）　　　　（2）

图2-2-11　修改ProfiNet IO设备的输入地址

6. 完成ProfiNet IO系统的硬件组态

对于此项目ProfiNet IO系统而言，它同时包含了IO控制器与IO设备。ProfiNet是基于设备名称（Device Name）进行通信的，本例中的Device Name均由博途软件进行自动分配。对于IO控制器，在下载设备硬件组态的时候，实际上就已经将Device Name下载到CPU里面。而对于IO设备，则需要进行设备名称的分配。

先对项目进行硬件组态的编译，将PLC_1的硬件组态下载到PLC里面。接着，在“网络视图”选项卡中，右击ProfiNet网络，选择“分配设备名称”，如图2-2-12（1）所示。

在弹出的选项卡中，如图2-2-12（2）所示，选择需要组态的ProfiNet设备名称为“IO device_1”，即本例IM 155-6 PN的ProfiNet Device Name。然后根据系统配置，选择对应的PG/PC接口后，点击“更新列表”搜索IO设备。搜索到IO设备后，单击“分配名称”，状态栏显示为“确定”，表明名称分配完成。

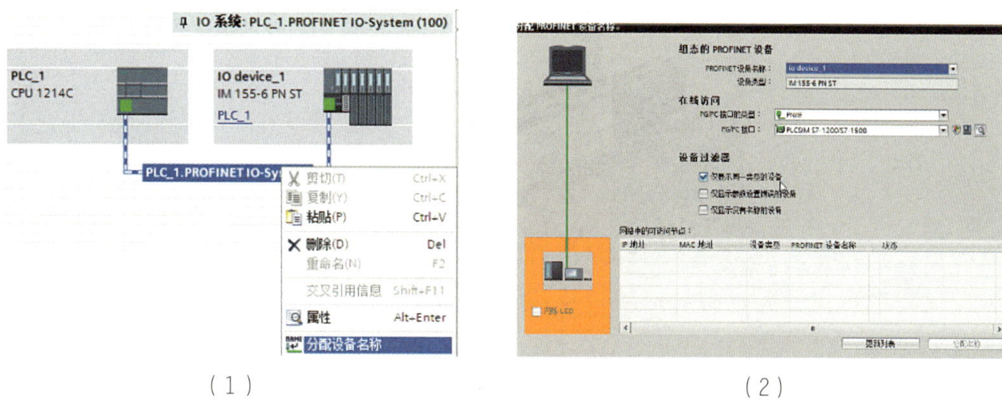

（1）　　（2）

图2-2-12　分配设备名称

返回“网络视图”，全选设备之后，点击“在线”按钮，所有模块上均显示绿色小勾，表示设备连接到ProfiNet的状态正常，如图2-2-13所示。

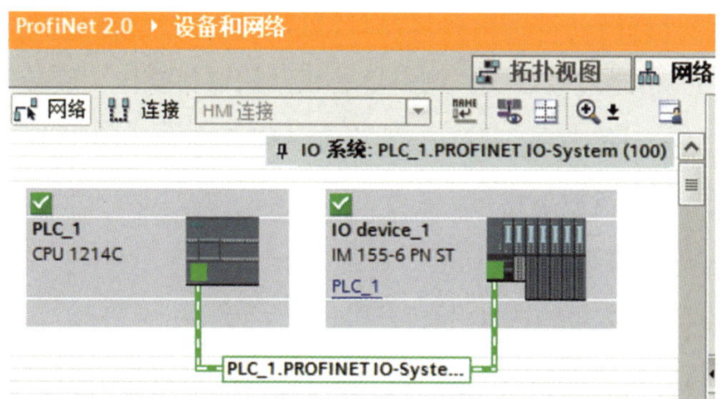

图2-2-13　在网络视图中观察ProfiNet的状态

三、物料填装机构的动作设计与调试

1. 物料填装机构取料动作任务

物料填装机构在颗粒上料实训模块中的位置如图2-2-14所示。填装机构的主要功能表现在以下方面。

（1）物料经循环输送带反转后停止在取料位上，被颗粒到位传感器检测到。

（2）旋转气缸与升降气缸动作，吸盘下行到达取料位上方，吸取物料。

（3）旋转气缸与升降气缸动作，吸盘吸住物料到达填装位。

（4）吸盘放下物料，并回到取料位正上方。

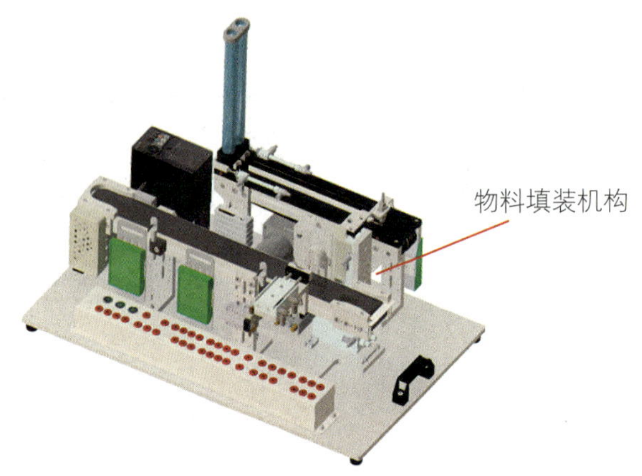

图2-2-14　物料填装机构在颗粒上料实训模块中的位置

本任务仅实现填装机构的取料动作，以练习西门子分布式IO的使用。本任务中的物料填装机通过S7-1200PLC控制，物料到位传感器则接在分布式IO之上。控制要求如下。

（1）按下启动按钮，系统启动。初始状态为：升降气缸升起，旋转气缸在其左限位侧。

（2）颗粒到位传感器被触发，物料填装机开始取料操作：旋转气缸转到其右限位侧（即取料侧）→升降气缸下降→吸取物料→升降气缸上升→旋转气缸旋转到其左限位侧→延时5 s→吸盘放下物料。

（3）顺序停止：按下停止按钮后，系统停止。

2. 物料填装机构任务I/O地址分配

参考后续颗粒上料实训任务，西门子PLC及分布式IO模块I/O地址分配如表2-2-2所示。

表2-2-2　西门子PLC及分布式IO模块的I/O地址分配

西门子PLC I/O地址分配		
PLC地址	功能描述	对应接口盒接点
I0.7	升降气缸上限位	升降上
I1.0	升降气缸下限位	升降下
I1.3	旋转气缸左限位	旋转左
I1.4	旋转气缸右限位	旋转右

（续表）

西门子PLC I/O地址分配		
I2.0	启动（按钮）	启动（按钮）
I2.1	停止（按钮）	停止（按钮）
Q0.0	旋转气缸电磁阀	旋转
Q0.1	升降气缸电磁阀	升降
Q0.3	吸盘电磁阀	吸盘
Q1.0	启动（指示灯）	启动（指示灯）
Q1.1	停止（指示灯）	停止（指示灯）
分布式IO模块 I/O地址分配		
PLC地址	功能描述	对应接口盒接点
I10.0	颗粒到位传感器	颗粒到位

3. 网络拓扑与PLC接线图

ProfiNet网络拓扑图如图2-2-15所示。

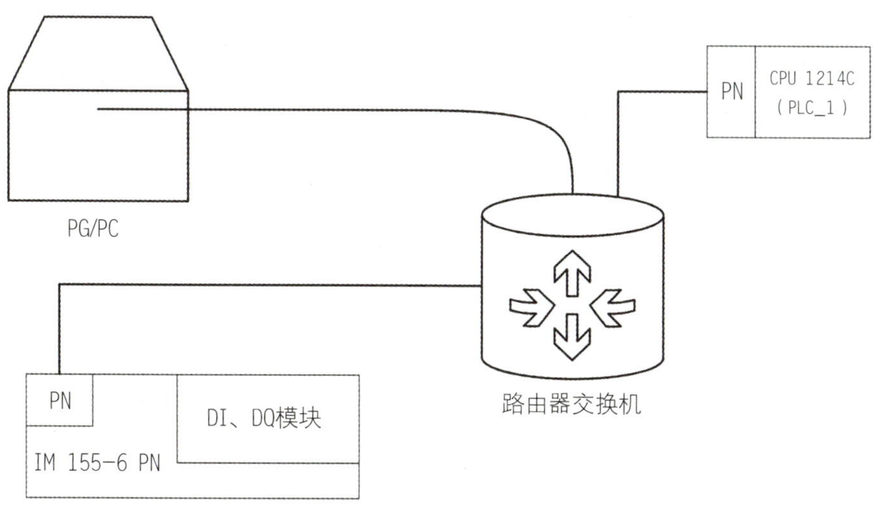

图2-2-15 ProfiNet网络拓扑图

4. 线路安装

（1）接口盒电源部分选对插头连线如图2-2-16所示。

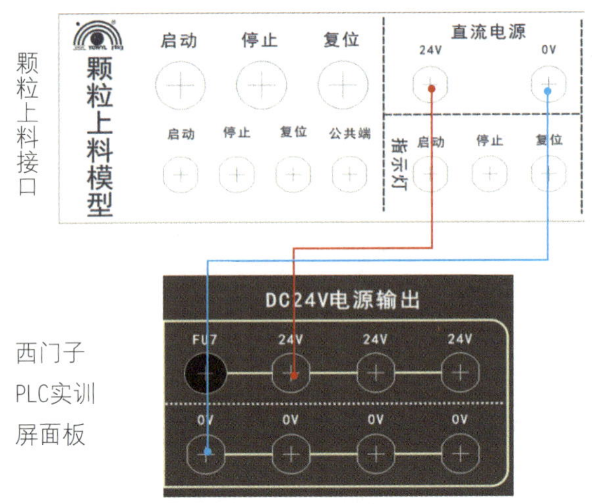

图2-2-16　电源部分接线

（2）西门子PLC公共端部分迭对插头连线如图2-2-17所示。

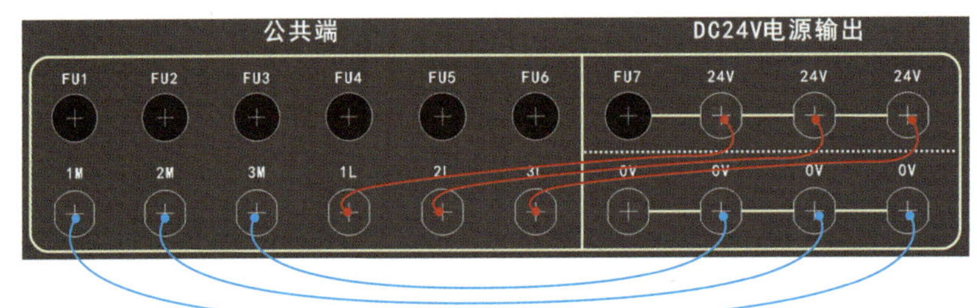

图2-2-17　西门子PLC公共端部分接线

（3）西门子PLC输入点部分迭对插头连线如表2-2-3所示。

表2-2-3　西门子PLC输入点部分迭对插头连线表

颗粒上料接口盒插孔	迭对插头连线	西门子PLC实训屏面板插孔
颗粒到位	●——●	I10.0
升降上	●——●	I0.7
升降下	●——●	I1.0
旋转左	●——●	I1.3
旋转右	●——●	I1.4
启动（按钮）	●——●	I2.0
停止（按钮）	●——●	I2.1

（4）西门子PLC输出点部分迭对插头连线如表2-2-4所示。

表2-2-4 西门子PLC输出点部分迭对插头连线表

颗粒上料接口盒插孔	迭对插头连线	西门子PLC实训屏面板插孔
旋转	●——————●	Q0.0
升降	●——————●	Q0.1
吸盘	●——————●	Q0.3
启动（指示灯）	●——————●	Q1.0
停止（指示灯）	●——————●	Q1.1

（5）西门子分布式IO部分迭对插头连线如表2-2-5所示。

表2-2-5 西门子分布式IO部分迭对插头连线表

分布式IO模块面板插孔	迭对插头连线	西门子PLC实训屏面板插孔
24 V（西门子分布式IO电源）	●——————●	24 V
0 V（西门子分布式IO电源）	●——————●	0 V
西门子分布式IO接线端子针脚	迭对插头连线	颗粒上料接口盒插孔
.0	●——————●	颗粒到位

5. 程序设计（参考程序）

系统启停程序：系统启停程序如图2-2-18所示，采用启停保结构。其中，采用了NOT触点，相当于Q1.1的结果是Q1.0的取反。

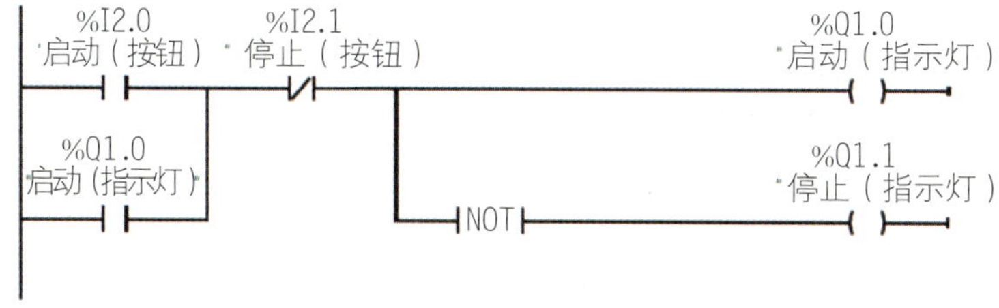

图2-2-18 系统启停程序

停止动作程序：停止动作程序如图2-2-19所示，将填料机构设置于初始位置，等候传感器触发。

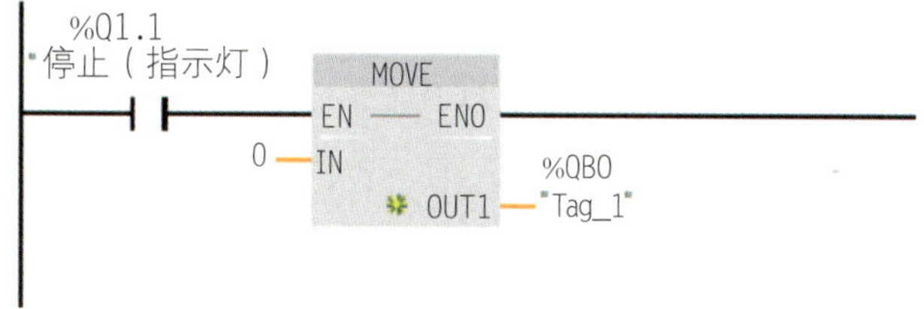

图2-2-19 停止动作程序

物料装填机构吸取与放置动作参考程序如图2-2-20所示。由于吸取与放置都需要升降气缸做相同升降动作，容易使程序输出混乱，因此这里采用M0.0作为吸取周期中间寄存器，M0.1作为放置周期中间寄存器。两个寄存器带不同动作，从而将吸取与放置动作分开。

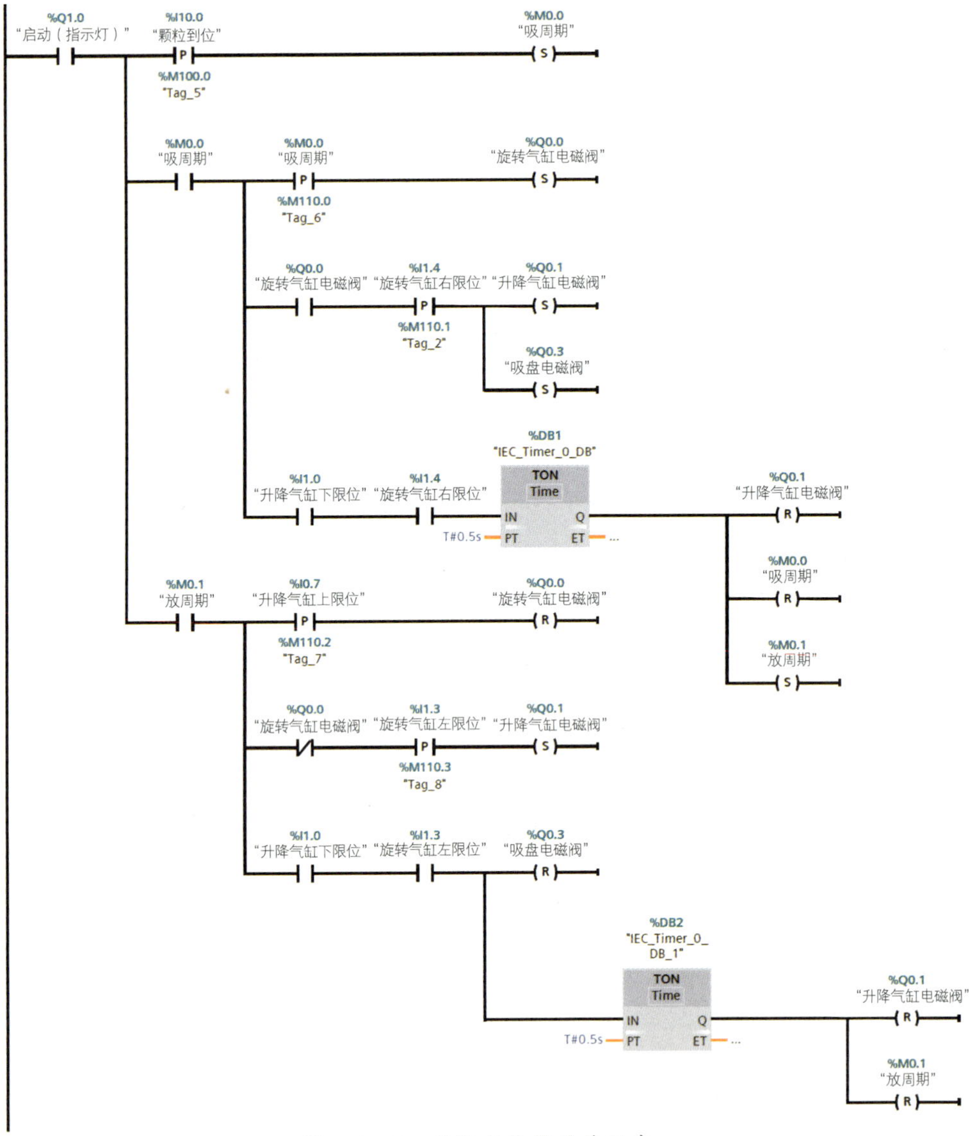

图2-2-20　吸取与放置动作程序

6. 系统调试

（1）上电前检查。

①观察皮带是否有松动或损坏等现象；如果存在以上现象，及时调整、紧固或

更换元件。

②对照接口板端子分配表或接线图检查桌面和挂板接线是否正确，尤其要检查24 V电源，检查电气元件电源线等线路是否有短路、断路现象。

③设备上不能放置任何不属于本工作站的物品，如有请及时清除。

（2）网络连接检查。

①检查网线是否破损，RJ45端口是否有松动或者脱线等损坏现象。

②检查路由器交换机电源是否正常，并观察连接PC和PLC设备上的网线端口指示灯是否亮起。指示灯不亮的话，检查网线或者更换设备。

③检查电脑网络设置IP地址是否和PLC处于同一个网段（192.168.0.× ×）中。

（3）光纤传感器调试。

光纤头：此光纤属于反射型，它的最大检测距离为150 mm，如图2-2-21所示。其安装时可以用固定螺母固定在传感器安装座上，也可以直接安装在零件上并用螺母锁紧。光纤在使用时严禁大幅度弯折到底部，严禁向光纤施加拉伸、压缩等蛮力。光纤在切割时应用专用的光纤切割器切割，如图2-2-22所示。

图2-2-21　光纤头

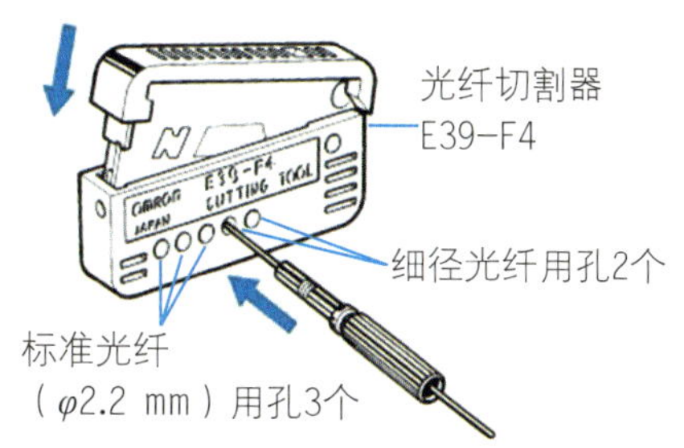

图2-2-22　光纤切割器

光纤放大器：如图2-2-23所示，设定值的大小可以根据环境的变化、具体的要求来设定。在未放置工件的情况下按住“SET（设置）”按钮，当显示屏上“SET”闪烁时，令工件穿过感应区域，当工件完全穿过感应区域时再松开“SET（设置）”按钮；如需微调设定值，按“灵敏度微调”按钮的加减按钮进行调节；如需切换模式输出，按“MODE（模式）”按钮，再按加减按钮选择“L-ON（入光动作）”或“D-ON（遮光动作）”，然后按一次“MODE（模式）”按钮，即设置完成。

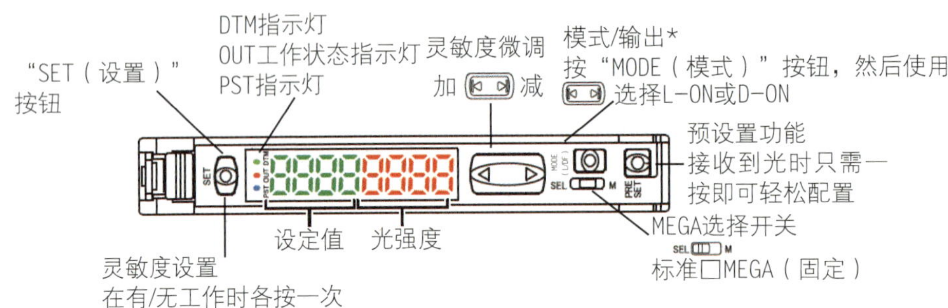

图2-2-23　光纤放大器调试

任务考核

一、对任务实施的完成情况进行检查，并将结果填入表2-2-6内。

表 2-2-6　项目二任务二自评表

序号	主要内容	考核要求	评分标准	配分/分	扣分/分	得分/分
1	ProfiNet网络搭建	正确描述ProfiNet网络中各部分的名称，并完成网络安装	（1）描述ProfiNet网络的组成有错误或遗漏，每处扣5分； （2）ProfiNet网络安装有错误或遗漏，每处扣5分	20		
2	PLC程序设计与调试	正确进行ProfiNet网络组态	（1）硬件组态遗漏或出错，每处扣5分； （2）网络参数表达不正确或参数设置不正确，每处扣2分	20		
		按PLC控制I/O（输入/输出）接线图在配线板上正确安装，安装要准确、紧固，配线导线要紧固、美观，导线要进行线槽，导线要有端子标号	（1）损坏元件扣5分； （2）布线不进行线槽，不美观，主电路、控制电路，每根扣1分； （3）接点松动、露铜过长、压绝缘层，标记线号不清楚、遗漏或误标，引出端无别径压端子，每处扣1分； （4）损伤导线绝缘或线芯，每根扣1分； （5）不按PLC控制I/O（输入/输出）接线图接线，每处扣5分	20		

（续表）

序号	主要内容	考核要求	评分标准	配分/分	扣分/分	得分/分
2	PLC程序设计与调试	熟练、正确地将所编程序输入PLC；按照被控设备的动作要求进行调试，达到设计要求	（1）不能熟练操作PLC键盘输入指令，扣2分； （2）不能用删除、插入、修改、存盘等命令，每项扣2分； （3）试车不成功，扣20分	30		
3	安全文明生产	劳动保护用品穿戴整齐；遵守操作规程；讲文明，有礼貌；操作结束后要清理现场	（1）操作中，违反安全文明生产考核要求的任何一项扣5分，扣完为止； （2）当发现学生有重大事故隐患时，要立即予以制止，并每次扣5分	10		
合计						
开始时间:			结束时间:			

二、根据考核评比要求，对考核内容进行多方评价，并将结果填入表2-2-7内。

表2-2-7　项目二任务二考核评价表

考核内容						
	考核评比要求		项目分值	自我评价	小组评价	教师评价
专业能力（60%）	工作准备的质量评估	（1）器材和工具、仪表的准备数量是否齐全，检验的方法是否正确； （2）辅助材料准备的质量和数量是否适用； （3）工作周围环境布置是否合理、安全	10			
	工作过程各个环节的质量评估	（1）做工的顺序安排是否合理； （2）计算机编程的使用是否正确； （3）图纸设计是否正确、规范； （4）导线的连接是否能够安全载流、绝缘是否安全可靠、放置是否合适； （5）安全措施是否到位	20			

（续表）

<table>
<tr><th colspan="7">考核内容</th></tr>
<tr><td rowspan="2">专
业
能
力
（60%）</td><td colspan="2">考核评比要求</td><td>项目分值</td><td>自我评价</td><td>小组评价</td><td>教师评价</td></tr>
<tr><td>工作成果的质量评估</td><td>（1）程序设计是否功能齐全；
（2）电器安装位置是否合理、规范；
（3）程序调试方法是否正确；
（4）环境是否整洁、干净；
（5）其他物品是否在工作中遭到损坏；
（6）整体效果是否美观</td><td>30</td><td></td><td></td><td></td></tr>
<tr><td rowspan="4">综
合
能
力
（40%）</td><td>信息收集能力</td><td>基础理论；收集和处理信息的能力；独立分析和思考问题的能力；综述报告</td><td>10</td><td></td><td></td><td></td></tr>
<tr><td>交流沟通能力</td><td>编程设计、安装、调试总结；程序设计方案论证</td><td>10</td><td></td><td></td><td></td></tr>
<tr><td>分析问题能力</td><td>程序设计与线路安装调试基本思路、基本方法研讨；工作过程中处理程序设计</td><td>10</td><td></td><td></td><td></td></tr>
<tr><td>深入研究能力</td><td>将具体实例抽象为模拟安装调试的能力；相关知识的拓展与知识水平的提升；了解步进顺序控制未来发展的方向</td><td>10</td><td></td><td></td><td></td></tr>
<tr><td>备注</td><td colspan="6">强调项目成员注意安全规程及行业标准；
本项目可以小组或个人形式完成</td></tr>
</table>

三、完成下列相关知识技能拓展题。

（1）如果物料传送带一直运动，即取料位置的物料到位传感器的频率较高，甚至在物料装填装置尚未完成一个完整的取放动作时，下一个物料就到位了，会发生什么情况？

（2）假如出现上题的情况，请问程序如何修改才能够避免发生设备动作错误？请修改程序，实现功能。

（3）可否将物料装填装置的传感器与电磁阀全部交由分布式IO控制？试编写程序。

西门子ET 200SP分布式IO组态与调试

学习目标

1. 认识ET 200SP分布式IO模块的硬件组成。
2. 认识西门子PLC与ET 200SP分布式IO的网络拓扑结构。
3. 认识循环选料机构的工作过程与控制原理。
4. 认识循环选料机构所用的光纤传感器、磁性接近开关、变频器等的控制原理。
5. 熟练掌握西门子S7-1200系列PLC与ET 200SP分布式IO模块的配置组态。
6. 掌握西门子S7-1200系列PLC与ET 200SP分布式IO模块的编程调试。
7. 掌握循环选料机构所用传感器、变频器、气动元件的调试与控制方法。

任务描述

通过前面两节的学习我们认识了ProfiNet的特点，并学习了ProfiNet的网络组态方法。通过实现物料装填机构简单的取放动作任务，我们也初步掌握了ProfiNet分布式IO模块的使用。本节，我们将通过实现循环选料机构的功能，进一步了解ProfiNet IO在分布式控制中的应用。

一、光纤传感器

光纤传感器具有灵敏度高、电绝缘性能好、抗电磁干扰、频带宽、动态范围大、结构简单、体积小、质量轻以及耗能少等优点。实验所用光纤传感器属于反射式，最大检测距离为150 mm，如图2-3-1所示。

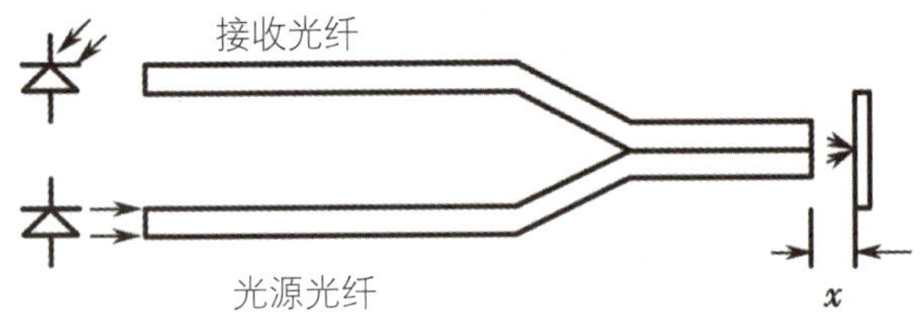

图2-3-1 反射式光纤传感器原理

反射式光纤传感器的工作原理是采用两束多模光纤，一端合并组成光纤探头，另一端接于光纤放大器，分为两束，分别作为接收光纤和光源光纤。当光发射器发生的红外光经光源光纤照射至反射体，被反射的光经接收光纤传至光电转换元件，光电转换元件将接收到的光信号转换为电信号。其输出的光强与反射体距光纤探头的距离之间存在一定的函数关系。安装时可以用固定螺母固定在传感器安装座上，也可以直接安装在零件上并用螺母锁紧。光纤在使用时严禁大幅度弯折到底部，严禁向光纤施加拉伸、压缩等蛮力。

二、磁性接近开关

磁性接近开关是接近开关的一种，它能检测磁性物体（一般为永久磁铁），然后产生触发开关信号输出，从而达到控制或测量的目的。常见的磁性接近开关分为有触点式接近开关和无触点式接近开关。有触点式内部结构为两片磁簧管组成的机械触点，无触点式磁性开关则以磁敏电阻作为磁电转换元件。

磁性接近开关的工作原理如图2-3-2所示：带有磁性开关的气缸活塞移动到一定位置时，开关进入磁场，触点闭合或磁敏电阻阻值发生变化，磁性开关发出一信号；活塞移开，磁性开关离开磁场，磁性开关信号复位。

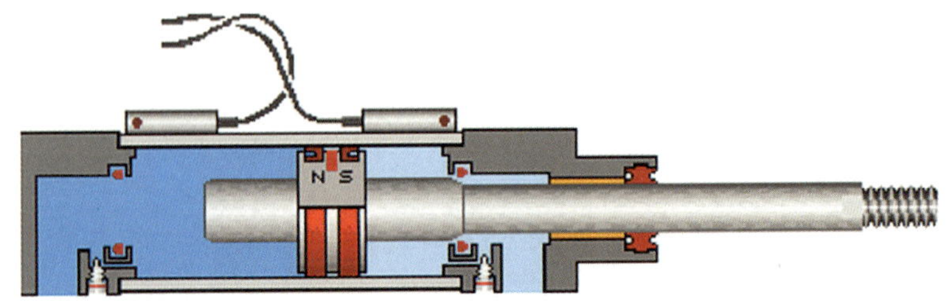

图2-3-2 磁性接近开关工作原理示意图

三、FR-D700变频器

变频器是一种将固定频率的交流电变换成频率、电压连续可调的交流电，以供给电动机运转的电源装置。

变频器主电路端口如图2-3-3所示，有接三相交流电源的电源输入端R、S、T（单相为L、N），以及接电机的输出端U、V、W。

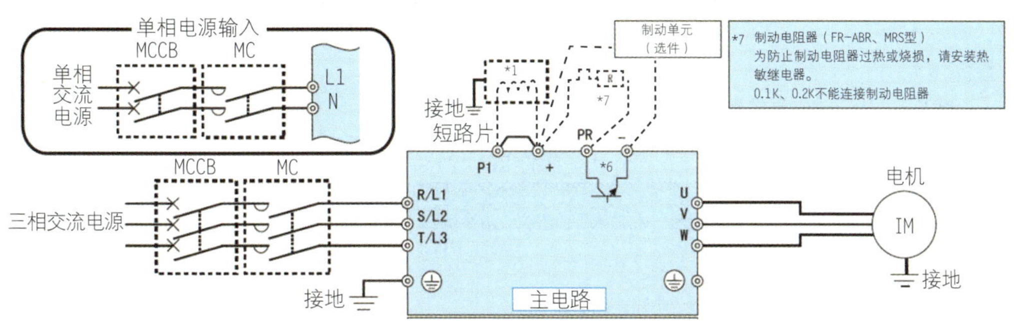

图2-3-3　变频器主电路端口

变频器控制电路主要端口有STF正转启动、STR反转启动。STF、STR信号同为ON时变成停止指令。RH、RM、RL多段速度选择。其功能与接线如图2-3-4所示。

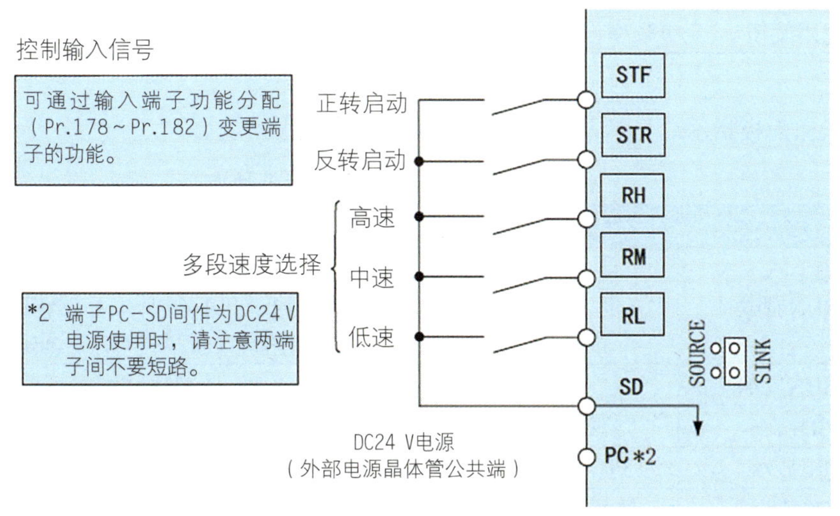

图2-3-4　变频器控制电路

操作面板如图2-3-5所示。

图2-3-5　操作面板

操作面板各按键功能如表2-3-1所示。

表2-3-1　操作面板各按键功能

按钮/旋钮	功能	备注
PU/EXT键	切换面板/外部操作模式	PU：面板操作模式；EXT：外部操作模式。使用外部操作模式（用另外连接的频率设定旋钮和启动信号运行）时，请按下此键，使EXT显示为点亮状态
RUN键	运行指令正转	反转用（Pr.40）设定
STOP/RESET键	进行运行的停止，报警的复位	
SET键	确定各设定	
MODE键	模式切换	切换各设定
设定用旋钮	变更频率设定、参数的设定值	

操作面板指示灯显示及运行状态表示见表2-3-2。

表2-3-2　指示灯显示及运行状态

指示灯显示	说明	备注
RUN显示	运行时点亮/闪烁	亮灯：正在运行中； 慢闪烁（1.4 s循环）：反转运行中； 快闪烁（0.2 s循环）：非运行中
MON显示	监视器显示	监视模式时亮灯
PRM显示	参数设定模式显示	参数设置模式时亮灯
PU显示	PU操作模式时亮灯	计算机连接运行模式时，为慢闪烁
EXT显示	外部操作模式时亮灯	计算机连接运行模式时，为慢闪烁
NET显示	网络运行模式时亮灯	
监视用LED显示	显示频率、参数序号等	

变频器关键参数及简单说明见表2-3-3。如需设置参数，请参照变频器FR-D700使用手册。

表2-3-3 变频器关键参数及简单说明

参数	名称	表示	设定范围	单位	出厂设定值
0	转矩提升	Pr0	0 ~ 30%	0.1%	6% 4% 3%
1	上限频率	Pr1	0 ~ 120 Hz	0.01 Hz	120 Hz
2	下限频率	Pr2	0 ~ 120 Hz	0.01 Hz	0 Hz
3	基准频率	Pr3	0 ~ 400 Hz	0.01 Hz	50 Hz
4	3速设定（高速）	Pr4	0 ~ 400 Hz	0.01 Hz	50 Hz
5	3速设定（中速）	Pr5	0 ~ 400 Hz	0.01 Hz	30 Hz
6	3速设定（低速）	Pr6	0 ~ 400 Hz	0.01 Hz	10 Hz
7	加速时间	Pr7	0 ~ 3600 s	0.1 s	5 s
8	减速时间	Pr8	0 ~ 3600 s	0.1 s	5 s
9	电子过电流保护	Pr9	0 ~ 500 A	0.01 A	额定输出电流
79	操作模式选择	Pr79	0~7	1	0

任务实施

一、任务准备

根据表2-3-4材料清单，清点与确认实施本任务教学所需的实训设备及工具。

表2-3-4 项目二任务二实验需要的主要设备及工具

设备	数量	单位
S7-1200 CPU （1214C）	1	台
SM1223 IO扩展模块	1	台
IM 155-6PN	1	台
DI 8 × 24VDC ST输入点模块	1	台
DQ 8 × 24VDC/0.5A BA输出点模块	1	台
交换机	1	台
RJ45接头网线	2	条
颗粒上料实训模块	1	套
装有Portal V13的个人电脑	1	台

（续表）

工具	数量	单位
万用表	1	台
2 mm一字水晶头小螺丝刀	1	支
6 mm十字螺丝刀	1	支
6 mm一字螺丝刀	1	支
六角扳手组	1	套
试电笔	1	支

二、循环选料机构说明

循环选料机构主要由料筒、推料机构、料筒物料传感器组、循环上料皮带组成，如图2-3-6所示。

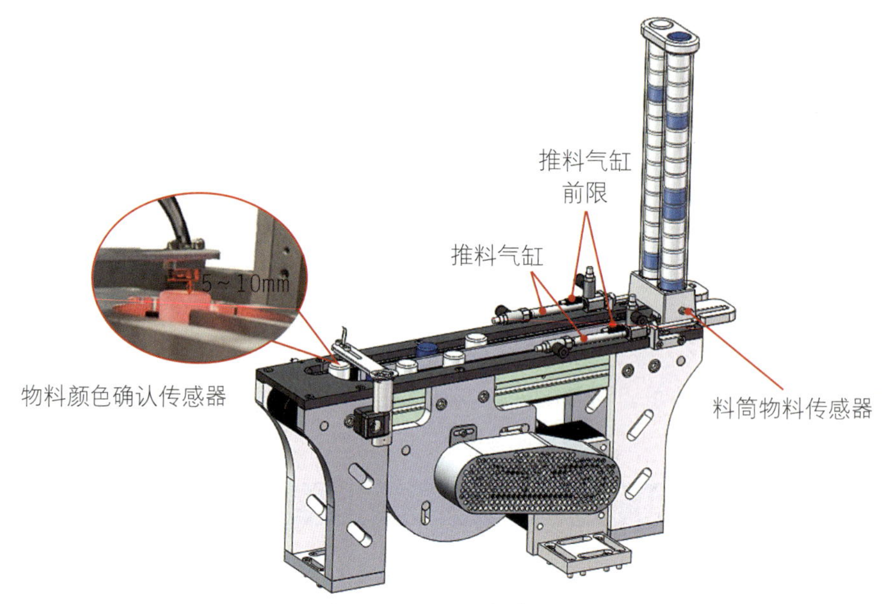

图2-3-6　循环选料机构

料筒物料传感器检测料筒有没有物料。物料颜色确认传感器由两个光纤传感器构成，通过组合信号检测物料颜色。颗粒到位传感器位于取料位，用于检测物料是否进入取料区。AB推料气缸负责将料筒物料推到循环传送带上。循环传送带通过变频器控制的交流电机带动，实现高中低速的正反转（具体频率见调试要求）。

三、西门子ET 200SP分布式IO模块组态

创建组态程序项目后，在“硬件目录”下，找到“分布式I/O”，点击“ET 200SP”下拉菜单，依次按图2-3-7所示展开各个层级并找到“6ES7 155-6AR00-0AN0”并双击。

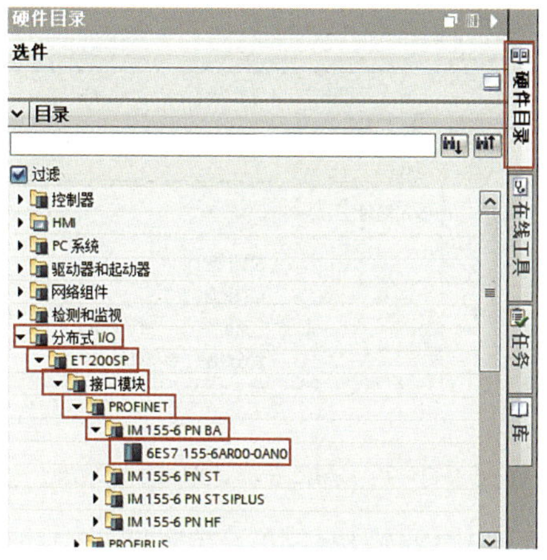

图2-3-7　组态ET 200SP

双击“设备和网络”，把西门子PLC与ET 200SP分布式IO组态成ProfiNet网络，如图2-3-8所示。

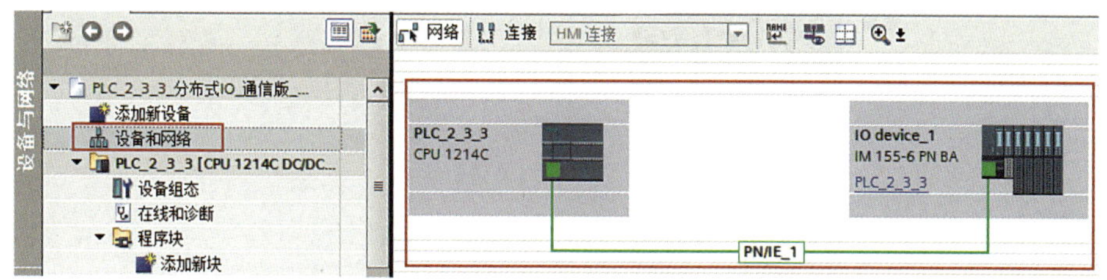

图2-3-8　组态ProfiNet网络

如图2-3-9所示，双击机架1中的输入模块，出现ET 200SP分布式IO分配IO地址范围。在属性栏“常规”菜单中找到“I/O地址”，起始地址设定为“10”，结束地址为“10”。完成操作后，ET 200SP分布式IO的输入模块获得的分配地址为I10.0 ~ I10.7。

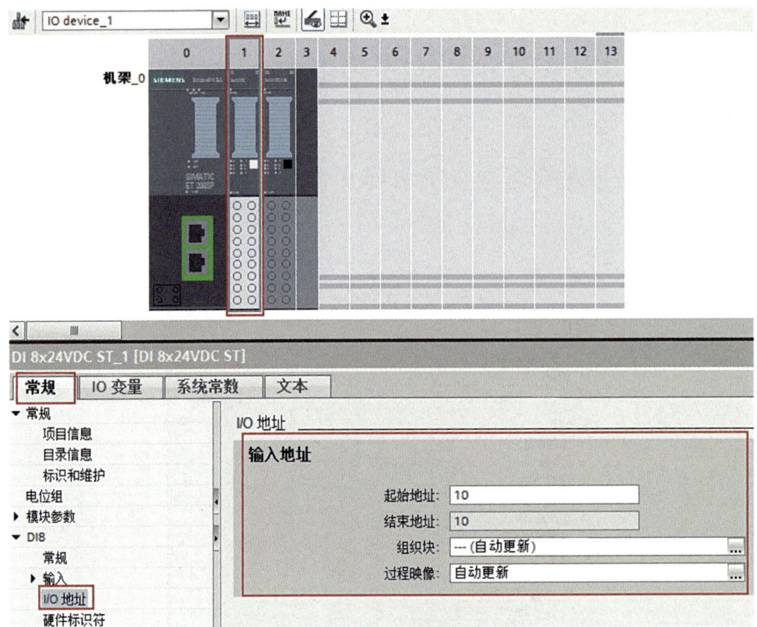

图2-3-9　分配分布式IO输入地址

用同样的方法双击机架2中的输出模块，在属性栏中找到“I/O地址”，起始地址设定为“10”，结束地址设定为“10”，如图2-3-10所示。完成操作后，ET 200SP分布式IO的输出模块获得的分配地址为Q10.0 ~ Q10.7。

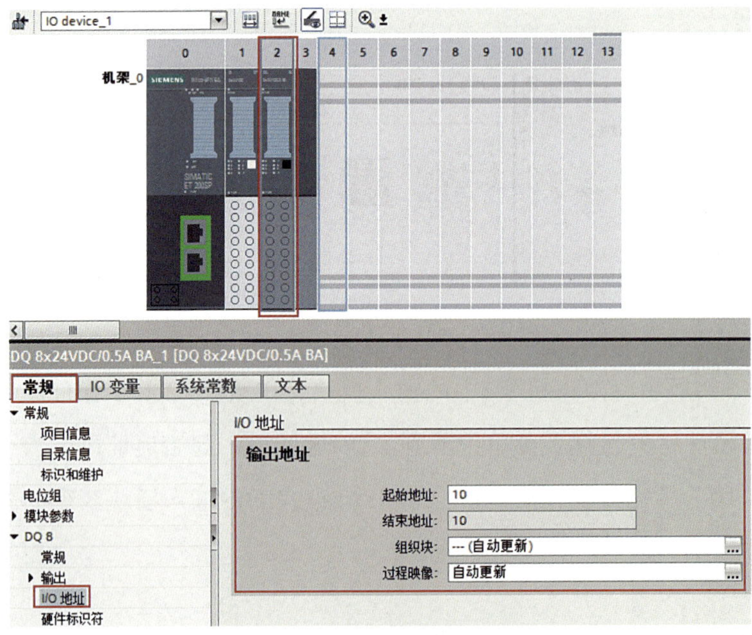

图2-3-10　分配分布式IO输出地址

四、循环选料机构任务的动作设计与调试

1. 循环选料机构任务

本任务要求实现如下功能。

（1）系统包含启动、停止功能，分别以启动与停止指示灯表示。

（2）启动之后，传送带高速正转，系统首先将料筒所有物料推出到传送带上打乱。

（3）料筒所有物料推出，皮带中速正转。

（4）当颜色传感器检测到物料经过，皮带反转，将经过物料反转到取料区，并停止传送带运转，等待取料。

（5）取料后皮带恢复中速正转。

（6）假如反转5 s后取料位传感器依然没有检测到物料，则皮带恢复中速正转。

任务程序流程图如图2-3-11所示。

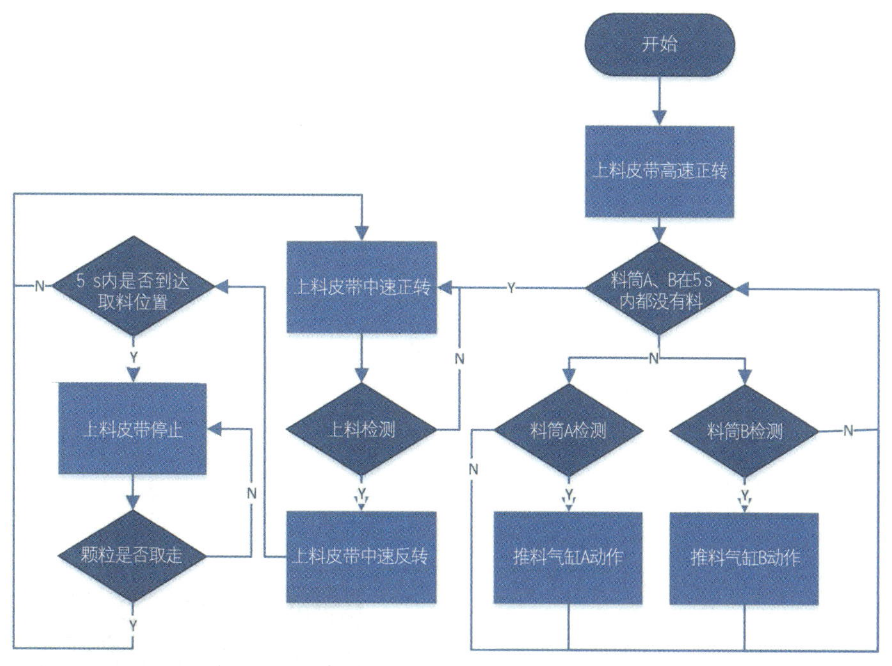

图2-3-11　循环选料机构程序流程图

2. 颗粒上料任务IO分配表

完成了上述组态操作后，颗粒上料工作站的西门子PLC及分布式IO模块I/O地址

分配如表2-3-5所示。

表2-3-5　颗粒上料任务I/O地址分配表

西门子PLC I/O地址分配		
PLC地址	功能描述	对应接口盒接点
I0.2	料筒A检测传感器	料筒A
I0.3	料筒B检测传感器	料筒B
I1.1	推料气缸A前限位	推料A前
I1.2	推料气缸B前限位	推料B前
I2.0	启动按钮	启动
I2.1	停止按钮	停止
Q1.0	启动（指示灯）	启动（指示灯）
Q1.1	停止（指示灯）	停止（指示灯）
Q2.0	上料皮带电机正转	电机正转
Q2.1	上料皮带电机反转	电机反转
Q2.2	上料皮带电机高速	电机高速
Q2.3	上料皮带电机中速	电机中速
Q2.4	上料皮带电机低速	电机低速
分布式IO模块 I/O地址分配		
PLC地址	功能描述	对应接口盒接点
I10.0	颗粒到位传感器	颗粒到位
I10.1	颜色A检测传感器	颜色A
I10.2	颜色B检测传感器	颜色B
Q10.0	推料A电磁阀	推料A
Q10.1	推料B电磁阀	推料B

3. 线路安装

（1）接口盒电源部分选对插头连线如图2-3-12所示。

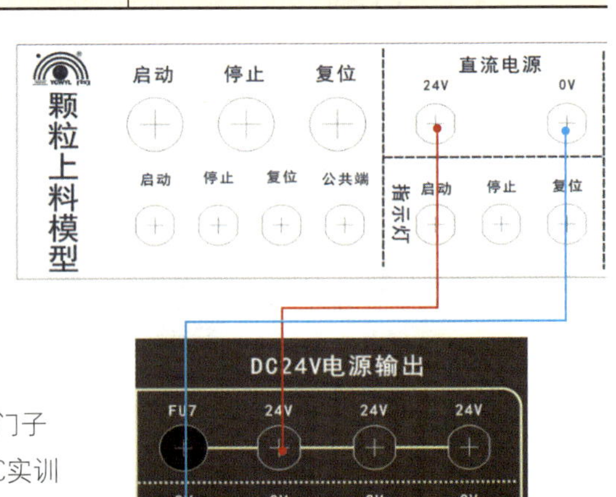

图2-3-12　电源部分接线

（2）西门子PLC公共端部分迭对插头连线如图2-3-13所示。

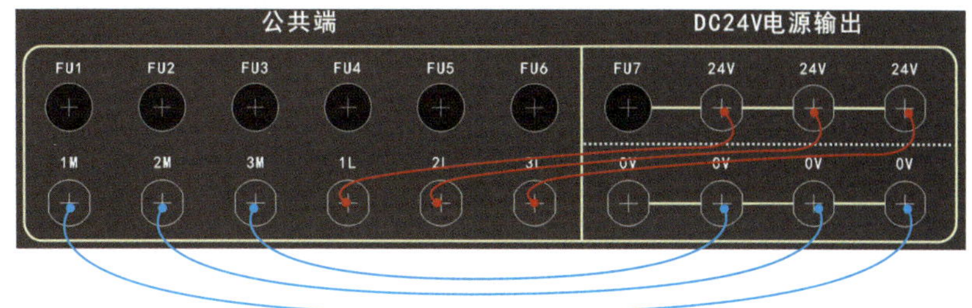

图2-3-13　西门子PLC公共端部分接线

（3）西门子PLC输入点部分迭对插头连线如表2-3-6所示。

表2-3-6　西门子PLC输入点部分迭对插头连线表

颗粒上料接口盒插孔	迭对插头连线	西门子PLC实训屏面板插孔
料筒A		I0.2
料筒B		I0.3
推料A前		I1.1
推料B前		I1.2
启动（按钮）		I2.0
停止（按钮）		I2.1

（4）西门子PLC输出点部分迭对插头连线如表2-3-7所示。

表2-3-7　西门子PLC输出点部分迭对插头连线表

颗粒上料接口盒插孔	迭对插头连线	西门子PLC实训屏面板插孔
启动（指示灯）		Q1.0
停止（指示灯）		Q1.1
电机正转		Q2.0
电机反转		Q2.1
电机高速		Q2.2
电机中速		Q2.3
电机低速		Q2.4

（5）西门子分布式IO部分迭对插头连线如表2-3-8所示。

表2-3-8　西门子分布式IO部分迭对插头连线表

颗粒上料接口盒插孔	迭对插头连线	西门子PLC实训屏面板插孔
24 V（西门子分布式IO电源）	——	24 V
0 V（西门子分布式IO电源）	——	0 V
西门子分布式IO输入模块接线端子针脚	迭对插头连线	颗粒上料接口盒插孔
.0	——	颗粒到位
.1	——	颜色A
.2	——	颜色B
西门子分布式IO输出模块接线端子针脚	迭对插头连线	颗粒上料接口盒插孔
.0	——	推料A
.1	——	推料B

4. 程序设计（参考程序）

系统启停程序：程序如图2-3-14所示，采用启停保结构。其中，采用了NOT触点，相当于Q1.1的结果是Q1.0的取反。

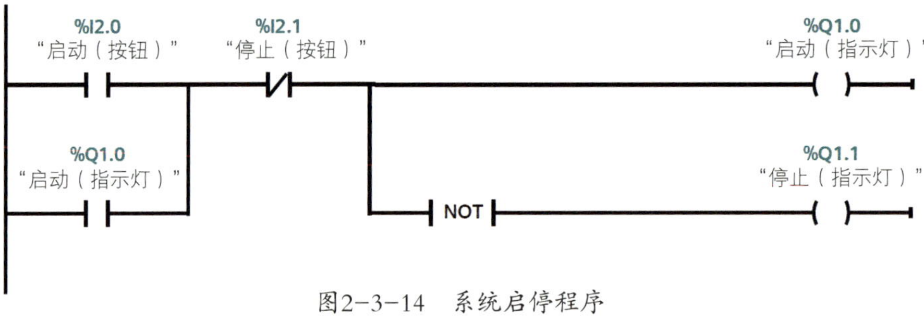

图2-3-14　系统启停程序

停止动作程序：停止动作程序如图2-3-15所示，其目的有三个：一是停止传送带电机，二是复位推动气缸，三是复位关键中间寄存器。

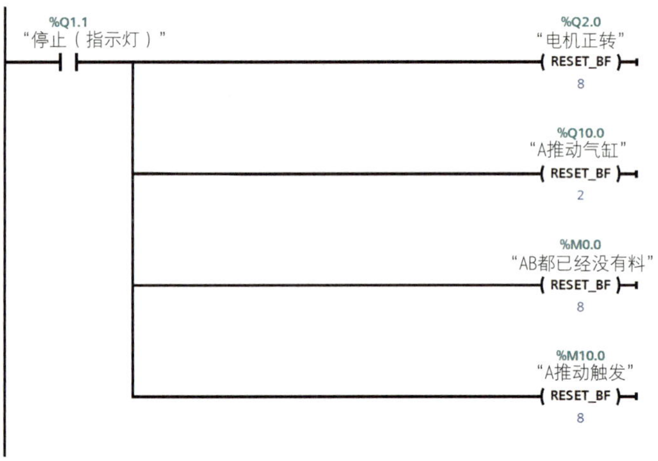

图2-3-15　停止动作程序

推料子过程参考程序如图2-3-16所示，其在过程中要考虑以下几点。

（1）在系统启动的时候使上料皮带电机高速正转，避免在推料口堵料。

（2）当A或B料筒传感器在连续的5 s内检测到物料，则判断还没有推完料，在A、B进行推料动作，这里要求A或B气缸完成一次完整的推料动作才允许进行下一次推料动作。A推料动作由M10.0驱动，B推料动作由M10.1驱动。

（3）当A、B料筒传感器在连续的5 s内一直都没有检测到物料，则判断已经推完料筒里的料了，将M0.0置位进行记录，不允许A或B料筒推料机构重复推料。

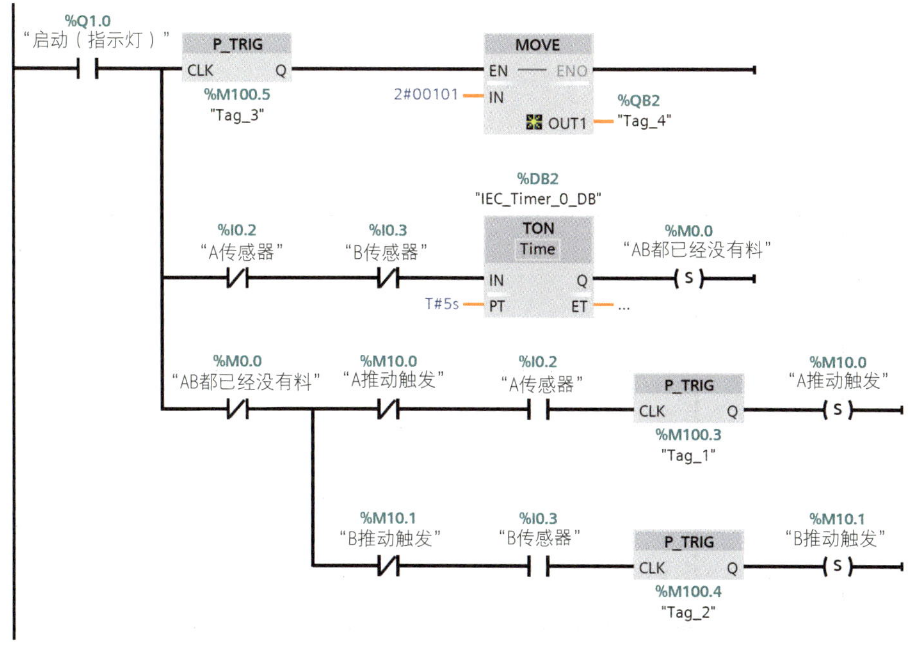

图2-3-16　推料子过程程序

A气缸推料参考程序如图2-3-17所示。M10.0触发过来之后A推动气缸推出，当气缸到达前限缩回，为避免抖动，延时0.5 s之后复位M10.0。B气缸的推料程序类似，如图2-3-18所示，原理不重复解释。

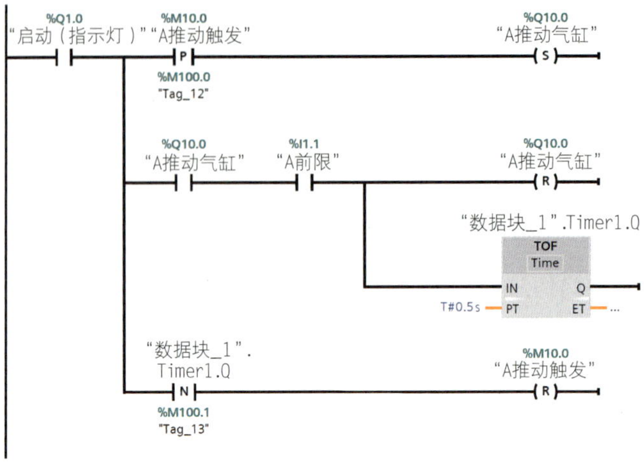

%Q1.0 "启动（指示灯）"　%M10.0 "A推动触发"　P　%M100.0 "Tag_12"　%Q10.0 "A推动气缸"　S

%Q10.0 "A推动气缸"　%I1.1 "A前限"　%Q10.0 "A推动气缸"　R

"数据块_1".Timer1.Q　TOF Time　IN　Q　T#0.5 s　PT　ET　...

"数据块_1".Timer1.Q　N　%M100.1 "Tag_13"　%M10.0 "A推动触发"　R

图2-3-17　A气缸推料程序

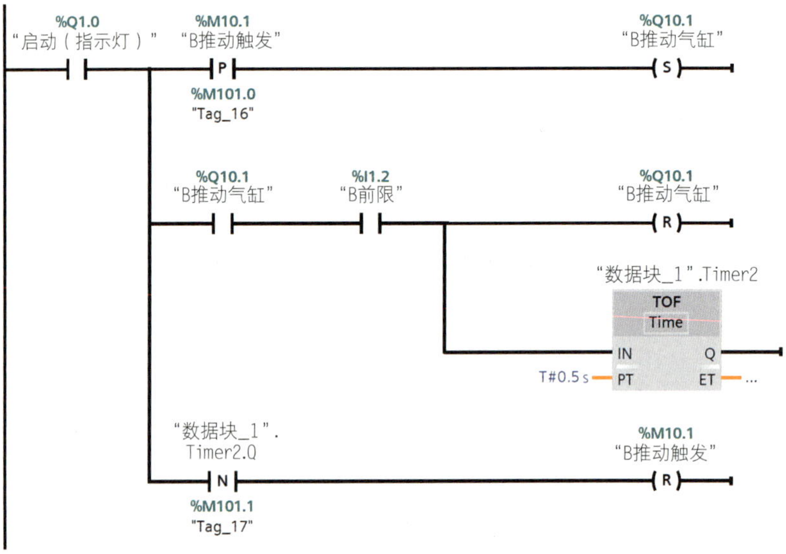

%Q1.0 "启动（指示灯）"　%M10.1 "B推动触发"　P　%M101.0 "Tag_16"　%Q10.1 "B推动气缸"　S

%Q10.1 "B推动气缸"　%I1.2 "B前限"　%Q10.1 "B推动气缸"　R

"数据块_1".Timer2　TOF Time　IN　Q　T#0.5 s　PT　ET　...

"数据块_1".Timer2.Q　N　%M101.1 "Tag_17"　%M10.1 "B推动触发"　R

图2-3-18　B气缸推料程序

上料皮带控制程序如图2-3-19所示，实现的主要功能有以下三点。

（1）在推料完成后或者取走了取料区物料后转成中速正转。

（2）当颜色A或者B触发，皮带反转5 s。

（3）反转5 s后，若检测到取料区有物料，皮带停转等待取料，否则中速正转。

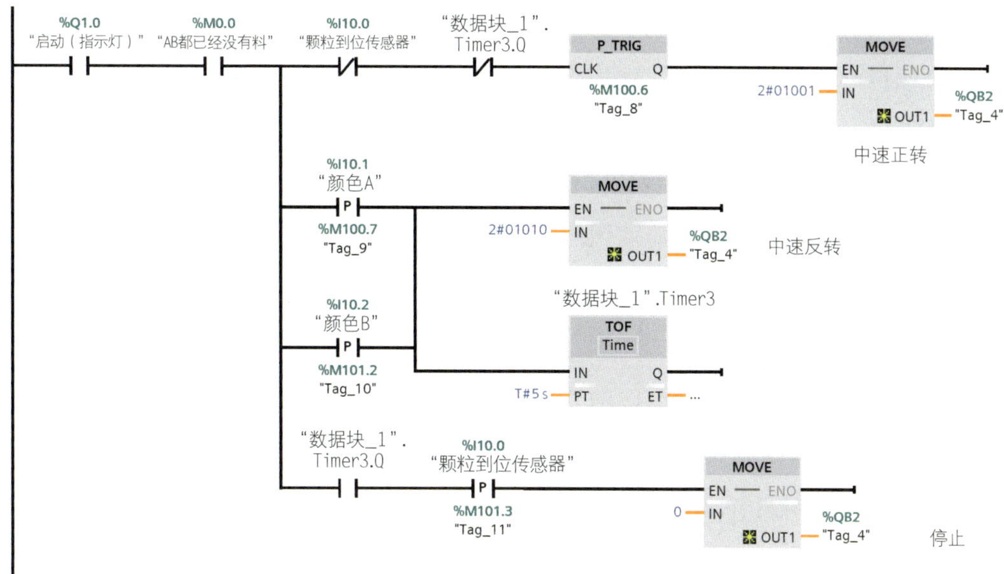

图2-3- 19　上料皮带控制程序

5. 系统调试

（1）光纤传感器调试。

详见项目二任务二中“系统调试”部分内容。

（2）磁性开关的调试说明。

如图2-3-20所示，打开气源，利用小一字螺丝刀对气动电磁阀的测试旋钮进行操作，移动磁性开关的位置，观察磁性开关指示灯。气缸在初始位置时，调整气缸的缩回限位；气缸处于伸出位置时，调整气缸的伸出限位。

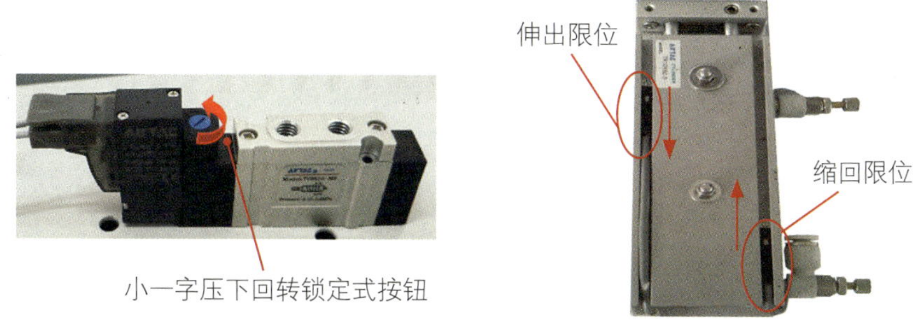

图2-3-20　磁性开关的调试

（3）气动元件的调试说明。

电磁阀的调试通过电磁阀上蓝色的测试旋钮进行，图2-3-21所示的是蓝色测试

图2-3-21　电磁阀调试

旋钮原始状态“PUSH”。利用小一字螺丝刀按下测试旋钮可以改变通气状态，观察气缸的工作情况是否准确；当按下调节旋钮顺时针方向旋转至“LOCK”时，气缸通气状态保持。要确保气缸或气爪在安全环境情况下，才能使用测试旋钮进行测试，保证测试过程中不损害气缸或者不造成安全事故。

节流阀可以调节通过节流阀的气流的大小，进而控制气缸动作的速度和力度。运动过快需要顺时针旋转节流阀调节旋钮，并锁紧以防止松动；反之则需要逆时针旋转节流阀调节旋钮，直到达到合适的速度，再锁紧，如图2-3-22所示。在调整过程中应该先将气流阀门旋到较低的位置，使气缸由慢速向快速调整，直到调整到合适的速度。

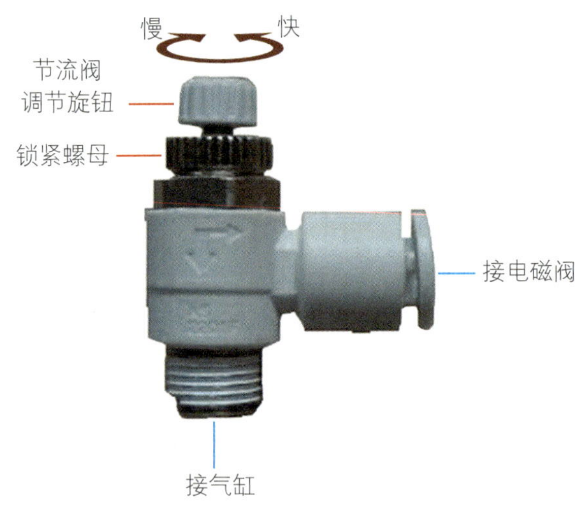

图2-3-22　节流阀调试

（4）变频器调试。

变频器关键参数及设定值见表2-3-9。如需设置其他参数，请参照变频器FR-D700使用手册。

表2-3-9　变频器关键参数设置

参数	出厂值	设定值	含义
79	0	3	外部/PU组合模式

（续表）

参数	出厂值	设定值	含义
1	120 Hz	50 Hz	变频器输出频率上限值
2	0 Hz	10 Hz	变频器输出频率下限值
4	50 Hz	45 Hz	变频电机高速
5	30 Hz	30 Hz	变频电机中速
6	10 Hz	20 Hz	变频电机低速
7	5 s	0.5 s	加速时间
8	5 s	0.5 s	减速时间

（5）循环选料机构调试。

料筒物料传感器调试：安装传感器时要注意光纤头顶端与料筒内壁平齐，不能超出内壁。料筒没有物料时，检测传感器没有输出；向料筒加入一个物料时，检测传感器要有输出。阈值可以通过放大器调节。

物料颜色确认传感器调试：选两个（蓝白各一个）颗粒物料分别置于颜色确认传感器的正下方。物料为白色物料时，X2和X3都有输出；物料为蓝色物料时，只有X3有输出。这两个传感器可以用组合的方式鉴别出蓝白色物料，在演示程序里是选取白色物料为例。X2和X3的光纤放大器预设值之间的差值不低于500。

物料颜色确认传感器位置调试：物料颜色确认传感器与正下方的物料之间的距离为5～10 mm，传感器的安装位置要在颗粒物料每次运行轨迹的正上方，保证物料经过传感器时检测的是物料的中心；调整传感器安装片的位置，保证物料在反转之前停止时，至少有4/5的部分在反转皮带上面。

在初始启动时，首先用颗粒物料将料筒填满，不被选取物料数量为被选取物料数量的1/6。在两条循环带上可以放置1～8个物料，不宜过多，避免物料在筛选时拥挤。

（6）调试验证分布式IO。

在项目中找到“监控与强制表”，创建“强制表”，添加强制地址Q10.0，如图2-3-23所示。

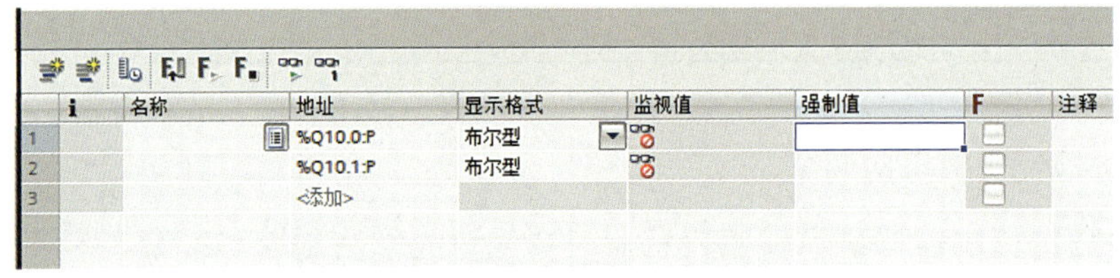

图2-3-23　使用“强制表”添加强制地址

在“强制表”中，地址Q10.0的强制值设置为“1”（显示为“TRUE”），然后勾选启用强制，点击“F”，开始强制，如图2-3-24所示。

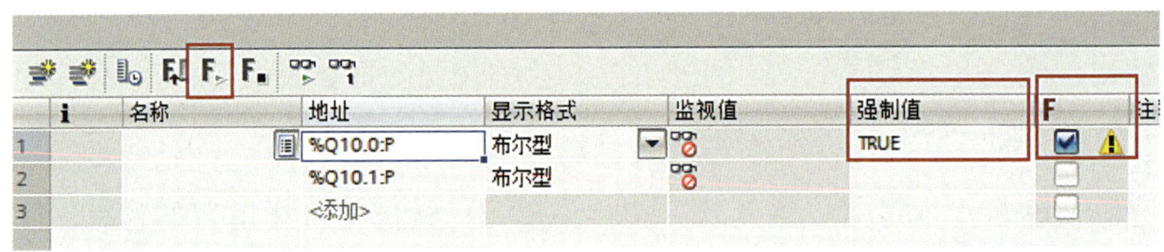

图2-3-24　启用强制

强制Q10.0地址值为1后，观察ET 200SP分布式IO模块的对应输出点指示灯是否亮起，若亮起，则证明分布式IO组态成功，如图2-3-25所示。

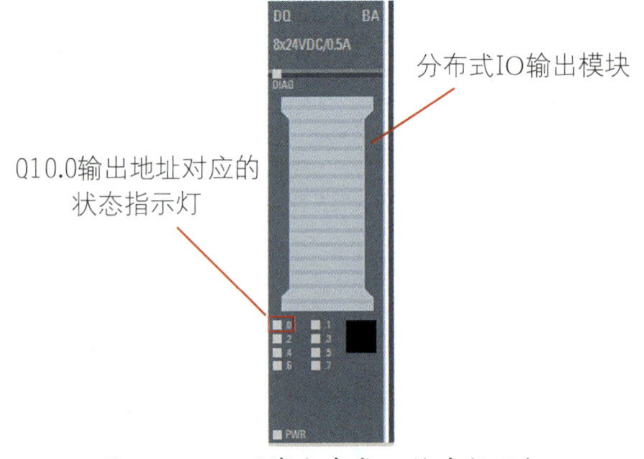

图2-3-25　观察分布式IO输出指示灯

任务考核

一、对任务实施的完成情况进行检查，并将结果填入表2-3-10内。

表2-3-10 项目二任务三自评表

序号	主要内容	考核要求	评分标准	配分/分	扣分/分	得分/分
1	ProfiNet网络搭建	正确描述ProfiNet网络中各部分的名称，并完成网络安装	（1）描述ProfiNet网络的组成有错误或遗漏，每处扣5分； （2）ProfiNet网络安装有错误或遗漏，每处扣5分	20		
2	PLC程序设计与调试	正确进行ProfiNet网络组态	（1）硬件组态遗漏或出错，每处扣5分； （2）网络参数表达不正确或参数设置不正确，每处扣2分	20		
		按PLC控制I/O（输入/输出）接线图在配线板上正确安装，安装要准确、紧固，配线导线要紧固、美观，导线要进行线槽，导线要有端子标号	（1）损坏元件扣5分； （2）布线不进行线槽，不美观，主电路、控制电路每根扣1分； （3）接点松动、露铜过长、压绝缘层，标记线号不清楚、遗漏或误标，引出端无别径压端子，每处扣1分； （4）损伤导线绝缘或线芯，每根扣1分； （5）不按PLC控制I/O（输入/输出）接线图接线，每处扣5分	20		
		熟练、正确地将所编程序输入PLC；按照被控设备的动作要求进行调试，达到设计要求	（1）不能熟练操作 PLC 键盘输入指令扣2分； （2）不能用删除、插入、修改、存盘等命令，每项扣2分； （3）试车不成功扣20分	30		
3	安全文明生产	劳动保护用品穿戴整齐；遵守操作规程；讲文明，有礼貌；操作结束后要清理现场	（1）操作中，违反安全文明生产考核要求的任何一项扣5分，扣完为止； （2）当发现学生有重大事故隐患时，要立即予以制止，并每次扣5分	10		
合计						
开始时间:			结束时间:			

二、根据考核评比要求，对考核内容进行多方评价，并将结果填入表2-3-11内。

表2-3-11　项目二任务三考核评价表

考核内容						
	考核评比要求		项目分值	自我评价	小组评价	教师评价
专业能力（60%）	工作准备的质量评估	（1）器材和工具、仪表的准备数量是否齐全，检验的方法是否正确； （2）辅助材料准备的质量和数量是否适用； （3）工作周围环境布置是否合理、安全	10			
	工作过程各个环节的质量评估	（1）做工的顺序安排是否合理； （2）计算机编程的使用是否正确； （3）图纸设计是否正确、规范； （4）导线的连接是否能够安全载流、绝缘是否安全可靠、放置是否合适； （5）安全措施是否到位	20			
	工作成果的质量评估	（1）程序设计是否功能齐全； （2）电器安装位置是否合理、规范； （3）程序调试方法是否正确； （4）环境是否整洁、干净； （5）其他物品是否在工作中遭到损坏； （6）整体效果是否美观	30			
综合能力（40%）	信息收集能力	基础理论；收集和处理信息的能力；独立分析和思考问题的能力；综述报告	10			
	交流沟通能力	编程设计、安装、调试总结；程序设计方案论证	10			
	分析问题能力	程序设计与线路安装调试基本思路、基本方法研讨；工作过程中处理程序设计	10			
	深入研究能力	将具体实例抽象为模拟安装调试的能力；相关知识的拓展与知识水平的提升；了解步进顺序控制未来发展的方向	10			
备注	强调项目成员注意安全规程及行业标准； 本项目可以小组或个人形式完成					

三、完成下列相关知识技能拓展题。

（1）在原任务要求中增添功能，要求循环传送带只选出白色的物料，将白色物料反转到取料区，请编写程序。

（2）在原任务要求中增添功能，要求循环传送带选出白色物料4个、蓝色物料4个后，系统自动停止，请编写程序。

西门子PLC与智能网关的Modbus TCP通信应用编程与调试

学习目标

1. 了解Modbus TCP协议，记忆Modbus TCP协议报文格式。
2. 认识智能网关的模块的功能、接口。
3. 掌握S7-1200 PLC 基于ProfiNet总线Modbus TCP协议通信应用编程。
4. 掌握智能网关通信报文监控调试方法。
5. 掌握智能网关XL90配置软件的使用，并正确配置智能网关。
6. 通过实训，能够编写Modbus TCP通信程序，配合智能网关进行报文监控，分析报文，搭建Modbus TCP通信网络进行PLC与智能网关之间的信号传递。

任务描述

本任务是基于西门子ProfiNet的Modbus TCP协议通信编程及调试的实训。在本任务中，我们需要学习：

（1）如何正确组态西门子S7-1200的ProfiNet网络，编写Modbus TCP通信程序。

（2）正确配置智能网关通信参数，通过智能网关进行报文监控。

（3）分析监控到的报文，来判断通信网络是否搭建成功，信号传递是否正确。

本任务中，西门子S7-1200 PLC作为服务端，智能网关作为客户端。

一、了解Modbus TCP协议

Modbus是于1979开发的一种通信协议，采用Master/Slave方式通信，本质上是一种简单的客户机/服务器应用协议。随着技术的发展，1996年又推出了基于以太网的TCP/IP的Modbus协议——Modbus TCP。Modbus协议是一项应用层报文传输协议，其协议本身没有定义物理层，只是定义了控制器能够认识和使用的消息结构，而不管它们是经由何种网络进行通信。Modbus TCP基本上没有对Modbus协议本身进行修改，只是为了满足控制网络实时性的需要，改变了数据的传输方法和通信速率。Modbus TCP使用TCP/IP和以太网在站点间传送Modbus报文，使Modbus_RTU协议运行于以太网。所以Modbus TCP是一种以以太网为物理网络，传输层和网络层则采用网络标准TCP/IP，并以Modbus为应用层协议标准的网络总线。Modbus_RTU与Modbus TCP的网络模型对比如图2-4-1所示。

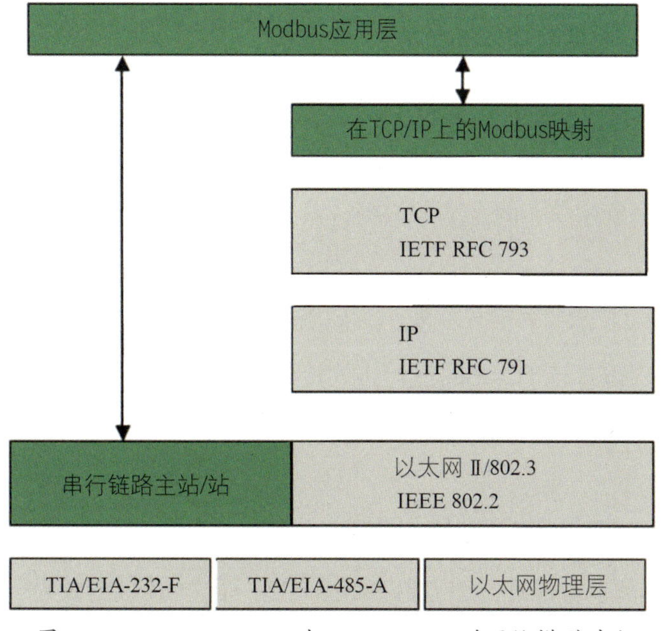

图2-4-1　Modbus_RTU与Modbus TCP的网络模型对比

二、Modbus TCP报文解析

报文（message）是网络中交换与传输的数据单元，即站点一次性要发送的数据块。报文包含了将要发送的完整的数据信息，其长短很不一致，长度不限且可变。下面我们将对Modbus TCP的报文进行学习。

Modbus TCP报文举例（16进制）：00 00 00 00 00 06 01 03 00 01 00 01（"读字"功能码）。其解析如表2-4-1所示。

表 2-4-1　Modbus TCP报文解析

报文	00 00 00 00	00 06	01	03	00 01	00 01
解析	报文头	字节数	站号	功能码	地址	读取寄存器数

由于TCP是基于可靠连接的服务，RTU协议中的CRC校验码就不再需要，所以在Modbus TCP协议中没有CRC校验码。Modbus TCP协议是在RTU协议前面添加MBAP报文头，共七个字节长度，其意义如下。

（1）传输标志，两个字节长度，标志Modbus询问/应答的传输，一般默认是00 00。

（2）协议标志，两个字节长度，0表示Modbus，1表示UNI-TE协议，一般默认也是00 00。

（3）后续字节计数，两个字节长度，其实际意义就是后面的字节长度，具体情况详见下文。

（4）单元标志，一个字节长度，一般默认为00，单元标志对应Modbus_RTU协议中的地址码。当RTU与TCP之间进行协议转换的时候，特别是进行Modbus网关转换协议的时候，在TCP协议中，该数据就对应RTU协议中的地址码。

三、Modbus地址与CPU地址映射

Modbus寻址的基本原理是建立起Modbus地址与CPU地址的映射，Modbus主从站均通过其进行寻址。所有Modbus地址均从1开始，不同地址的读取或写入通过功能码标记。表2-4-2显示了Modbus地址到西门子PLC地址的映射。

表2-4-2　Modbus地址到西门子S7-1500 PLC地址的映射

Modbus 功能				S7-1200	
代码	功能	数据区	地址空间	数据区	CPU地址
1	读取：位	Output	00001～8192	过程映像输出	Q0.0～Q1023.7
2	读取：位	Input	10001～18192	过程映像输入	I0.0～I1023.7
4	读取：WORD	Input	30001～30512	过程映像输入	IW0～IW1022
5	写入：位	Output	00001～8192	过程映像输出	Q0.0～Q1023.7
15	写入多个：位	Output	00001～8192	过程映像输出	Q0.0～Q1023.7
3	读取：WORD	保持寄存器	40001～49999	地址区取决于CPU（以WORD为单位，可通过MB_HOLD_REG参数指定保持寄存器）	
6	写入：WORD				
16	写入多个：WORD				

四、了解西门子PLC指令MB_SERVER

“MB_SERVER”指令作为Modbus TCP服务器通过ProfiNet连接进行通信。“MB_SERVER”指令将处理Modbus TCP客户端的连接请求、接收和处理Modbus请求并发送响应，如图2-4-2所示。指令各参数解释如表2-4-3所示。

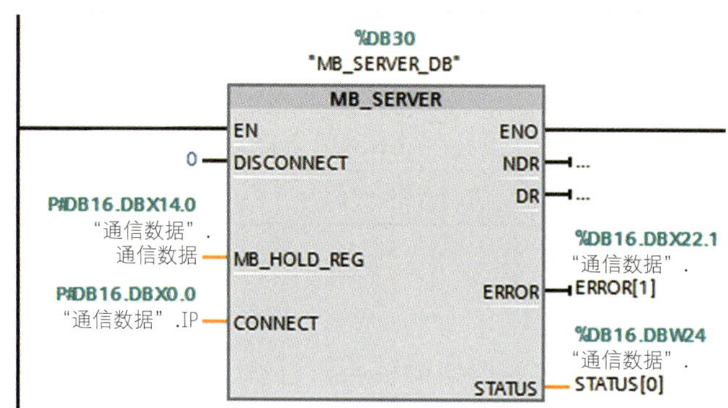

图2-4-2　西门子PLC指令MB_SERVER

表2-4-3 MB_SERVER各参数解析

参数和类型	数据类型	说明
DISCONNECT	Bool	MB_SERVER尝试与伙伴设备进行“被动”连接。也就是说，服务器被动地侦听来自任何请求IP地址的TCP连接请求。 如果DISCONNECT = 0且不存在连接，则可以启动被动连接。如果DISCONNECT = 1且存在连接，则启动断开操作。 该参数允许程序控制何时接受连接。 每当启用此输入时，无法尝试其他操作
CONNECT	Variant	引用包含系统数据类型为“TCON_IP_v4”的连接参数的数据块结构
MB_HOLD_REG	Variant	指向MB_SERVER Modbus保持寄存器的指针： 保持寄存器必须是一个标准全局DB或M存储区地址。 储存区用于保存数据，允许Modbus客户端使用Modbus寄存器功能3（读）、6（写）和16（写）访问这些数据
NDR	Bool	新数据就绪：0表示没有新数据，1表示Modbus客户端已写入新数据
DR	Bool	数据读取：0表示没有读取数据，1表示Modbus客户端已读取该数据
ERROR	Bool	MB_SERVER 执行因错误而结束后，ERROR位将在一个扫描周期时间内保持为TRUE。STATUS参数中的错误代码仅在ERROR = TRUE的一个循环周期内有效
STATUS	Word	执行条件代码

五、智能网关XL90介绍

智能网关可以作为智能传感网络的核心，启动、管理智能传感网络，协调传感器节点通信，实现通信管理、数据采集、协议转换、数据处理转发等功能。XL90由深圳市信立科技有限公司研发生产，是一款市面上比较有代表性的智能网关，其外观见图2-4-3。该产品支持Ethernet、Wi-Fi、GPRS、RS485、4G、5G、NB-IOT 方式上传数据，支持Modbus_RTU、Modbus TCP、XL 协议（工业智能传感网络协议）。

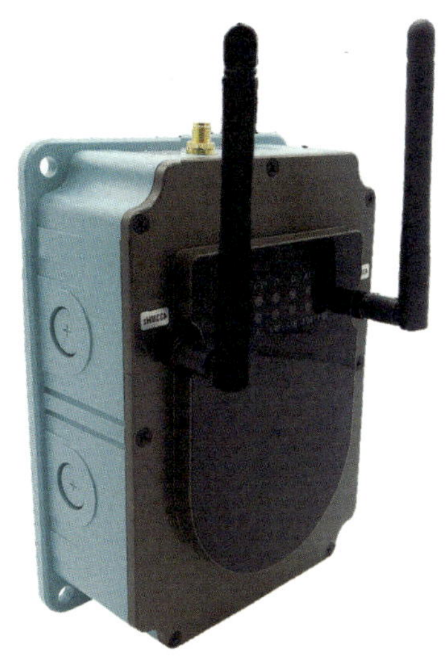

图 2-4-3　XL90智能网关外观

在本实训平台里，XL90智能网关的功能是对三菱PLC、西门子PLC和汇川PLC这三种PLC的信号进行收集和转发，起到对三种PLC进行通信信号交互的作用。

1. 智能网关面板指示灯状态说明

智能网关面板指示灯及其状态说明如图2-4-4和表2-4-4所示。

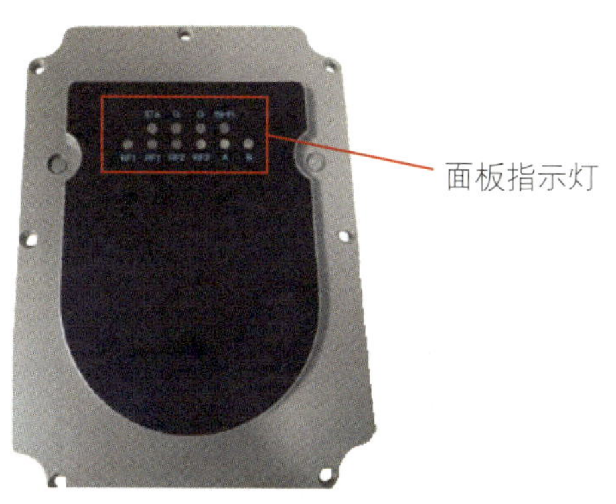

图2-4-4　智能网关面板指示灯

表2-4-4　智能网关面板指示灯及其状态说明

指示灯	名称	正常状态
STA	电源状态	闪烁
G（左）	GPRS数据接收灯	闪烁
G（右）	GPRS数据发送灯	闪烁
Wi-Fi	Wi-Fi通信状态	常亮
RF1（左）	RF1数据接收灯	闪烁

（续表）

指示灯	名称	正常状态
RF1（右）	RF1数据发送灯	闪烁
RF2（左）	RF2数据接收灯	闪烁
RF2（右）	RF2数据发送灯	闪烁
A	RS485A	闪烁
B	RS485B	闪烁

2. 智能网关接口说明

智能网关接口及其说明如图2-4-5和表2-4-5所示。

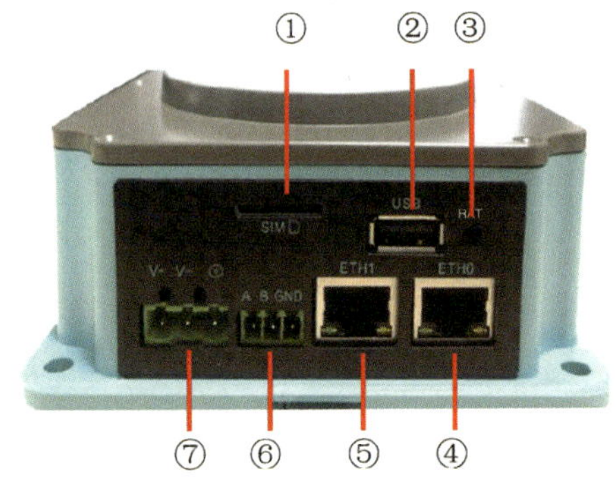

图2-4-5　智能网关接口

表2-4-5　智能网关接口说明

序号	接口名称	功能描述
①	SIM卡槽	通过GPRS、4G、NB-IOT传输时，在SIM卡槽插卡，插卡方向按图2-4-5丝印方向
②	USB接口	采用USB接口Wi-Fi，把USB Wi-Fi 插入USB接口； 通过USB口读取第三方设备数据； USB接口规格为2.0
③	RST	复位按钮，重置智能网关出厂设置
④	网口1	ETH0，默认IP为192.168.1.233，用于网络通信
⑤	网口2	ETH1，默认IP为192.168.2.233，用于网络通信
⑥	A,B	RS485的A和B接口
⑦	V+,V-	网关的供电接口，供电范围为DC9～24 V，功率为9 W

一、任务准备

本任务中，我们将实现S7-1200 PLC与智能网关XL90之间的Modbus TCP通信，并分析Modbus TCP协议报文。其中，西门子S7-1200 PLC作为服务端，智能网关作为客户端。根据表2-4-6材料清单，清点与确认实施本任务教学所需的实训设备及工具。

表2-4-6　项目二中任务四实验需要的主要设备及工具

设备	数量	单位
S7-1200 CPU （1214C）	1	台
SM1223 IO扩展模块	1	台
IM155-6PN	1	台
DI 8×24VDC ST输入点模块	1	台
DQ 8×24VDC/0.5A BA输出点模块	1	台
交换机	1	台
RJ45接头网线	2	条
XL90智能网关	1	套
装有Portal V13的个人电脑	1	台
工具	**数量**	**单位**
万用表	1	台
2 mm一字水晶头小螺丝刀	1	支
6 mm十字螺丝刀	1	支
6 mm一字螺丝刀	1	支
六角扳手组	1	套
试电笔	1	支

二、搭建西门子PLC、智能网关之间的Modbus TCP工业网络

西门子S7-1200 PLC、智能网关与编程电脑通过网线和交换机连接在同一个局域网内，网络搭建如图2-4-6所示。

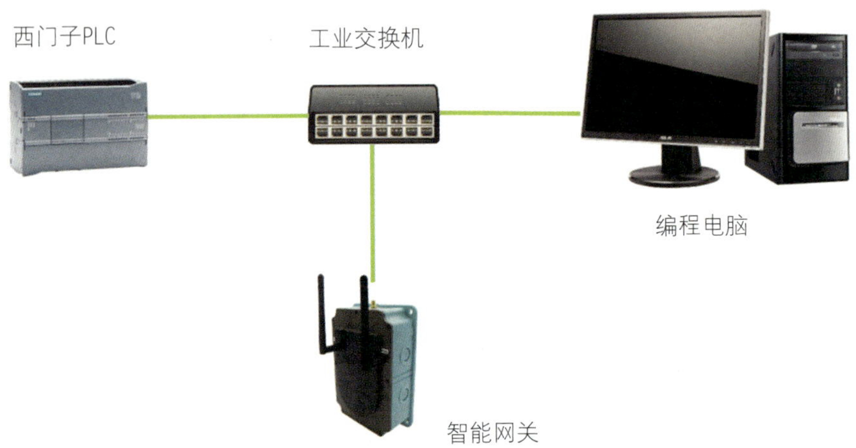

图2-4-6　西门子PLC、智能网关与编程电脑的局域网搭建

三、西门子PLC网络组态

S7-1200 PLC的硬件组态可以参考前述任务，此处不再重复。组态好PLC硬件之后，打开PLC属性，修改PLC的IP地址。右击“PLC”，在下拉菜单中点击“属性”，选择“以太网地址”，修改PLC的IP地址为“192.168.12.33”，或者自定义其他地址，但是最好与智能网关、电脑IP地址在同一个网段，如图2-4-7所示。

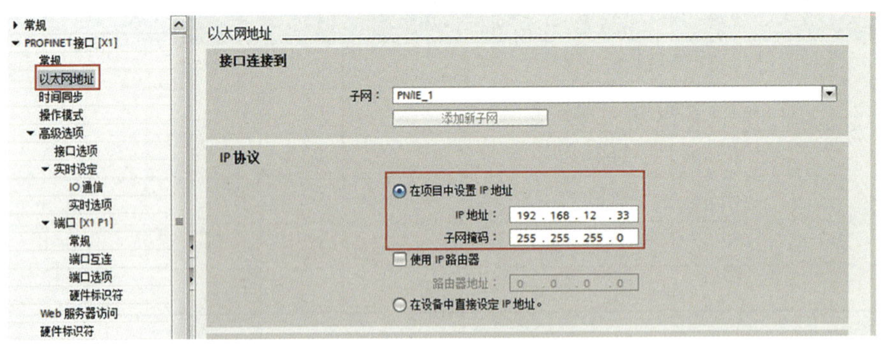

图2-4-7　修改PLC的IP

在“属性”中找到“保护”，打开“保护”的设置窗口，勾选“允许从远程伙伴（PLC、HMI、OPC等）使用PUT/GET通信访问”，如图2-4-8所示。

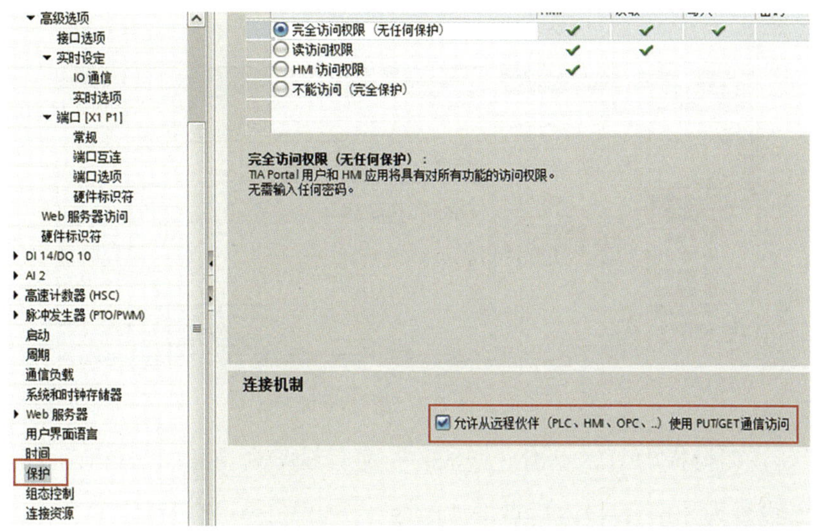

图2-4-8 PLC保护设置

四、智能网关通信配置

1. 新建项目

打开智能网关开发软件“XL dmanager.exe”，新建项目，填写项目名称，选择项目文件存放路径，点击“确认”，如图2-4-9所示。

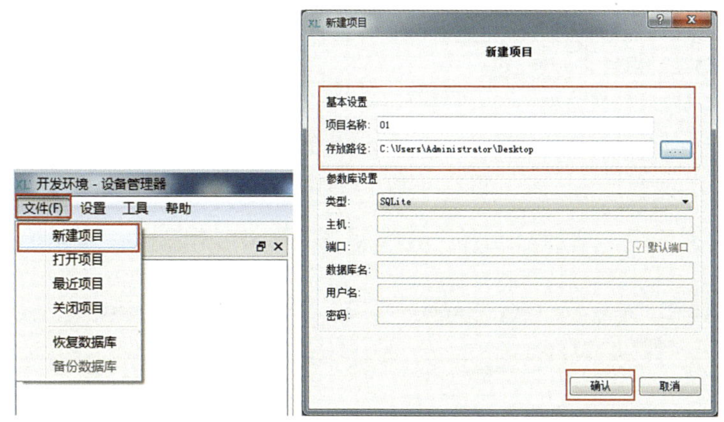

图2-4-9 新建项目

2. 模板集的设定

所谓的模板是连接到智能网关上设备的网络通信参数。首先，新建与西门子PLC通信的相应配置模板。在“工程配置”中，右击“终端设备配置”下拉菜单中的“模板集”，选择“新建模板”，填写“模板名称”，点击“确定”，如图2-4-10

所示。

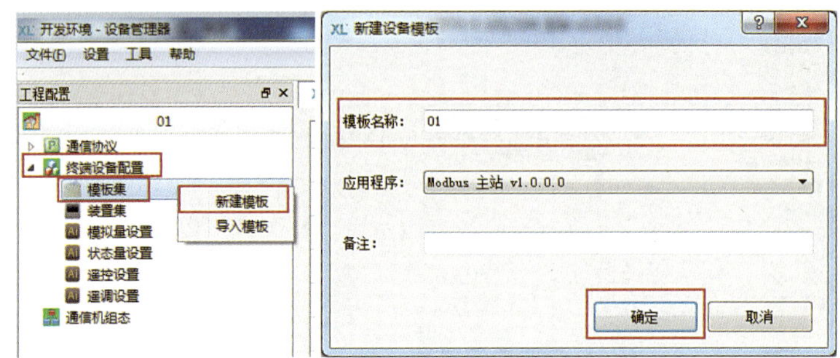

图2-4-10　新建模板

配置新建的模板为01，点击“增加”，命名设备为“西门子PLC”，“Modbus TCP模式”设置为“1”，设置后点击“保存”，如图2-4-11所示。

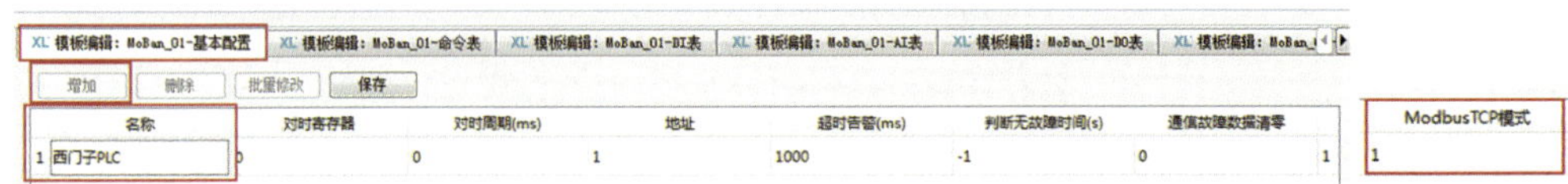

图2-4-11　编辑模板基本配置

切换到命令表编辑，增加命令表为“03读取”，按图2-4-12设置后，点击“保存”。

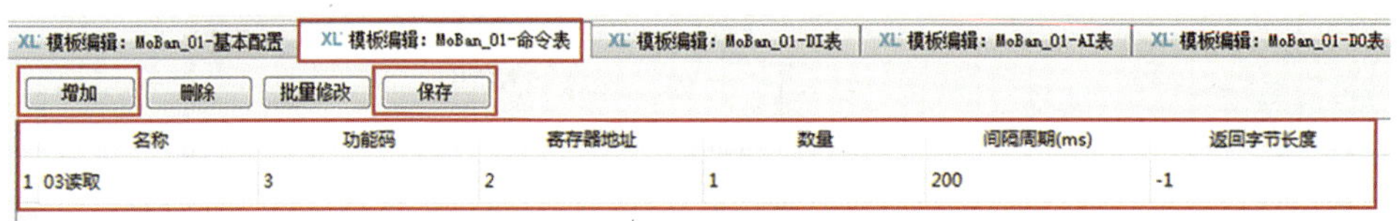

图2-4-12　编辑命令表

切换到AI表编辑，增加AI表为“AI1”，按图2-4-13设置后，点击“保存”。

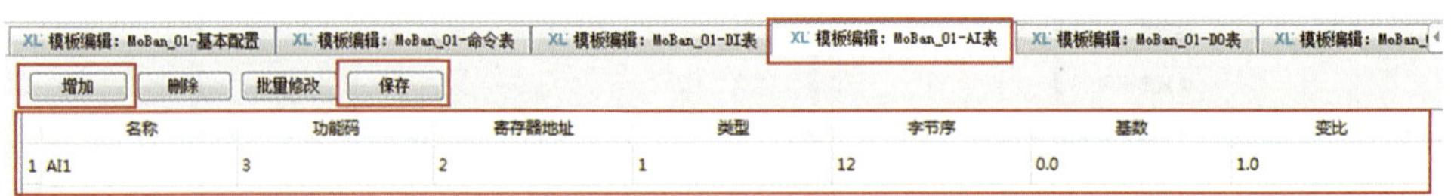

图2-4-13　编辑AI表

至此，我们完成了对模板集的设定。

3. 智能网关网络组态

新建通信节点，在“工程配置”中，右击“通信机组态”，填写节点名称为“XL90S”，选择节点类型为“XL90S”，点击“确定”，如图2-4-14所示。

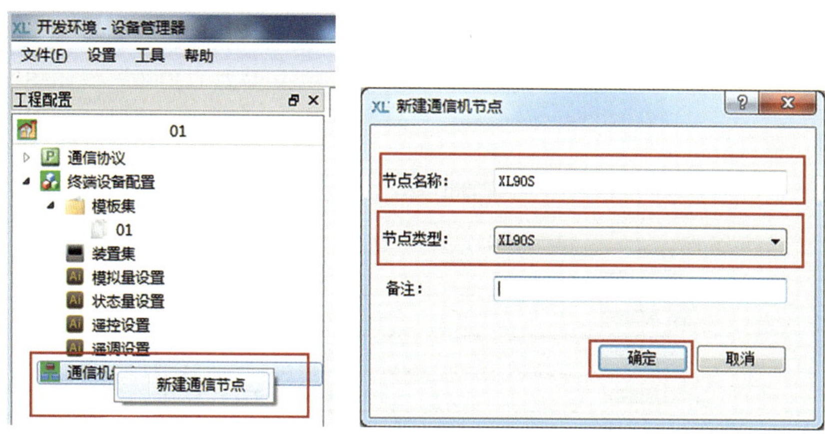

图2-4-14　新建通信节点

在“终端设备配置”下拉菜单中，右击“装置集”，选择“新建设备”，填写设备名称为“西门子PLC”，设备模板选择刚才建立的模板“01”，通信机节点选择刚建立的“XL90S”，点击“确定”，如图2-4-15所示。

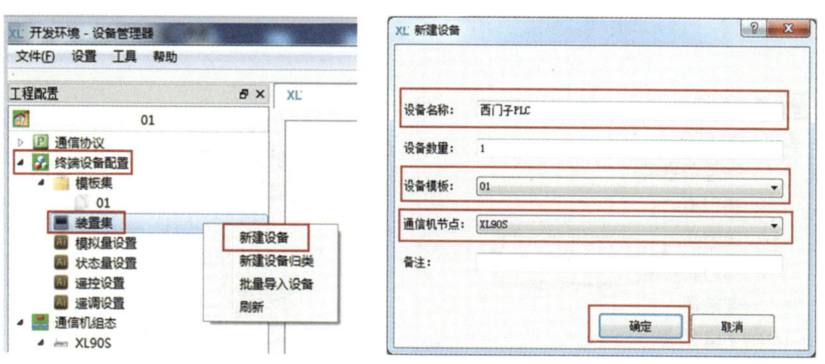

图2-4-15　新建终端设备配置

在“通信机组态”下拉菜单中，右击“端口集”，选择“新建NET端口”，填写端口名称为“NET1”，点击“确定”，如图2-4-16所示。

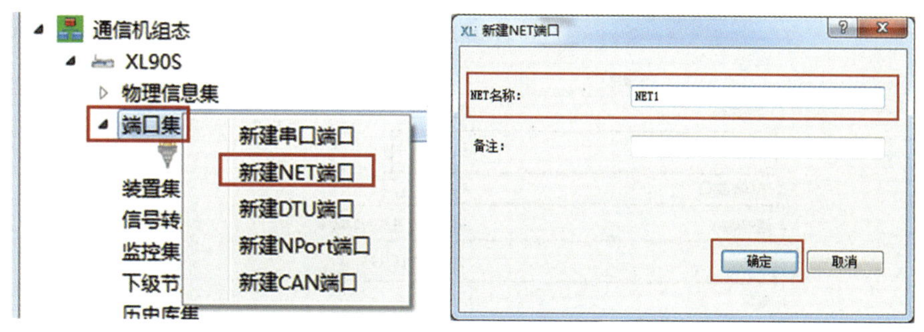

图2-4-16　新建通信节点端口

在端口属性中，将NET1端口状态设置为“开放”，端口用途设置为“采集”，通信规约设置为“Modbus 主站v1.0.0.0”，网络端口设置为“3000”，如图2-4-17所示。

XL　端口属性：NET1

	属性	
1	端口名称	NET1
2	端口状态	开放
3	端口用途	采集
4	通信规约	Modbus 主站 v1.0.0.0
5	端口类型	网口
6	网络协议	TCP自动
7	网络端口	3000

图2-4-17　修改端口属性

在“通信机组态”下，右击“装置集”，点击“刷新”，更新显示已配置的装置，如图2-4-18所示。

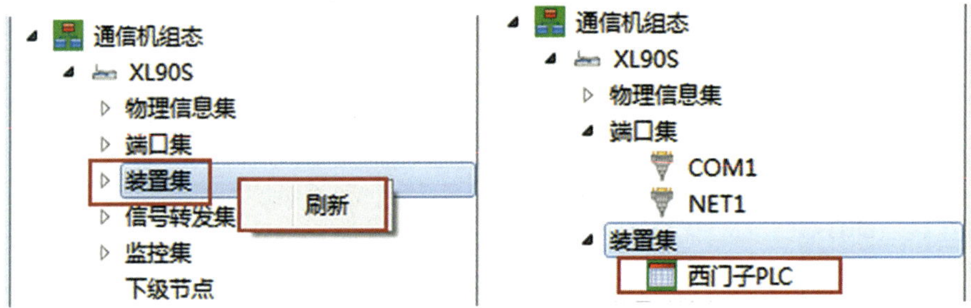

图2-4-18　更新通信机装置集

设备属性设置：设置设备状态为“使用”，启用该设备装置，关联的端口选择“NET1”，主IP设置为“192.168.12.33”，如图2-4-19所示。

XL　设备属性：西门子PLC

	属性	
1	设备名称	西门子PLC
2	设备状态	使用
3	关联的端口	NET1
4	通信规约	Modbus 主站 v1.0.0.0
5	主IP	192.168.12.33
6	备IP	

图2-4-19　关联设备与端口

在“通信机组态”下，右击“信号转发集”，点击“新建转发表”，填写转发表名称为“西门子信号”，点击“确定”，如图2-4-20所示。

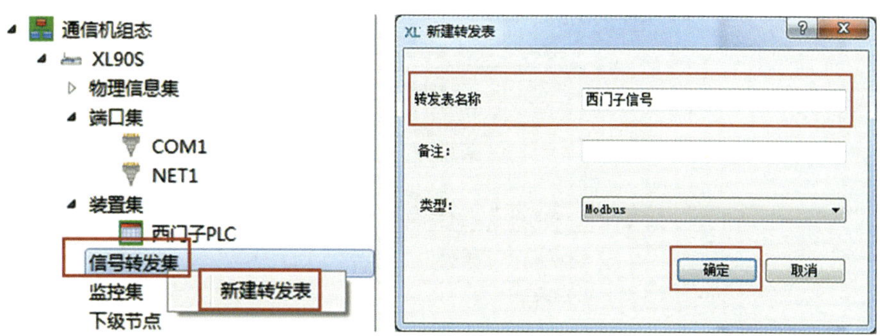

图2-4-20 新建转发表

新建转发表后，点击新建的西门子信号转发表，选择“西门子信号：遥测”，选中可选数据对象下表中的对象，点击“增加”，把可选数据对象增加到已选数据对象列表中，如图2-4-21所示。

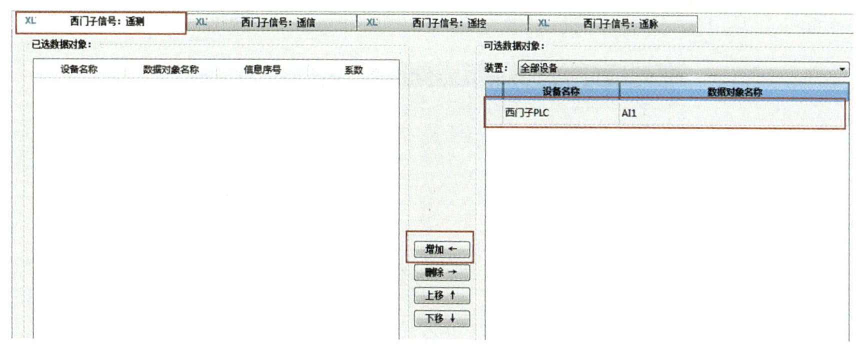

图2-4-21 添加遥测信号

在“通信机组态”菜单下，找到“物理信息集”，点击“主机”设置主机的基本信息参数，并把网关的所有配置参数下载到智能网关中。如图2-4-22所示：①填写以太网IP为“192.168.12.39”，网关IP为“192.168.12.1”，子网掩码为“255.255.255.0”；②连接密码填写“888888”；③点击“保存参数”；④点击“连接”；⑤显示连接成功后，点击“生成配置”；⑥点击“下载配置”；⑦点击“下载程序”；⑧点击“重启装置”，重启后，配置的参数才生效。

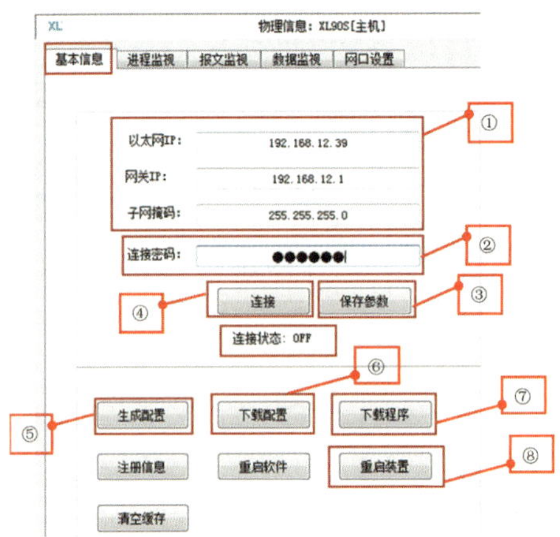

图2-4-22　设置并下载智能网关配置参数

五、Modbus TCP通信程序块编写及下载

创建组态程序项目后，在程序块下，点击“添加新块”，添加FC块和DB块，FC块名称为“TCP通信”，DB块名称为“通信数据”，块编号选择“自动”。右击通信数据块属性，取消“优化的块访问”选项，如图2-4-23所示。

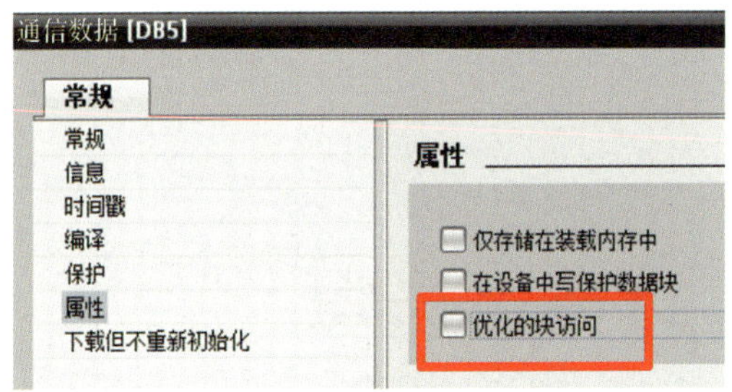

图2-4-23　取消优化访问

双击“TCP通信”FC程序块，创建程序段，添加“MB_SERVER”指令，编号选择“自动”，点击“确定”，如图2-4-24所示。

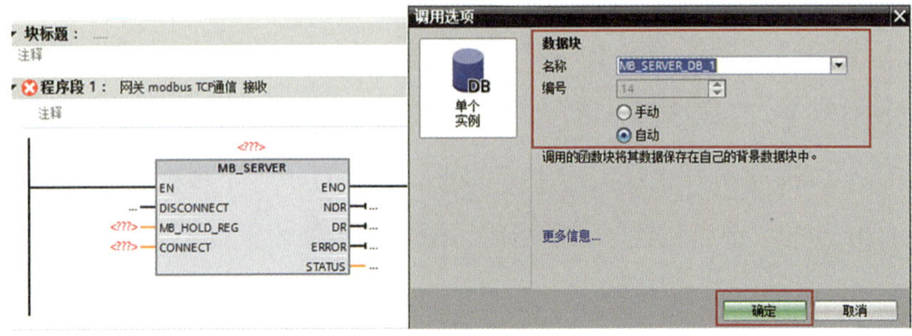

图2-4-24　添加“MB_SERVER”指令

双击“通信数据”数据块，添加TCON_IP_v4数据及其他地址，如图2-4-25所示。

通信数据

	名称	数据类型	偏移量	启动值
1	▼ Static			
2	▼ IP	TCON_IP_v4	0.0	
3	InterfaceId	HW_ANY	0.0	64
4	ID	CONN_OUC	2.0	1
5	ConnectionType	Byte	4.0	16#0B
6	ActiveEstablished	Bool	5.0	false
7	▼ RemoteAddress	IP_V4	6.0	
8	▼ ADDR	Array[1..4] of Byte	0.0	
9	ADDR[1]	Byte	0.0	16#0
10	ADDR[2]	Byte	1.0	16#0
11	ADDR[3]	Byte	2.0	16#0
12	ADDR[4]	Byte	3.0	16#0
13	RemotePort	UInt	10.0	0
14	LocalPort	UInt	12.0	3000
15	▶ 通信数据	Array[0..63] of Bool	14.0	
16	▶ ERROR	Array[0..2] of Bool	22.0	
17	▶ STATUS	Array[0..2] of Word	24.0	

图2-4-25　添加IP数据

“通信数据”数据块地址添加完成后，把“MB_SERVER”需要填入的各个属性接口补充完整，如图2-4-26所示。Modbus TCP通信程序编程完成后，下载到PLC中，监控程序运行。

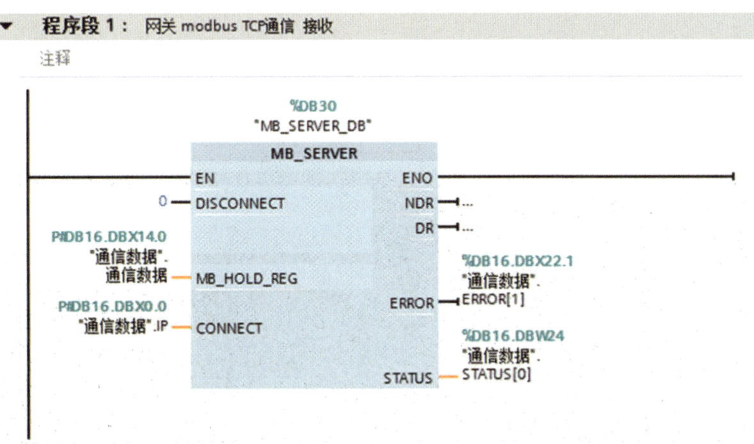

图2-4-26　补充“MB_SERVER”属性

六、在线监控程序及报文

智能网关在线监控接收和发送的报文。点击“通信机组态”下的“主机”，连接成功后，选择“报文监视”，物理端口选择“NET1”，点击“监视（启动）”，开启通信报文的监控，如图2-4-27所示。

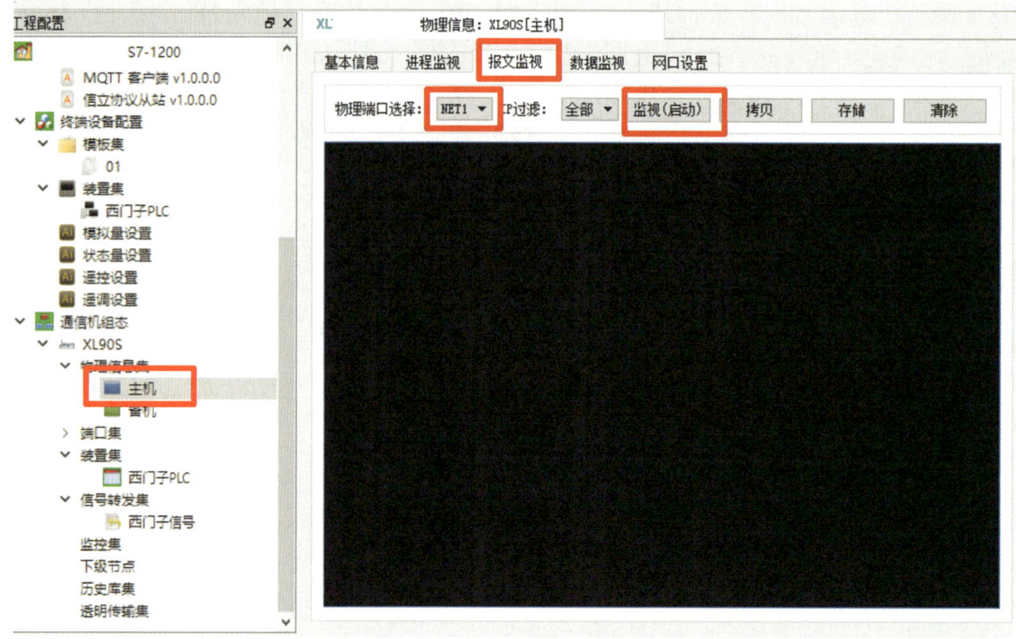

图2-4-27　智能网关在线监控报文

分析报文。对智能网关监控到的报文进行分析解读，监视正常画面如图2-4-28所示。

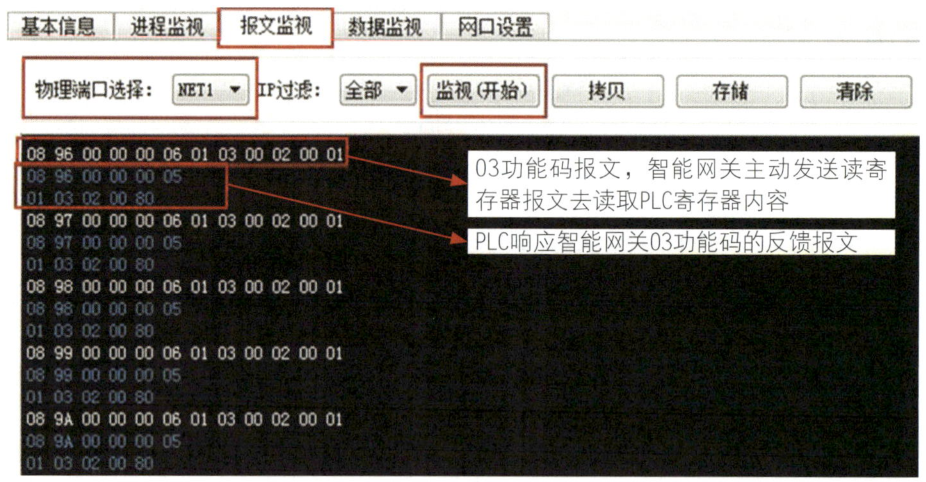

图2-4-28　监视正常画面

监控到的发送报文：

发送：08 96 00 00 00 06 01 03 00 02 00 01（报文头是递增变化的），如表2-4-7所示。

表2-4-7 监控到的发送报文

报文	08 96 00 00	00 06	01	03	00 02	00 01
解析	报文头	字节数	站号	功能码	寄存器起始地址	读取寄存器数

反馈报文：08 96 00 00 00 05 01 03 02 00 80，如表2-4-8所示。

表2-4-8 监控到的发送报文

报文	08 96 00 00	00 05	01	03	02	00 80
解析	报文头	字节数	站号	功能码	读取内容的字节数	读取的内容

对报文进行分析解读后，判断通信报文正常，证明西门子PLC与智能网关通信网络建立成功。

任务考核

一、对任务实施的完成情况进行检查，并将结果填入表2-4-9内。

表2-4-9 项目二任务四自评表

序号	主要内容	考核要求	评分标准	配分/分	扣分/分	得分/分
1	Modbus TCP网络搭建	正确描述Modbus TCP网络中各部分的名称，并完成网络安装	（1）描述Modbus TCP网络的组成有错误或遗漏，每处扣5分； （2）Modbus TCP网络安装有错误或遗漏，每处扣5分	20		
2	PLC程序设计与调试	正确进行PLC Modbus TCP网络组态以及智能网关的网络组态	（1）硬件组态遗漏或出错，每处扣5分； （2）网络参数表达不正确或参数设置不正确，每处扣2分	20		
		按PLC控制I/O（输入/输出）接线图在配线板上正确安装，安装要准确、紧固，配线导线要紧固、美观，导线要进行线槽，导线要有端子标号	（1）损坏元件扣5分； （2）布线不进行线槽，不美观，主电路、控制电路每根扣1分； （3）接点松动、露铜过长、压绝缘层，标记线号不清楚、遗漏或误标，引出端无别径压端子，每处扣1分； （4）损伤导线绝缘或线芯，每根扣1分； （5）不按PLC控制 I/O （输入/输出）接线图接线，每处扣5分	20		

（续表）

序号	主要内容	考核要求	评分标准	配分/分	扣分/分	得分/分
2	PLC程序设计与调试	熟练、正确地将所编程序输入PLC；监控PLC程序与通信数据，解析Modbus TCP报文	（1）不能熟练操作PLC键盘输入指令扣2分； （2）不能用PLC程序监控扣10分； （3）不能用智能网关报文监控扣10分； （4）不能解释Modbus TCP报文扣10分	30		
3	安全文明生产	劳动保护用品穿戴整齐；遵守操作规程；讲文明，有礼貌；操作结束后要清理现场	（1）操作中，违反安全文明生产考核要求的任何一项扣5分，扣完为止； （2）当发现学生有重大事故隐患时，要立即予以制止，并每次扣5分	10		
合计						
开始时间:			结束时间:			

二、根据考核评比要求，对考核内容进行多方评价，并将结果填入表2-4-10内。

表2-4-10　项目二任务四考核评价表

考核内容						
	考核评比要求		项目分值	自我评价	小组评价	教师评价
专业能力（60%）	工作准备的质量评估	（1）器材和工具、仪表的准备数量是否齐全，检验的方法是否正确； （2）辅助材料准备的质量和数量是否适用； （3）工作周围环境布置是否合理、安全	10			
	工作过程各个环节的质量评估	（1）做工的顺序安排是否合理； （2）计算机编程的使用是否正确； （3）图纸设计是否正确、规范； （4）导线的连接是否能够安全载流、绝缘是否安全可靠、放置是否合适； （5）安全措施是否到位	20			

（续表）

考核内容						
专业能力（60%）	考核评比要求		项目分值	自我评价	小组评价	教师评价
	工作成果的质量评估	（1）程序设计是否功能齐全； （2）电器安装位置是否合理、规范； （3）程序调试方法是否正确； （4）环境是否整洁、干净； （5）其他物品是否在工作中遭到损坏； （6）整体效果是否美观	30			
综合能力（40%）	信息收集能力	基础理论；收集和处理信息的能力；独立分析和思考问题的能力；综述报告	10			
	交流沟通能力	编程设计、安装、调试总结；程序设计方案论证	10			
	分析问题能力	程序设计与线路安装调试基本思路、基本方法研讨；工作过程中处理程序设计	10			
	深入研究能力	将具体实例抽象为模拟安装调试的能力；相关知识的拓展与知识水平的提升；了解步进顺序控制未来发展的方向	10			
备注	强调项目成员注意安全规程及行业标准； 本项目可以小组或个人形式完成					

三、完成下列相关知识技能拓展题。

（1）尝试通过监控表改变通信数据的内容，解析网关监控到的报文的内容。

（2）解释在此任务里，PLC与智能网关之间的关系。

（3）试修改智能网关的模板集，监控PLC Q0.0的信号变化。

项目三

基于网络控制系统的EtherCAT通信应用实践

项目导入

EtherCAT是由德国倍福自动化有限公司创立的开放性通信协议，具有高速、实时、低成本、拓扑灵活等优势，目前已成为工控领域流行的工业网络解决方案。

综合考虑目前工控市场产品对EtherCAT协议的支持以及工作内容的难易程度，本项目将使用汇川AM400 PLC演练EtherCAT工业网络的通信应用。由于实训平台不同实训模块最后通过Modbus TCP与智能网关进行连接，本实训模块也不例外，因此本模块还需要学习汇川PLC的Modbus TCP通信应用。

具体而言，将开展以下任务：

任务一　基于网络控制系统的EtherCAT通信配置

任务二　汇川PLC与智能网关的Modbus TCP通信应用编程与调试

希望通过本项目各任务的学习，读者能独立使用汇川AM400 PLC完成EtherCAT通信配置，掌握基于EtherCAT工业网络控制系统的编程与调试方法，并掌握汇川PLC与智能网关的通信方法。

基于网络控制系统的EtherCAT通信配置

学习目标

1. 认识EtherCAT工业网络的产生与特点。
2. 了解EtherCAT工业网络的工作原理。
3. 认识汇川AM400系列AM401-CPU1608TP/TN PLC的功能特点。
4. 掌握汇川中型PLC编程软件InoProShop的使用方法。
5. 熟练使用汇川PLC的编程软件InoProShop编写简单的PLC程序。
6. 掌握汇川AM400系列PLC的EtherCAT网络组态配置方法与步骤。

任务描述

本任务中，我们基于EtherCAT分布式IO完成跑马灯的设计与调试，通过完成此任务，介绍EtherCAT工业网络的组态步骤。具体而言，我们将使用InoProShop编写调试一个完整的程序，控制EtherCAT分布式IO——AM600-0016ER的8个继电器输出触点（第一组输出）实现跑马灯输出。

通过本任务的学习，我们将掌握EtherCAT工业网络技术的特点与其通信机制、汇川AM400系列PLC的组态与编程方法。EtherCAT在工业现场中具有比较重要的地位，尤其是在运动控制中，各厂家在开发自己的PLC或运动控制器时都把对EtherCAT的支持作为实时总线接口的必选项。

一、汇川AM400系列中型PLC简介

AM400系列PLC是由汇川公司研发生产的基于CoDeSys的中型可编程控制器，支持EtherCAT现场实施总线，并具备高速IO端口，能够胜任高速应用。

本系统所用CPU为AM401-CPU1608TP，为16点输入、8点输出，CPU模块IO输出模式为源型输出，其配有1路RS485，1路CANOpen/CANLink，1路LAN，支持8轴运动控制，支持Modbus TCP、EtherCAT工业网络。汇川AM400的外部接口如图3-1-1所示。

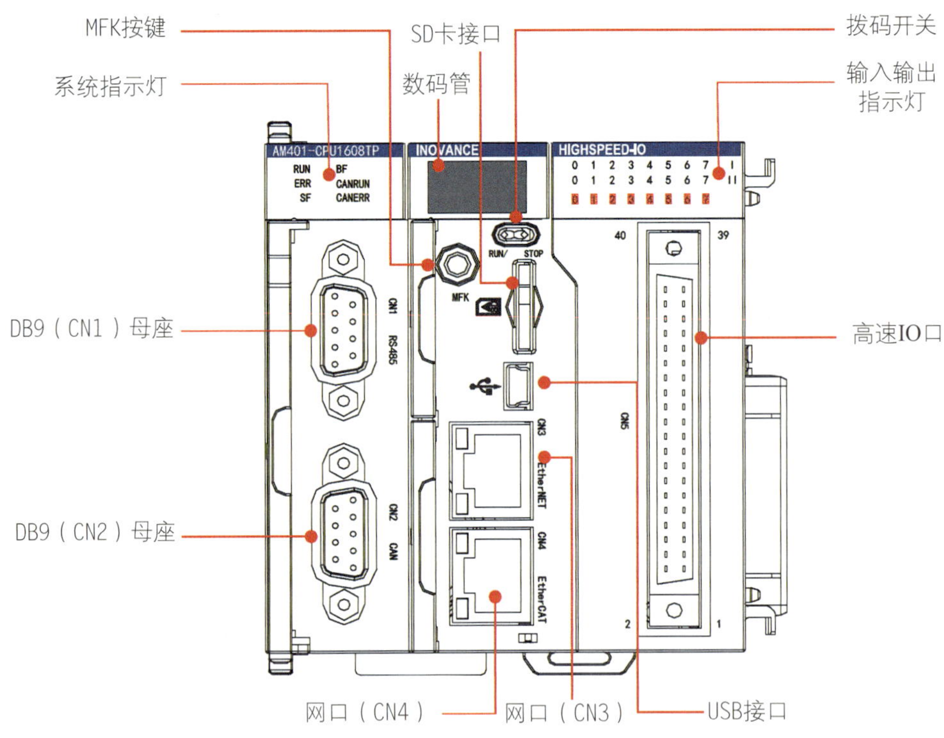

图3-1-1　汇川AM400外部接口

网口CN3与网口CN4各有不同功能。其中，网口CN4用于将AM400作为EtherCAT主站，接入EtherCAT工业网络；网口CN3为多功能网口，支持Modbus TCP、标准以太网通信协议，并用于系统程序调试、程序下载。

二、EtherCAT简介

EtherCAT是2003年由德国倍福自动化有限公司推出的一种工业网络协议，可为自动化系统提供主/从配置的实时通信，EtherCAT名称中的CAT为Control Automation Technology（控制自动化技术）的首字母缩写。EtherCAT网络的通信结构采用主从方式，通信方法使用集总帧，实现实时传输的方式是等时传输，非实时数据的传输按协议运行，以太网通信速率可达100 Mbps。

EtherCAT最为关键的特点是采用移位、位寻址的方式获取数据，所有联网从机都能够从数据包中仅提取所需的相关信息，并在向下游传输时将数据插入帧中，可实现高速、高精度设备同步。EtherCAT采用专门的实时以太网硬件控制器在MAC层采用实时MAC接管通信控制，相比传统的以太网数据包传输方式，极大地提高了传输效率，两个设备间的延迟仅为微秒级——通常称为“飞速”通信。

EtherCAT的运行原理如图3-1-2所示。主站发出报文，数据帧遍访所有从站。在数据帧到达每个从站时，从站解析出本机报文并对报文数据进行处理，然后将该数据帧传输到下一个从站，并再进行类似的处理。直至传输完整个回路得到一个处理完整的EtherCAT数据帧，并由紧挨着主站的从站将数据帧发送给主站完成一个周期的数据处理。

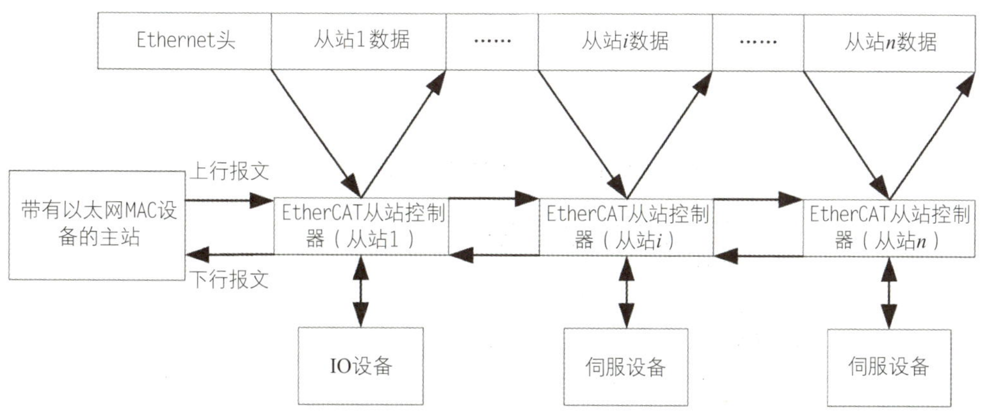

图3-1-2 EtherCAT运行原理

由于具有程度较高的实时性和开放性、完善的生态、较低的应用开发成本，EtherCAT在国内是伺服驱动器厂家的首选总线，甚至连步进驱动器也加入了该总线阵营，所以就运动控制来说，也可以说它是第一总线。

三、InoProShop编程软件介绍

InoProShop是汇川基于CoDeSys平台开发的，面向AM400、AM600等系列中型PLC的编程组态软件。在其上可完成对PLC系统的组态配置、编程、调试、仿真、监控等功能。下面我们通过创建一个工程，介绍InoProShop的使用。

双击InoProShop编程软件图标，打开编程软件。如图3-1-3所示，点击“新建工程...”创建一个新的程序，填写工程名称，选择程序放置的文件目录。

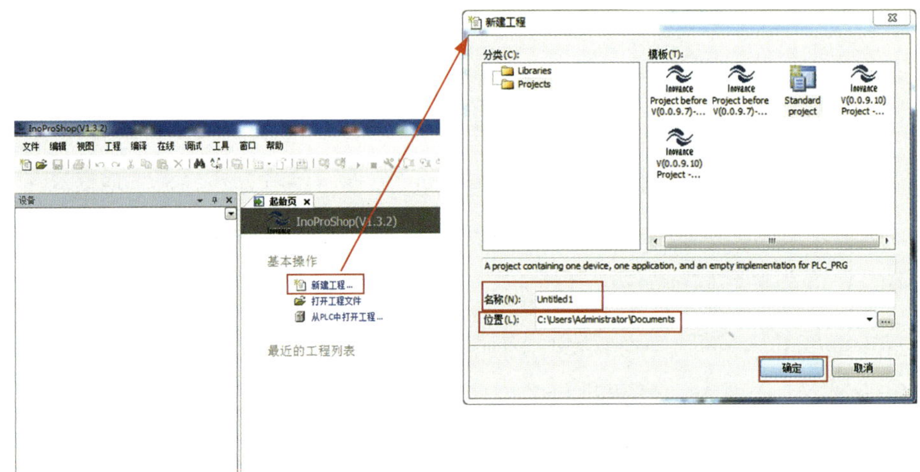

图3-1-3 创建新工程

选择PLC的型号为本实训平台的型号：“AM401-CPU1608TP/TN”，选择编程语言为“梯形逻辑图（LD）”，点击“确定”，如图3-1-4所示。

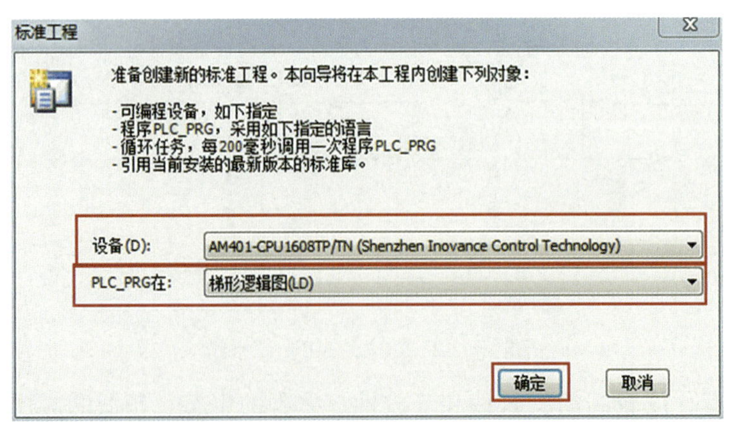

图3-1-4 选择PLC型号和编程语言

程序创建后，出现程序编辑窗口，如图3-1-5所示。

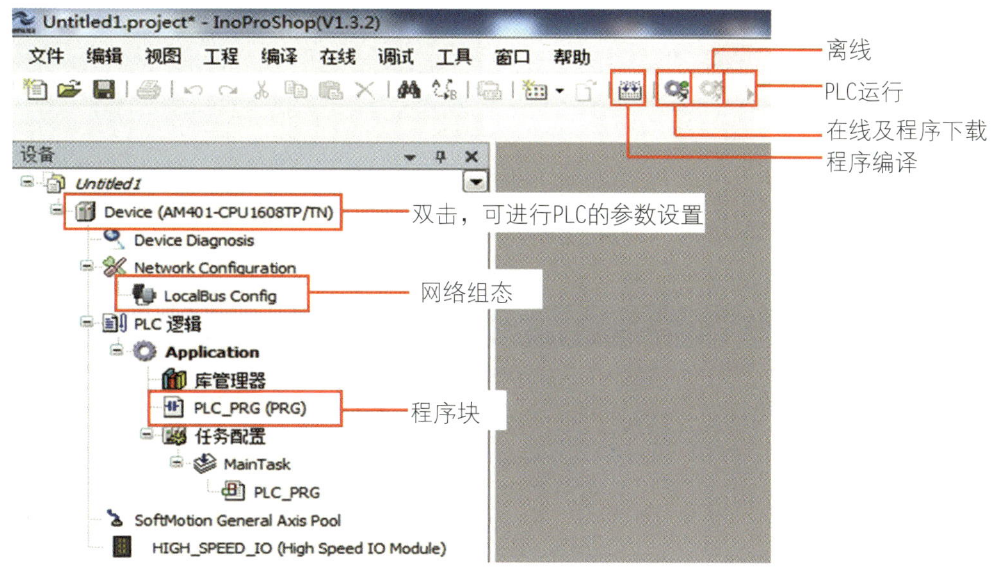

图3-1-5 程序编辑窗口

四、汇川EtherCAT远程通信模块AM600-RTU-ECT简介

本实验演示对汇川EtherCAT远程通信模块AM600-RTU-ECT进行网络组态。

AM600-RTU-ECT模块外形与接口如图3-1-6所示，该模块是配合AM600或AM400系列中型PLC主模块运行的EherCAT总线从站扩展模块。每个AM600-RTU-ECT模块最多可以接续16个DI/DO模块，或最多接续8个AI/AO模块。

图3-1-6 AM600-RTU-ECT模块外形与接口

一、任务准备

根据表3-1-1材料清单，清点与确认实施本任务教学所需的实训设备及工具。

表3-1-1　项目三中任务一实验需要的主要设备及工具

设备	数量	单位
汇川AM400系列PLC：AM401-CPU1608TP	1	台
汇川电源模块：AM600PS2	2	台
AM600-RTU-ECT EtherCAT模块接口	1	台
AM600-0016ER数字量输出模块	1	台
交换机	1	台
RJ45接头网线	2	条
工具	数量	单位
万用表	1	台
2 mm一字水晶头小螺丝刀	1	支
6 mm十字螺丝刀	1	支
6 mm一字螺丝刀	1	支
六角扳手组	1	套
试电笔	1	支

二、基于EtherCAT分布式IO的跑马灯的设计与调试

1. 任务实施思路

编写调试一个完整的用户程序需要以下五个步骤。

（1）基于中型PLC应用系统的硬件连接架构进行硬件系统配置。若只用了CPU主模块和IO扩展模块，只需进行硬件配置，即根据实际选用的模块类型和型号、安装顺序，在InoProShop的硬件配置页面把这些“元件”放进“主机架”；若用到了扩展机架，则需要先配置网络总线，再根据扩展机架数量，增置对应数量的网络扩展模块，然后给每个机架放置扩展模块硬件。

（2）根据应用系统的控制工艺编写用户程序。用户程序编写基于数据的存储宽度、使用范围来自由定义变量，可以与硬件配置无关。

（3）将系统架构中的各硬件端口对应的输入端口变量（I）、输出状态（Q）或

数值（M）与用户程序中的变量进行关联。

（4）配置网络通信的同步周期（如EtherCAT总线）。根据各任务的实时性要求，配置用户程序单元的执行周期。

（5）在InoProShop编程环境下登录中型PLC，下载用户程序，仿真调试、排错，直到正确无误地运行。

本任务的IO分配情况见表3-1-2。

表3-1-2　IO分配表

AM401 CPU		分布式IO	
PLC地址	功能描述	PLC地址	功能描述
%IX0.0	启动按钮	Q1.0 ~ Q1.7	跑马灯0 ~ 7
%IX0.1	停止按钮		

2. 硬件系统与网络配置

在新建完工程之后，点击“设备”页面里的“Network Configuration”，在“网络设备列表”里选择汇川EtherCAT模块接口“AM600-RTU-ECTA（1.1）”，双击添加到网络中，如图3-1-7所示。如此，我们为AM401配置了EtherCAT网络，AM401为EtherCAT主站，AM600-RTU-ECT远程模块为EtherCAT从站。

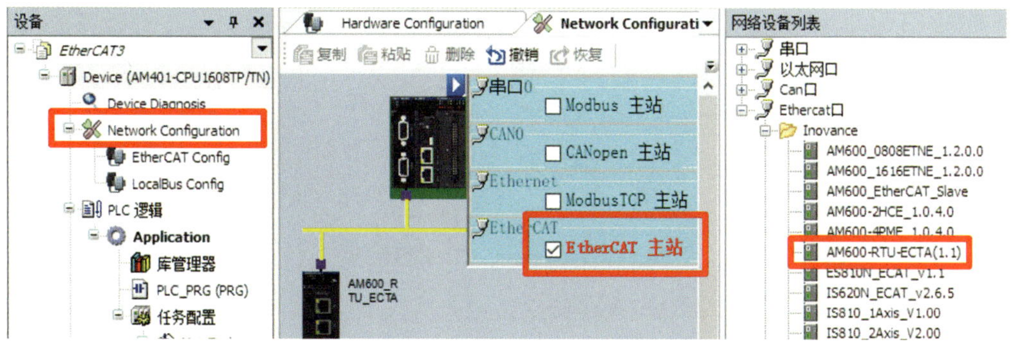

图3-1-7　添加AM600-RTU-ECT EtherCAT模块接口

如图3-1-8所示，点击“Network Configuration”下的“EtherCAT Config”，打开“Hardware Configuration”页面。在该页面中先点选AM600-RTU-ECT模块，然后在“输入/输出模块列表”中点击“AM600_0016ER”输出模块，向远程模块机架添加数字输出模块。

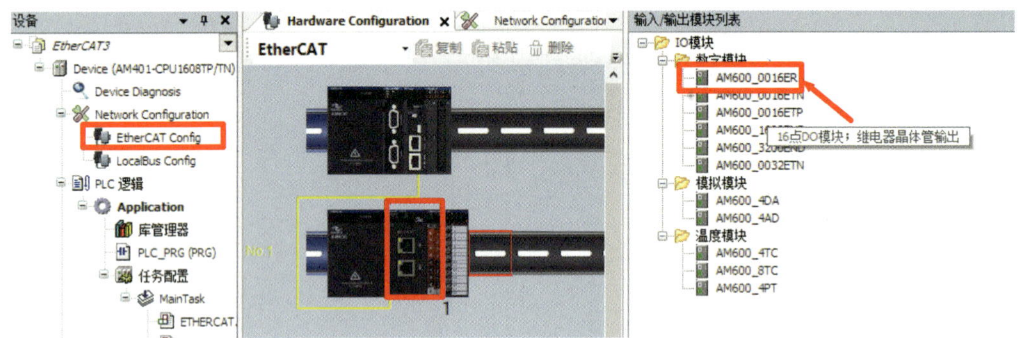

图3-1-8　网络配置视图

3. EtherCAT 主从站配置

在“设备”页面双击“ETHERCAT”网络选项，弹出“EthetCAT”主站配置页面，如图3-1-9所示。由于本次的分布式IO应用任务属于标准应用，因此勾选“自动配置主站/从站”，如此主站和从站的主要配置将会自动完成。本任务选用“广播”选项，目的地址使用广播地址（FF-FF-FF-FF-FF-FF）。

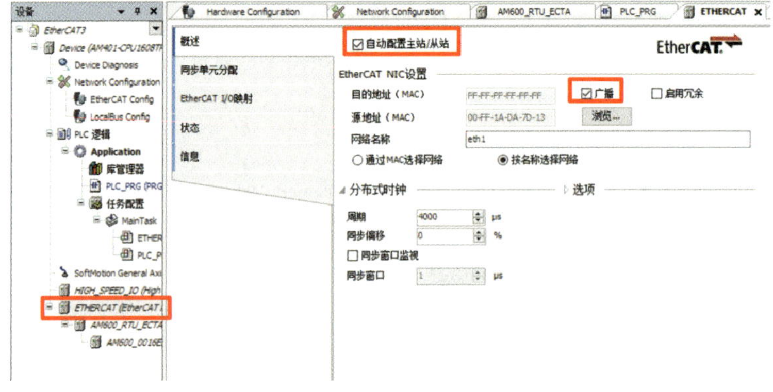

图3-1-9　EtherCAT 主站配置

对于源地址，选择“按名称选择网络”，因为每个EtherCAT NIC有唯一的MAC地址，如果使用“通过MAC 选择网络”，将不能在其他设备上使用此工程。因此如果想使工程独立于设备，最好使用“按名称选择网络”。接着点击“浏览…”选项得到当前可用的目标设备的MAC地址和网络名称，点击“确认”，如图3-1-10所示。

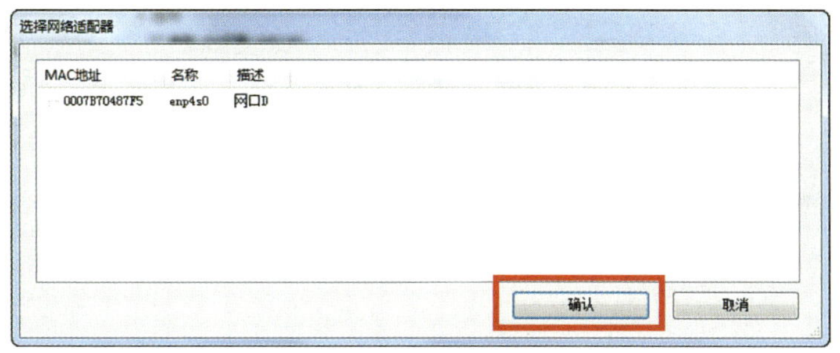

图3-1-10　选择网络

接下来是配置从站。在“设备”页面点选“AM600_RTU_ECTA”模块（EtherCAT Slave），会弹出图3-1-11所示的从站配置页面。自动增量地址（16位），由网络中从站的物理拓扑位置确定。此地址只在EtherCAT主站启动时使用，通过顺序寻址的方式，将EtherCAT从站地址分配给相应物理拓扑位置的从站。EtherCAT从站的最终地址（正名地址），由主站在启动时分配。此地址独立于网络中的实际位置，从站的地址与其在网段内的连接顺序无关。因为采用了自动配置，所以无须改动从站的地址。

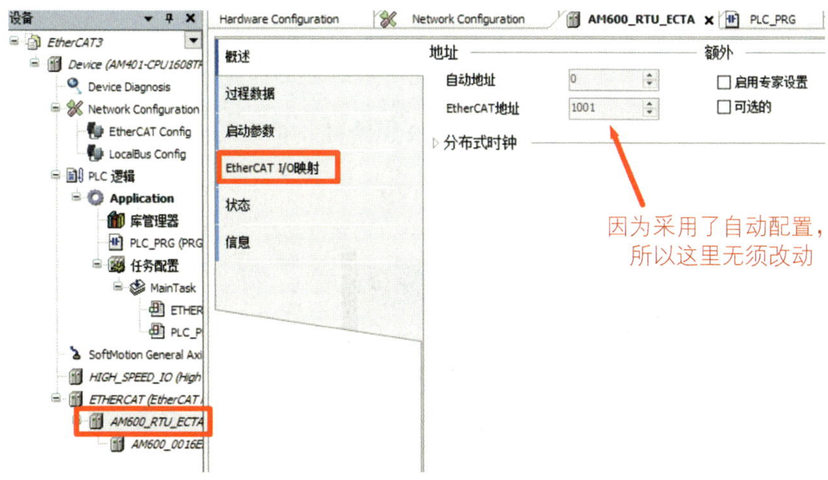

图3-1-11　EtherCAT从站配置

点选EtherCAT从站配置页面中的“EtherCAT I/O映射”，可以改变分布式IO模块的输出组地址，如图3-1-12所示。

图3-1-12　EtherCAT I/O映射

4. 程序设计（参考程序）

此次编程将采用梯形图的方式进行。

系统启停程序：程序如图3-1-13所示，采用启停保结构，其中采用了取反操作，相当于Q0.1的结果是Q0.0的取反。

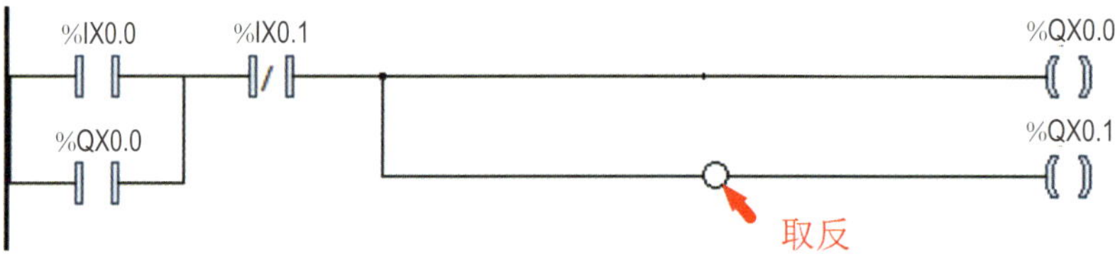

%IX0.0　%IX0.1　%QX0.0

%QX0.0　%QX0.1

取反

图3-1-13　系统启停程序（三）

程序的触点、线圈可以在工具箱中查找和添加，而取反、边沿检测等则需要在右击“网络”后再选择添加，如图3-1-14所示。

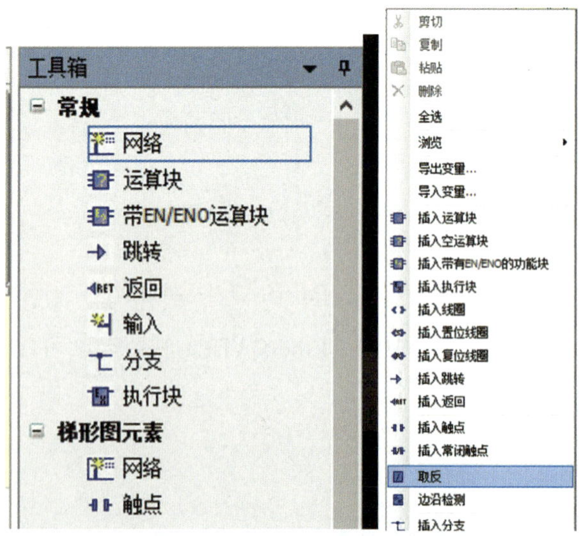

图3-1-14　添加触点、线圈操作

停止复位程序：如图3-1-15所示，当系统停止时，使用MOVE指令将%QB1，即分布式IO第一组输出全部清零。

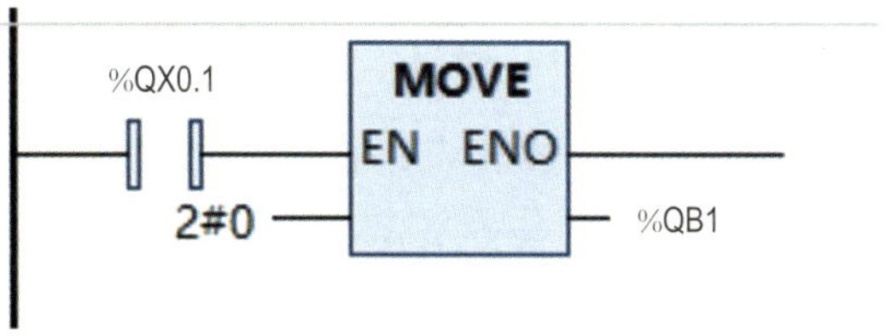

图3-1-15　停止复位

跑马灯程序：如图3-1-16所示，跑马灯程序由三部分组成。①在系统启动瞬间，对分布式IO的%QX1.0～%QX1.7进行初始化，使得8盏灯只有1盏灯亮。②使用TON指令做一个周期为1 s的振荡器。③使用ROL指令，振荡器每次振荡将%QB1进行一次1位的循环右移操作，并将结果更新回%QB1。

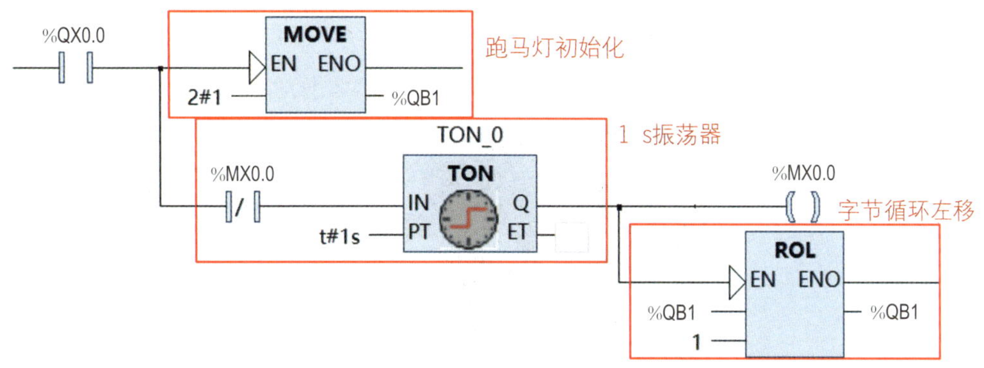

图3-1-16　跑马灯动作程序

这里添加定时器TON变量时，可以使用自动声明进行添加，类型选择“TON”即可，如图3-1-17所示。

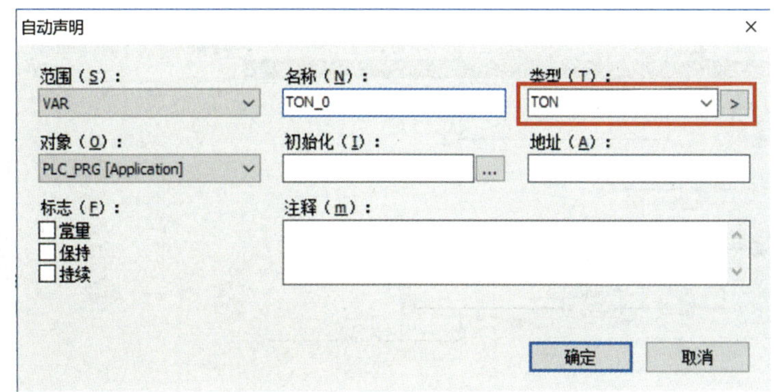

图3-1-17　TON变量声明

而ROL命令则通过插入空模块“ ”直接输入ROL可得。

5. 编译、下载程序

按F11或者点击快速功能菜单的“ ”标志对程序进行编译。编译正确后，在“在线”选项中点击“登录到”或者点击快速功能菜单的“ ”标志后弹出图3-1-18所示的窗口。选择“是”将程序下载到PLC中，并开始监控程序运行。

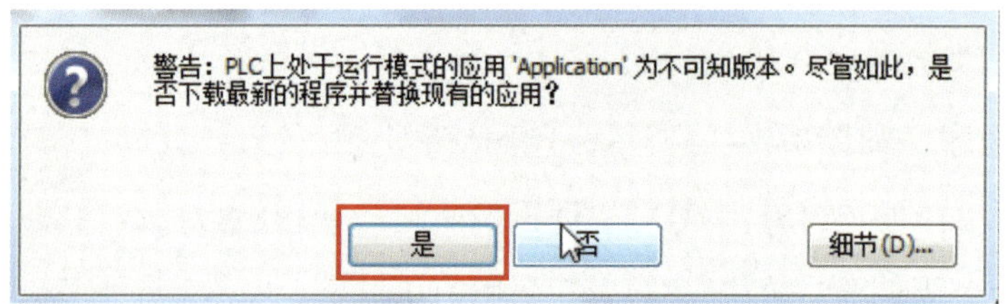

图3-1-18　将程序下载到PLC

默认状态下程序处于停止状态，按F5运行程序，观察程序运行，观察分布式IO的输出指示灯，如图3-1-19所示。

图3-1-19　观察分布式IO的输出指示灯

我们也可以右击分布式IO模块，选择“编辑IO映射”，观察分布式IO模块第一组输出的变化，是否呈现跑马灯变化，如图3-1-20所示。

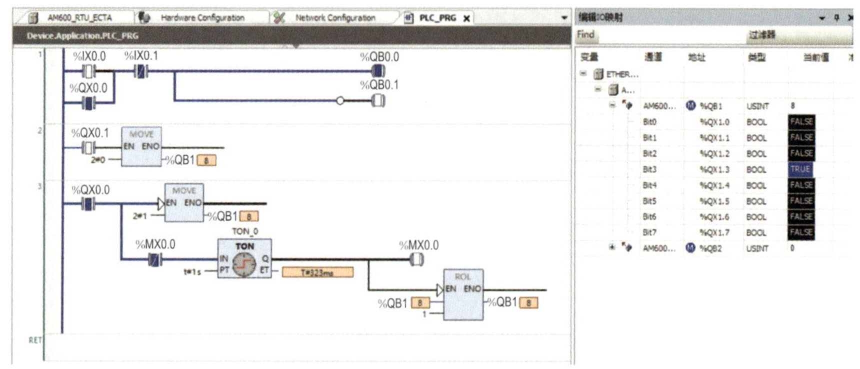

图3-1-20　通过InoProShop观察分布式IO的输出

任务考核

一、对任务实施的完成情况进行检查，并将结果填入表3-1-3内。

表3-1-3 项目三任务一自评表

序号	主要内容	考核要求	评分标准	配分/分	扣分/分	得分/分
1	EtherCAT网络搭建	正确描述EtherCAT网络中各部分的名称，并完成网络安装	描述EtherCAT网络的组成有错误或遗漏，每处扣5分	30		
2	PLC程序设计与调试	正确进行EtherCAT网络组态	（1）硬件组态遗漏或出错，每处扣5分； （2）网络参数表达不正确或参数设置不正确，每处扣2分	30		
		熟练、正确地将所编程序输入PLC；按照被控设备的动作要求进行调试，达到设计要求	（1）不能熟练操作PLC键盘输入指令扣2分； （2）不能用删除、插入、修改、存盘等命令，每项扣2分； （3）试车不成功扣20分	30		
3	安全文明生产	劳动保护用品穿戴整齐；遵守操作规程；讲文明，有礼貌；操作结束后要清理现场	（1）操作中，违反安全文明生产考核要求的任何一项扣5分，扣完为止； （2）当发现学生有重大事故隐患时，要立即予以制止，并每次扣5分	10		
合计						
开始时间:			结束时间:			

二、根据考核评比要求，对考核内容进行多方评价，并将结果填入表3-1-4内。

表3-1-4　项目三任务一考核评价表

考核内容						
	考核评比要求		项目分值	自我评价	小组评价	教师评价
专业能力（60%）	工作准备的质量评估	（1）器材和工具、仪表的准备数量是否齐全，检验的方法是否正确； （2）辅助材料准备的质量和数量是否适用； （3）工作周围环境布置是否合理、安全	10			
	工作过程各个环节的质量评估	（1）做工的顺序安排是否合理； （2）计算机编程的使用是否正确； （3）图纸设计是否正确、规范； （4）导线的连接是否能够安全载流、绝缘是否安全可靠、放置是否合适； （5）安全措施是否到位	20			
	工作成果的质量评估	（1）程序设计是否功能齐全； （2）电器安装位置是否合理、规范； （3）程序调试方法是否正确； （4）环境是否整洁、干净； （5）其他物品是否在工作中遭到损坏； （6）整体效果是否美观	30			
综合能力（40%）	信息收集能力	基础理论；收集和处理信息的能力；独立分析和思考问题的能力；综述报告	10			
	交流沟通能力	编程设计、安装、调试总结；程序设计方案论证	10			
	分析问题能力	程序设计与线路安装调试基本思路、基本方法研讨；工作过程中处理程序设计	10			
	深入研究能力	将具体实例抽象为模拟安装调试的能力；相关知识的拓展与知识水平的提升；了解步进顺序控制未来发展的方向	10			
备注	强调项目成员注意安全规程及行业标准； 本项目可以小组或个人形式完成					

三、完成下列相关知识技能拓展题。

（1）试从网络模型、通信原理上对比ProfiNet、Modbus TCP与EtherCAT之间的不同，并从组态使用上说说EtherCAT与ProfiNet的不同。

（2）在原任务要求中增添暂停按钮，要求能够在启动之后，暂停并保持跑马灯状态；按下启动按钮，跑马灯重新开始继续循环左移操作。请编写程序。

汇川PLC与智能网关的Modbus TCP通信应用编程与调试

1. 巩固Modbus TCP协议报文格式，加深对Modbus TCP工业网络的认识。
2. 熟悉并掌握汇川AM400系列PLC基于EtherCAT的Modbus TCP通信协议组态配置。
3. 了解智能网关与汇川AM400系列PLC的网络拓扑。
4. 掌握智能网关与汇川AM400系列PLC的网络接线方法。

由于EtherCAT工业网络具有程度较高的实时性和开放性、完善的生态、较低的应用开发成本等特点，国内各厂家在开发自己的PLC或运动控制器时都把对EtherCAT的支持作为实时总线接口的必选项。在非运动实时上，往往使用Ethernet、Modbus TCP等。

本任务通过汇川AM400系列PLC的CN3网口，进行汇川PLC与智能网关之间的Modbus TCP通信编程及调试的实训。通过编写Modbus TCP通信程序，配合智能网关进行报文监控；通过分析监控到的报文，判断通信网络是否搭建成功，信号传递是否正确。本任务中，汇川PLC作为主站，智能网关作为从站。

一、Modbus寻址介绍

Modbus寻址的基本原理是建立起Modbus地址与CPU地址的映射，Modbus主从站均通过其进行寻址。所有Modbus地址均从1开始，不同地址的读取或写入通过功能码标记。

Modbus主站将地址映射至Modbus地址，从而发送到从站设备。从站则将离散量输入、离散量输出、输入寄存器、保持寄存器映射到Modbus地址供主站进行读写。Modbus地址定义如下。

（1）00001～09999 是离散量输出（线圈）。

（2）10001～19999 是离散量输入（触点）。

（3）30001～39999 是输入寄存器（通常是模拟量输入）。

（4）40001～49999是保持寄存器。

有效地址的实际范围取决于从站设备，不同的设备支持不同的数据类型和地址范围。

二、Modbus 功能码

表3-2-1显示了Modbus常用功能码及其作用。

表3-2-1 Modbus常用功能码

代码（十进制）	代码（十六进制）	功能	数据区	地址空间
1	0x01	读取：位	离散量输出	00001～09999
2	0x02	读取：位	离散量输入	10001～19999
4	0x04	读取：WORD	输入寄存器	30001～39999
5	0x05	写入：位	离散量输出	00001～09999
15	0x0F	多位写入：位	离散量输出	00001～09999
3	0x03	读取：WORD	保持寄存器	40001～49999
6	0x06	写入：WORD		
16	0x10	写入多个：WORD		

三、Modbus TCP数据帧解释

1. 0x01 功能码数据帧格式

可以读取汇川PLC的Q变量。

请求帧格式：事务元标识符+协议标识符+长度+从机地址+0x01+线圈起始地址+线圈数量。各字节长度和说明如表3-2-2所示。

表3-2-2　0x01功能码请求帧格式

开始字节	数据（字节）意义	字节数量	说明
1	事务元标识符	2个字节	Modbus请求/响应事务处理的识别码
3	协议标识符	2个字节	0=Modbus协议
5	长度	2个字节	以下字节的数量
7	从机地址	1个字节	取值1～247
8	0x01（功能码）	1个字节	读线圈
9	线圈起始地址	2个字节	高位在前，低位在后，见线圈编址
11	线圈数量	2个字节	高位在前，低位在后（N）

响应帧格式：事务元标识符+协议标识符+长度+从机地址+0x01+字节数+线圈状态。各字节长度和说明如表3-2-3所示。

表3-2-3　0x01功能码响应帧格式

开始字节	数据（字节）意义	字节数量	说明
1	事务元标识符	2个字节	Modbus请求/响应事务处理的识别码
3	协议标识符	2个字节	0=Modbus协议
5	长度	2个字节	以下字节的数量
7	从机地址	1个字节	取值1～247
8	0x01（功能码）	1个字节	读线圈
9	字节数	1个字节	值：[（N+7）/8]
10	线圈状态	[（N+7）/8]个字节	每8个线圈合为一个字节，最后一个若不足8位，未定义部分填0。前8个线圈在第一个字节，地址最小的线圈在最低位。依次类推

0x02功能码数据帧格式与0x01功能码数据帧格式相似，不做重复。

2. 0x03功能码数据帧格式

可以读取汇川PLC的M变量。

请求帧格式：事务元标识符+协议标识符+长度+从机地址+0x03+寄存器起始地址+寄存器数量。各字节长度和说明如表3-2-4所示。

表3-2-4　0x03功能码请求帧格式

开始字节	数据（字节）意义	字节数量	说明
1	事务元标识符	2个字节	Modbus请求/响应事务处理的识别码
3	协议标识符	2个字节	0=Modbus协议
5	长度	2个字节	以下字节的数量
7	从机地址	1个字节	取值1～247
8	0x03（功能码）	1个字节	读寄存器
9	寄存器起始地址	2个字节	高位在前，低位在后，见寄存器编址
11	寄存器数量	2个字节	高位在前，低位在后（N）

响应帧格式：事务元标识符+协议标识符+长度+从机地址+0x03+字节数+寄存器值。各字节长度和说明如表3-2-5所示。

表3-2-5　0x03功能码响应帧格式

开始字节	数据（字节）意义	字节数量	说明
1	事务元标识符	2个字节	Modbus请求/响应事务处理的识别码
3	协议标识符	2个字节	0=Modbus协议
5	长度	2个字节	以下字节的数量
7	从机地址	1个字节	取值1～247
8	0x03（功能码）	1个字节	读寄存器
9	字节数	1个字节	值：$N\times2$
10	寄存器值	$N\times2$个字节	每两字节表示一个寄存器值，高位在前、低位在后。寄存器地址小的排在前面

0x04功能码数据帧格式与0x03功能码数据帧格式相似，不做重复。

3. 0x05功能码数据帧格式

可以写汇川PLC的Q变量。

请求帧格式：事务元标识符+协议标识符+长度+从机地址+0x05+线圈地址+线圈状态。各字节长度和说明如表3-2-6所示。

表3-2-6　0x05功能码请求帧格式

开始字节	数据（字节）意义	字节数量	说明
1	事务元标识符	2个字节	Modbus请求/响应事务处理的识别码
3	协议标识符	2个字节	0=Modbus协议
5	长度	2个字节	以下字节的数量
7	从机地址	1个字节	取值1～247
8	0x05（功能码）	1个字节	写单线圈
9	线圈地址	2个字节	高位在前，低位在后，见线圈编址
11	线圈状态	2个字节	高位在前，低位在后。非0即为有效

响应帧格式：事务元标识符+协议标识符+长度+从机地址+0x05+线圈地址+线圈状态。各字节长度和说明如表3-2-7所示。

表3-2-7　0x05功能码响应帧格式

开始字节	数据（字节）意义	字节数量	说明
1	事务元标识符	2个字节	Modbus请求/响应事务处理的识别码
3	协议标识符	2个字节	0=Modbus协议
5	长度	2个字节	以下字节的数量
7	从机地址	1个字节	取值1～247
8	0x05（功能码）	1个字节	写单线圈
9	线圈地址	2个字节	高位在前，低位在后，见线圈编址
11	线圈状态	2个字节	高位在前，低位在后。非0即为有效

4. 0x06功能码数据帧格式

可以写汇川PLC的M变量。

请求帧格式：事务元标识符+协议标识符+长度+从机地址+0x06+寄存器地址+寄存器值。各字节长度和说明如表3-2-8所示。

表3-2-8　0x06功能码请求帧格式

开始字节	数据（字节）意义	字节数量	说明
1	事务元标识符	2个字节	Modbus请求/响应事务处理的识别码
3	协议标识符	2个字节	0=Modbus协议
5	长度	2个字节	以下字节的数量
7	从机地址	1个字节	取值1～247
8	0x06（功能码）	1个字节	写单寄存器
9	寄存器地址	2个字节	高位在前，低位在后，见寄存器值编址
11	寄存器值	2个字节	高位在前，低位在后。非0即为有效

响应帧格式：事务元标识符+协议标识符+长度+从机地址+0x06+寄存器地址+寄存器值。各字节长度和说明如表3-2-9所示。

表3-2-9 0x06功能码响应帧格式

开始字节	数据（字节）意义	字节数量	说明
1	事务元标识符	2个字节	Modbus请求/响应事务处理的识别码
3	协议标识符	2个字节	0=Modbus协议
5	长度	2个字节	以下字节的数量
7	从机地址	1个字节	取值1～247
8	0x06（功能码）	1个字节	写单寄存器
9	寄存器地址	2个字节	高位在前，低位在后，见寄存器值编址
11	寄存器值	2个字节	高位在前，低位在后。非0即为有效

5. 0x0F功能码数据帧格式

可以写汇川PLC的多个Q变量。

请求帧格式：事务元标识符+协议标识符+长度+从机地址+0x0F+线圈起始地址+线圈数量+字节数+线圈状态。各字节长度和说明如表3-2-10所示。

表3-2-10 0x0F功能码请求帧格式

开始字节	数据（字节）意义	字节数量	说明
1	事务元标识符	2个字节	Modbus请求/响应事务处理的识别码
3	协议标识符	2个字节	0=Modbus协议
5	长度	2个字节	以下字节的数量
7	从机地址	1个字节	取值1～247
8	0x0F（功能码）	1个字节	写多个单线圈
9	线圈起始地址	2个字节	高位在前，低位在后，见线圈编址
11	线圈数量	2个字节	高位在前，低位在后。N最大为1968
13	字节数	1个字节	值：[（N+7）/8]
14	线圈状态	[（N+7）/8]个字节	每8个线圈合为一个字节，最后一个若不足8位，未定义部分填0。前8个线圈在第一个字节，地址最小的线圈在最低位。依次类推

响应帧格式：事务元标识符+协议标识符+长度+从机地址+0x0F+线圈起始地址+线圈数量。各字节长度和说明如表3-2-11所示。

表3-2-11　0x0F功能码响应帧格式

开始字节	数据（字节）意义	字节数量	说明
1	事务元标识符	2个字节	Modbus请求/响应事务处理的识别码
3	协议标识符	2个字节	0=Modbus协议
5	长度	2个字节	以下字节的数量
7	从机地址	1个字节	取值1～247
8	0x0F（功能码）	1个字节	写多个单线圈
9	线圈起始地址	2个字节	高位在前，低位在后，见线圈编址
11	线圈数量	2个字节	高位在前，低位在后

6. 0x10功能码数据帧格式

可以写汇川PLC的多个M变量。

请求帧格式：事务元标识符+协议标识符+长度+从机地址+0x10+寄存器起始地址+寄存器数量+字节数+寄存器值。各字节长度和说明如表3-2-12所示。

表3-2-12　0x10功能码请求帧格式

开始字节	数据（字节）意义	字节数量	说明
1	事务元标识符	2个字节	Modbus请求/响应事务处理的识别码
3	协议标识符	2个字节	0=Modbus协议
5	长度	2个字节	以下字节的数量
7	从机地址	1个字节	取值1～247
8	0x10（功能码）	1个字节	写多个寄存器
9	寄存器起始地址	2个字节	高位在前，低位在后，见寄存器编址
11	寄存器数量	2个字节	高位在前，低位在后。N最大为120
13	字节数	1个字节	值：$N\times2$
14	寄存器值	$N\times2$个字节	

响应帧格式：事务元标识符+协议标识符+长度+从机地址+0x10+寄存器起始地址+寄存器数量。各字节长度和说明如表3-2-13所示。

表3-2-13　0x10功能码响应帧格式

开始字节	数据（字节）意义	字节数量	说明
1	事务元标识符	2个字节	Modbus请求/响应事务处理的识别码
3	协议标识符	2个字节	0=Modbus协议
5	长度	2个字节	以下字节的数量
7	从机地址	1个字节	取值1～247
8	0x10（功能码）	1个字节	写多个寄存器
9	寄存器起始地址	2个字节	高位在前，低位在后，见寄存器编址
11	寄存器数量	2个字节	高位在前，低位在后。*N*最大为120

四、Modbus TCP数据帧解释举例

此处举例Modbus TCP主站向Modbus TCP从站请求读取地址16～38线圈状态，发送报文如表3-2-14所示。

表3-2-14　发送报文

字符	0x00	0x01	0x00	0x00	0x00	0x06	0x01	0x01	0x00	0x10	0x00	0x17
序号	1	2	3	4	5	6	7	8	9	10	11	12

第1、2字节：事务元标识符，Modbus TCP从站会返回相同值。

第3、4字节：协议标识符，0x00、0x00表示是Modbus TCP协议。

第5、6字节：表示从第7字节开始总共有6个字节数。

第7字节：Modbus TCP从站地址。

第8字节：为功能码，此处请求读取线圈状态，故为0x01。

第9、10字节：起始地址16，对应16进制0x10。

第11、12字节：从起始地址开始的线圈个数，一共23个，对应16进制0x17。

Modbus TCP主站向Modbus TCP从站发送以上数据内容后，会接收到如表3-2-15所示的报文。

表3-2-15　接收报文

字符	0x00	0x01	0x00	0x00	0x00	0x06	0x01	0x01	0x03	0xCD	0x6B	0x05
序号	1	2	3	4	5	6	7	8	9	10	11	12

前7个字节的含义和发送代码前7个字节一样。

第8字节：功能为读取线圈。

第9字节：0x03表示从第10字节开始的字节数。

第10字节：对16～23位线圈11001101。

第11字节：对24～31位线圈01101011。

第12字节：对32～39位线圈00000101（获取32～38位，第39位数据用0补齐）。

任务实施

一、任务准备

根据表3-2-16材料清单，清点与确认实施本任务教学所需的实训设备及工具。

表3-2-16　项目三中任务二实验需要的主要设备及工具

设备	数量	单位
汇川AM400系列PLC：AM401-CPU1608TP	1	台
汇川电源模块：AM600PS2	1	台
XL90智能网关	1	套
交换机	1	台
RJ45接头网线	2	条
装有InoProShop的个人电脑	1	台
工具	**数量**	**单位**
万用表	1	台
2 mm一字水晶头小螺丝刀	1	支
6 mm十字螺丝刀	1	支
6 mm一字螺丝刀	1	支
六角扳手组	1	套
试电笔	1	支

二、汇川PLC、智能网关与编程电脑的局域网搭建

汇川PLC（CN3网口）、智能网关与编程电脑通过网线和交换机连接在同一个局域网内，网络拓扑如图3-2-1所示。

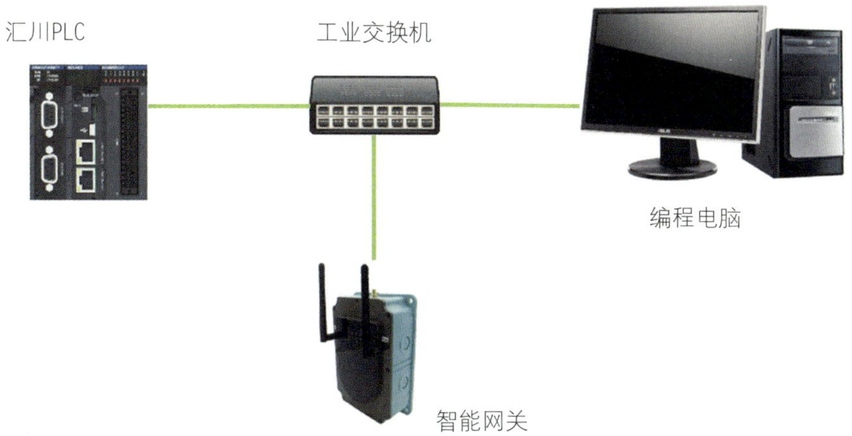

图3-2-1　汇川PLC、智能网关与编程电脑的局域网网络拓扑

三、汇川PLC的Modbus TCP主从站配置

汇川AM400系列PLC的Modbus TCP组态基本的思路是，先建立一个或者多个Modbus TCP请求，汇川PLC称其为通道，以提供寄存器或者线圈、触点的读写条件。然后，建立Modbus TCP从站Internal IO映射，将从站IO直接映射到主站的输入、输出、寄存器中。详细步骤如下。

1. 修改PLC的CN3网络地址

创建程序项目后，双击左侧的“Device（AM401-CPU1608TP/TN）”，点击“系统设置”，设置汇川PLC的IP地址为“192.168.12.31”，子网掩码为“255.255.255.0”，使得PLC的CN3网口与智能网关处于同一网段，然后点击“写入”，如图3-2-2所示。

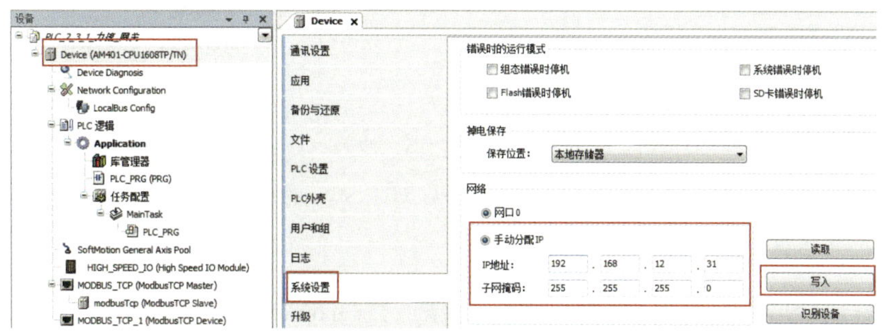

图3-2-2　修改PLC的CN3网口网络地址

2. 添加Modbus TCP工业网络

组态Modbus TCP网络，双击左侧的“Network Configuration”，右侧出现配置窗

口，点击汇川PLC，出现网络勾选框，勾选“Ethernet”中的“ModbusTCP主站”和“ModbusTCP从站”。在右侧“网络设备列表”中，找到“以太网口”，双击“MODBUS_TCP”，添加从站端口，如图3-2-3所示。

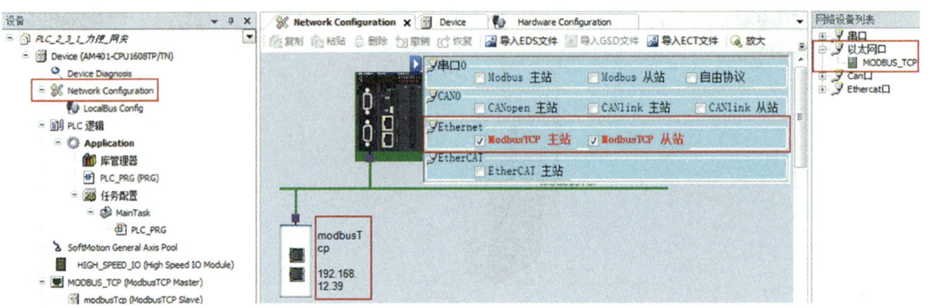

图3-2-3　添加Modbus TCP工业网络及从站端口

3. 配置Modbus TCP Slave的IP地址

在左侧项目树中找到“MODBUS_TCP（ModbusTCP Master）”下的“modbusTcp（ModbusTCP Slave）”，双击进入后，设置IP地址为“192.168.12.39”，填写端口为“4001”，从站地址为“1”，从站使能变量为“3001”，如图3-2-4所示。

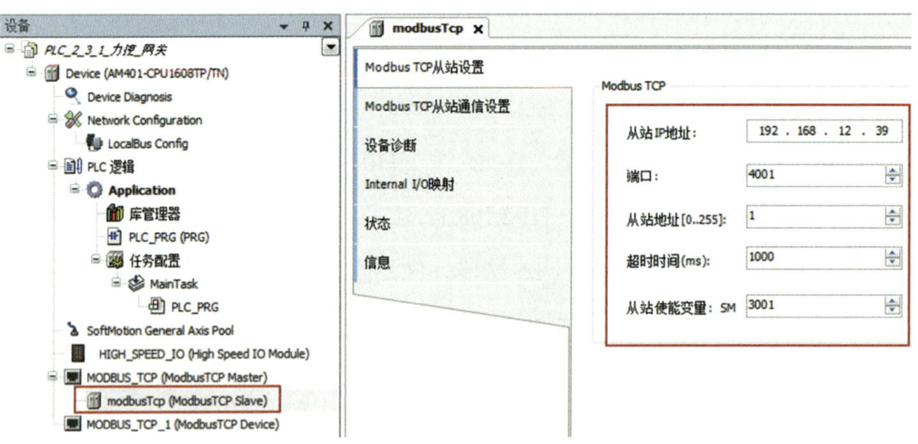

图3-2-4　配置Modbus TCP Slave的IP地址

4. 建立Modbus TCP通道

选择“Modbus TCP从站通信设置”，添加“Channel 01”，编辑弹出设置窗口，设置存取类型为“写单个寄存器（功能码06）”，触发器设置为“循环执行”，循环时间设置为“400”，写寄存器起始地址设置为“0x0000”，点击“确认”，如图3-2-5所示。

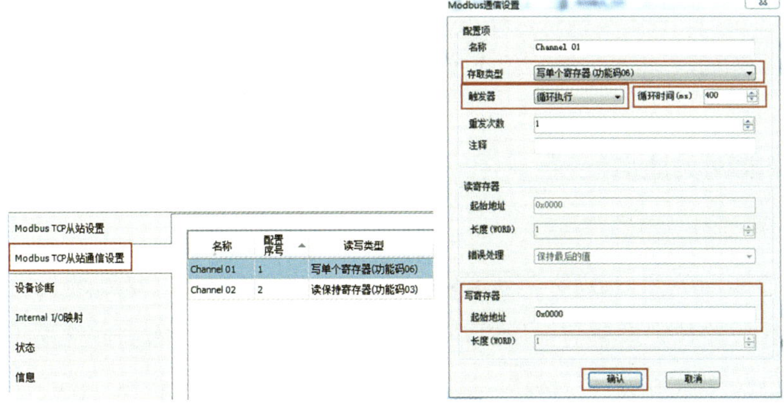

图3-2-5　添加Channel 01向Modbus TCP写单个寄存器

同样的方法，添加“Channel 02”，设置存取类型为“读保持寄存器（功能码03）”，触发器设置为“循环执行”，循环时间设置为“400”，读寄存器起始地址设置为“0x0000”，长度设置为“1”，点击“确认”，如图3-2-6所示。

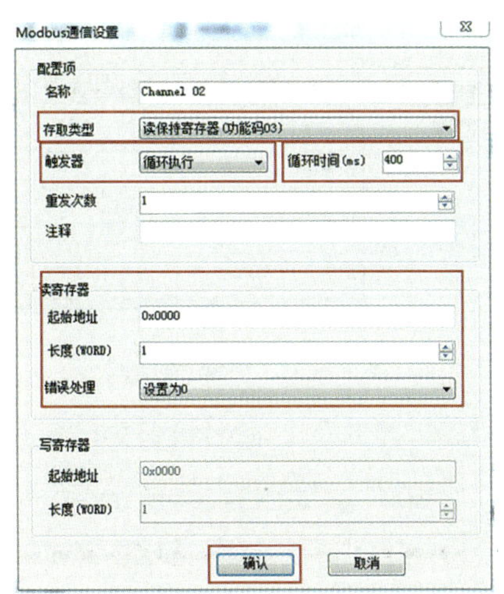

图3-2-6　添加Channel 02向Modbus TCP读单个寄存器

5. 设置映射

配置Channel 01的映射地址为“%QW100”，Channel 02的映射地址为“%IW100”，如图3-2-7所示。

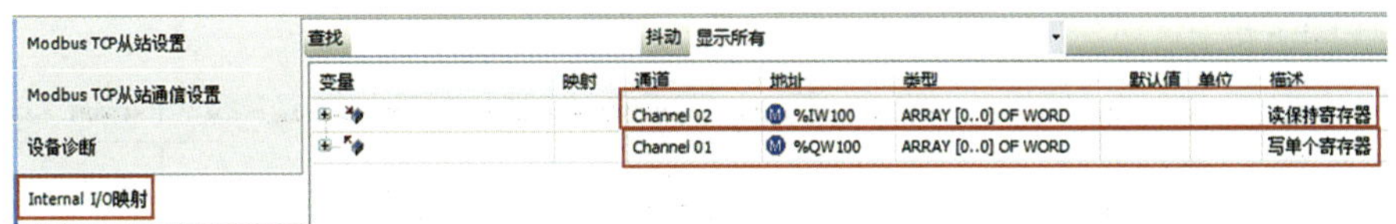

图3-2-7　设置输入输出映射

汇川PLC组态配置完成后，点击“ ”，把配置参数下载到PLC中。下载完成后，断开PLC电源，重新上电，组态配置才生效。

四、智能网关通信配置

1. 创建项目、建立模板

打开智能网关开发软件“XL dmanager.exe”，新建项目，填写项目名称，选择项目文件存放路径。新建与汇川PLC通信的相应配置模板，右击“终端设备配置”下拉菜单中的“模板集”，选择“新建模板”，填写模板名称为“02”，点击“确定”，如图3-2-8所示。

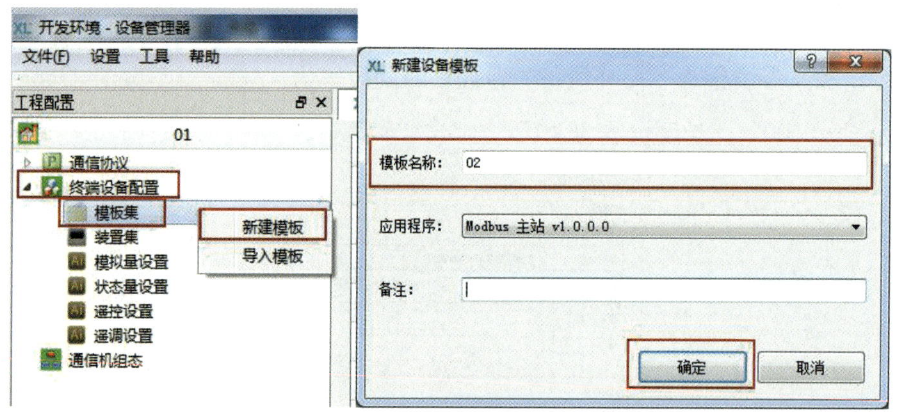

图3-2-8 新建模板02

配置新建的模板02，点击“增加”，命名设备为“汇川PLC”，Modbus TCP模式设置为“1”，设置后点击“保存”，如图3-2-9所示。

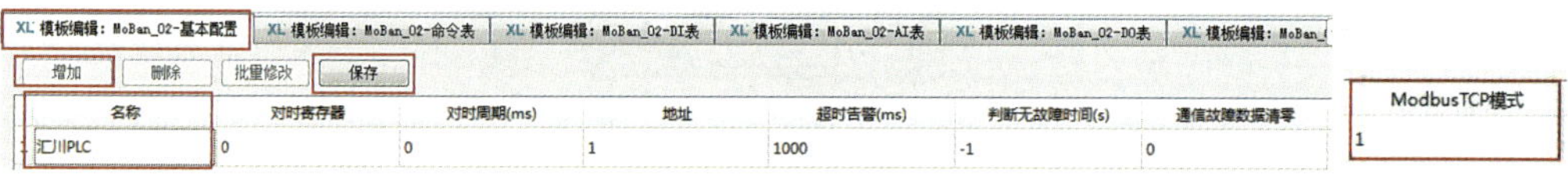

名称	对时寄存器	对时周期(ms)	地址	超时告警(ms)	判断无故障时间(s)	通信故障数据清零	ModbusTCP模式
汇川PLC	0	0	1	1000	-1	0	1

图3-2-9 配置模板02

2. 建立AO表

切换到AO表编辑，增加AO表，命名为“AO1”，设置后，点击“保存”，如图3-2-10所示。

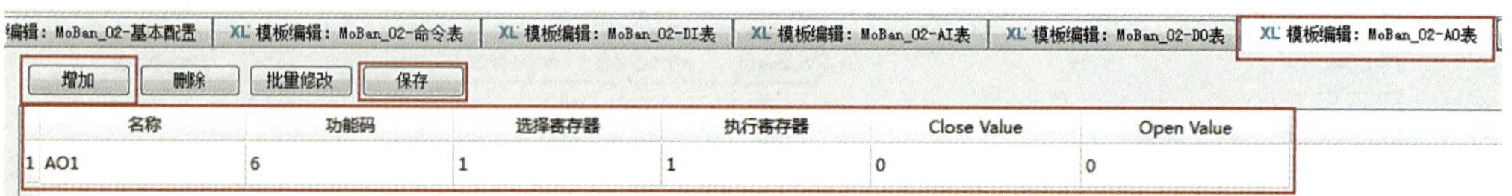

名称	功能码	选择寄存器	执行寄存器	Close Value	Open Value
AO1	6	1	1	0	0

图3-2-10 建立AO表

3. 智能网关网络组态

新建通信节点，右击“通信机组态”，填写节点名称为“XL90S”，选择节点类型为“XL90S”，点击“确定”，如图3-2-11所示。

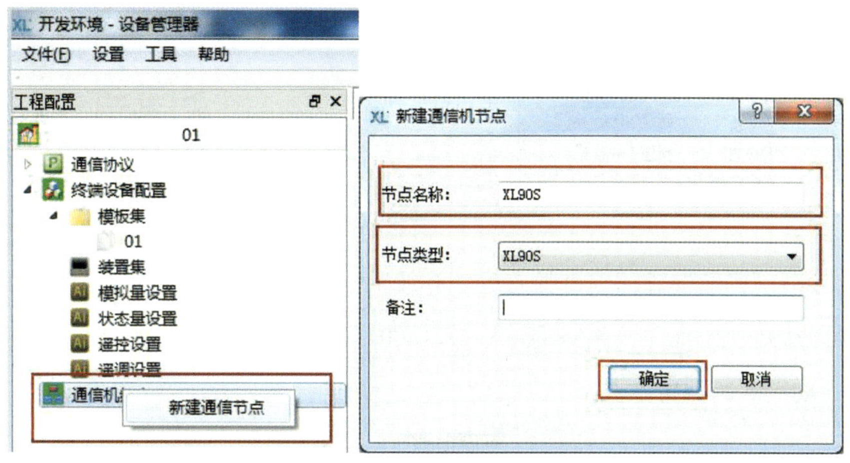

图3-2-11 新建通信节点

在“终端设备配置”下拉菜单中，右击“装置集”，选择“新建设备”，填写设备名称为“汇川PLC”，设备模板选择刚才建立的模板02，通信机节点选择刚建立的“XL90S”，点击“确定”，如图3-2-12所示。

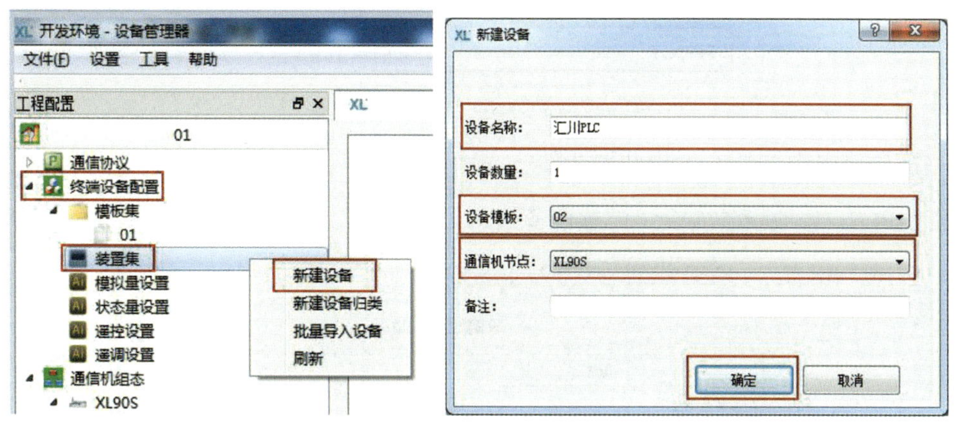

图3-2-12 建立终端设备

在“通信机组态”下拉菜单中，右击“端口集”，点击“新建NET端口”，填写端口名称“NET2”，点击“确定”，如图3-2-13所示。

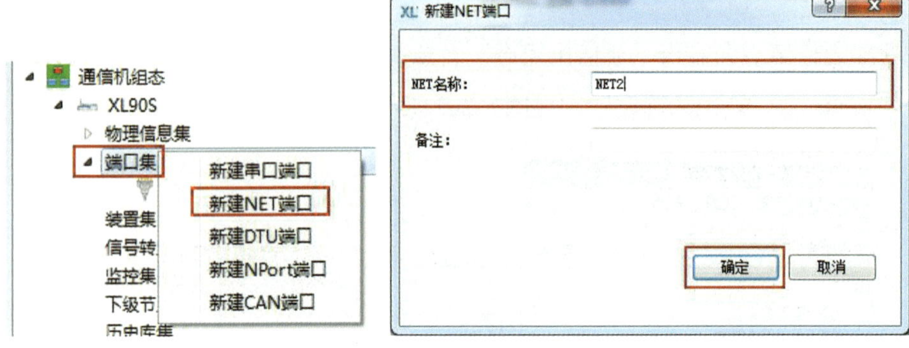

图3-2-13　新建NET端口

NET2端口属性设置：端口状态为“开放”，端口用途为“转发”，通信规约为“Modbus 从站v1.0.0.0”，网络端口号为“4001”，与汇川PLC的Modbus TCP Slave配置相同，如图3-2-14所示。

端口属性：NET2

	属性	
1	端口名称	NET2
2	端口状态	开放
3	端口用途	转发
4	通信规约	Modbus 从站 v1.0.0.0
5	端口类型	网口
6	网络协议	TCP自动
7	网络端口	4001

图3-2-14　NET2端口属性设置

通信机组态下，右击“装置集”，点击“刷新”，更新显示已配置的装置，选择汇川PLC，修改设备属性。设置设备状态为“使用”，以启用该设备装置，关联的端口选择“NET1”，主IP设置为“192.168.12.33”，如图3-2-15所示。

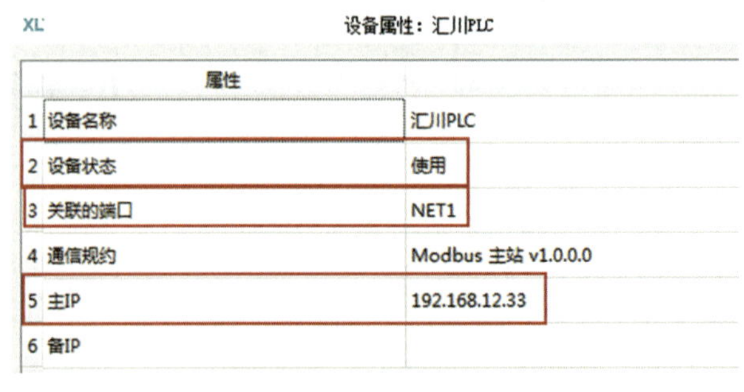
设备属性：汇川PLC

	属性	
1	设备名称	汇川PLC
2	设备状态	使用
3	关联的端口	NET1
4	通信规约	Modbus 主站 v1.0.0.0
5	主IP	192.168.12.33
6	备IP	

图3-2-15　转发设备属性设置

右击“信号转发集”，点击“新建转发表”，填写转发表名称为“汇川信号”，点击“确定”，如图3-2-16所示。

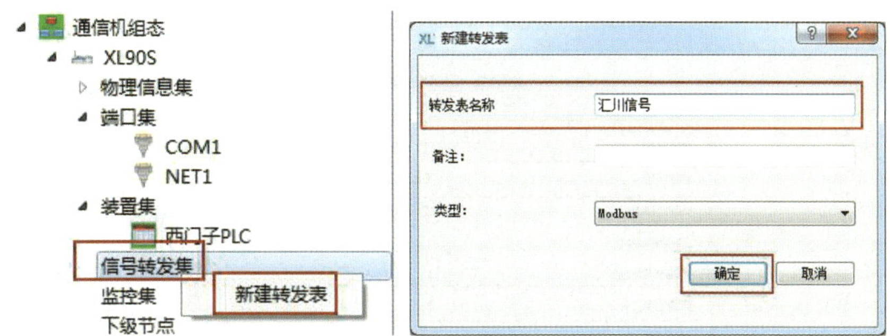

图3-2-16 添加信号转发集

新建转发表后，点击新建的汇川信号转发表，选择“汇川信号：遥脉”，选中可选数据对象下表中的对象，点击“增加”，把可选数据对象增加到已选数据对象列表中，如图3-2-17所示。

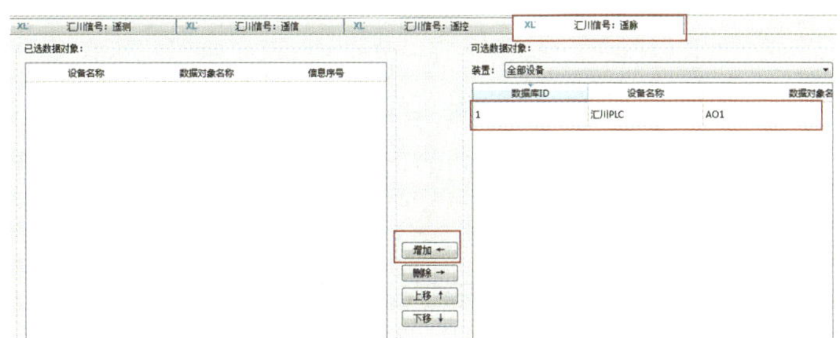

图3-2-17 增添转发数据（遥脉）

4. 新建监控集

新建两个与汇川PLC有关的信号监控集，命名为“汇川信号发送给XL90S”和“汇川读XL90S”，如图3-2-18所示。

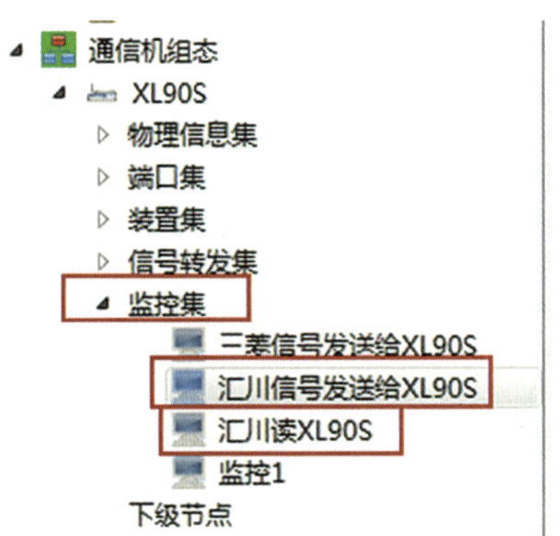

图3-2-18 新建两个监控集

配置监控集“汇川信号发送给XL90S”；监控状态设置为“开放”，关联的端口设置为“NET2”（汇川PLC通信端口），主监控A网IP设置为“192.168.12.31”，如图3-2-19所示。

监控属性：汇川信号发送给XL90S

	属性	
1	监控名称	汇川信号发送给XL90S
2	监控状态	开放
3	关联的转发表	汇川信号写
4	主站通信地址	1
5	从站通信地址	1
6	关联的端口	NET2
7	通信规约	Modbus 从站 v1.0.0.0
8	测量值转发类型	缺省
9	完整性上送周期(秒)	120
10	主监控A网IP	192.168.12.31
11	主监控B网IP	0.0.0.0
12	从监控A网IP	0.0.0.0
13	从监控B网IP	0.0.0.0
14	本机标签	

图3-2-19 “汇川信号发送给XL90S”配置

配置监控集“汇川读XL90S”：监控状态设置为“开放”，关联的转发表设置为“西门子信号”，关联的端口设置为“NET2”，主监控A网IP设置为“192.168.12.31”，如图3-2-20所示。

监控属性：汇川读XL90S

	属性	
1	监控名称	汇川读XL90S
2	监控状态	开放
3	关联的转发表	西门子信号
4	主站通信地址	1
5	从站通信地址	1
6	关联的端口	NET2
7	通信规约	Modbus 从站 v1.0.0.0
8	测量值转发类型	缺省
9	完整性上送周期(秒)	120
10	主监控A网IP	192.168.12.31
11	主监控B网IP	0.0.0.0
12	从监控A网IP	0.0.0.0
13	从监控B网IP	0.0.0.0

图3-2-20 “汇川读XL90S”配置

5. 设置网口物理信息并下载配置

在“通信机组态”菜单中，找到“物理信息集”，点击“主机”，设置主机的基本信息参数，并把网关的所有配置参数下载到智能网关中，操作步骤如图3-2-21所示。

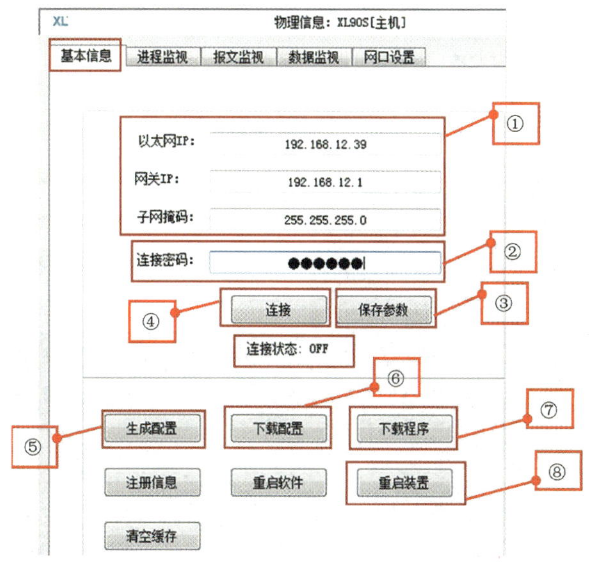

图3-2-21 设置网口物理信息及下载配置

①填写以太网IP地址为“192.168.12.39”，网关IP为“192.168.12.1”，子网掩码为“255.255.255.0”；②连接密码填写“888888”；③点击“保存参数”；④点击“连接”，连接智能网；⑤点击“生成配置”；⑥点击“下载配置”；⑦点击“下载程序”；⑧点击“重启装置”，重启后，配置的参数才生效。

五、在线监控程序及分析报文

智能网关在线监控接收的和发送的报文，点击通信机组件下的“主机”，连接成功后，选择“报文监视”，物理端口选择“NET2”，点击“监视（启动）”，开启通信报文的监控，如图3-2-22所示。

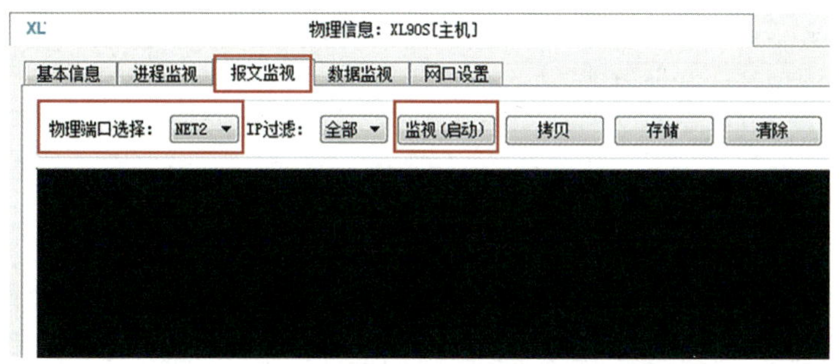

图3-2-22 启动NET2的报文的监控

对智能网关监控到的报文进行分析解读，监控正常画面如图3-2-23所示。

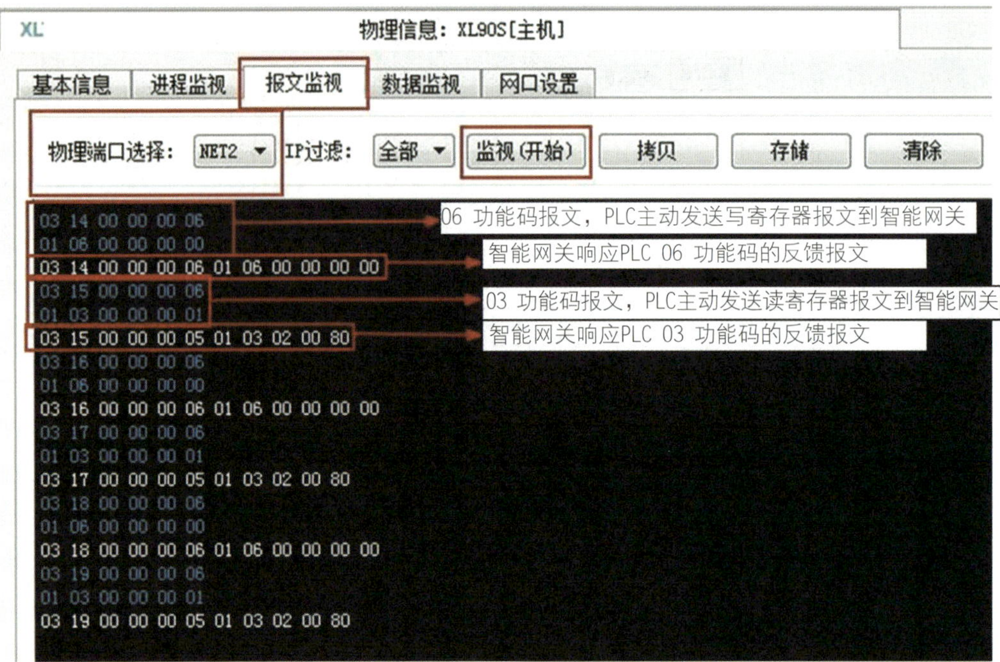

图3-2-23　NET2通信报文的监控正常画面

监控到的报文解析：

写寄存器发送报文：03 14 00 00 00 06 01 06 00 00 00 00（报文头是递增变化的）。报文解析如表3-2-17所示。

表3-2-17　写寄存器发送报文

报文	03 14 00 00	00 06	01	06	00 00	00 00
解析	报文头	字节数	站号	功能码	寄存器起始地址	写内容

写寄存器反馈报文：03 14 00 00 00 06 01 06 00 00 00 00。报文解析如表3-2-18所示。

表3-2-18　写寄存器反馈报文

报文	03 14 00 00	00 06	01	06	00 00	00 00
解析	报文头	字节数	站号	功能码	寄存器起始地址	写内容

读寄存器发送报文：03 15 00 00 00 06 01 03 00 00 00 01。报文解析如表3-2-19所示。

表3-2-19　读寄存器发送报文

报文	03 15 00 00	00 06	01	03	00 00	00 01
解析	报文头	字节数	站号	功能码	地址	读取寄存器数

读寄存器反馈报文：03 15 00 00 00 05 01 03 02 00 80。报文解析如表3-2-20所示。

表3-2-20　读寄存器反馈报文

报文	03 15 00 00	00 05	01	03	02	00 80
解析	报文头	字节数	站号	功能码	读取内容的字节数	读取的内容

对报文进行分析解读后，判断通信报文正常，证明汇川PLC与智能网关通信网络建立成功。

任务考核

一、对任务实施的完成情况进行检查，并将结果填入表3-2-21内。

表3-2-21　项目三任务二自评表

序号	主要内容	考核要求	评分标准	配分/分	扣分/分	得分/分
1	Modbus TCP网络搭建	正确描述Modbus TCP网络中各部分的名称，并完成网络安装	（1）描述Modbus TCP网络的组成有错误或遗漏，每处扣5分； （2）Modbus TCP网络安装有错误或遗漏，每处扣5分	20		
2	PLC程序设计与调试	正确进行PLC Modbus TCP网络组态以及智能网关的网络组态	（1）硬件组态遗漏或出错，每处扣5分； （2）网络参数表达不正确或参数设置不正确，每处扣2分	20		
		按PLC控制I/O（输入/输出）接线图在配线板上正确安装，安装要准确、紧固，配线导线要紧固、美观，导线要进行线槽，导线要有端子标号	（1）损坏元件扣5分； （2）布线不进行线槽，不美观，主电路、控制电路每根扣1分； （3）接点松动、露铜过长、压绝缘层，标记线号不清楚、遗漏或误标，引出端无别径压端子，每处扣1分； （4）损伤导线绝缘或线芯，每根扣1分； （5）不按PLC控制 I/O（输入/输出）接线图接线，每处扣5分	20		
		熟练、正确地将所编程序输入PLC；监控PLC程序与通信数据，解析Modbus TCP报文	（1）不能熟练操作 PLC 键盘输入指令扣2分； （2）不能用PLC程序监控扣10分； （3）不能用智能网关报文监控扣10分； （4）不能解释Modbus TCP报文扣10分	30		

（续表）

序号	主要内容	考核要求	评分标准	配分/分	扣分/分	得分/分
3	安全文明生产	劳动保护用品穿戴整齐；遵守操作规程；讲文明，有礼貌；操作结束后要清理现场	（1）操作中，违反安全文明生产考核要求的任何一项扣5分，扣完为止； （2）当发现学生有重大事故隐患时，要立即予以制止，并每次扣5分	10		
合计						
开始时间:			结束时间:			

二、根据考核评比要求，对考核内容进行多方评价，并将结果填入表3-2-22内。

表3-2-22 项目三任务二考核评价表

考核内容						
	考核评比要求		项目分值	自我评价	小组评价	教师评价
专业能力（60%）	工作准备的质量评估	（1）器材和工具、仪表的准备数量是否齐全，检验的方法是否正确； （2）辅助材料准备的质量和数量是否适用； （3）工作周围环境布置是否合理、安全	10			
	工作过程各个环节的质量评估	（1）做工的顺序安排是否合理； （2）计算机编程的使用是否正确； （3）图纸设计是否正确、规范； （4）导线的连接是否能够安全载流、绝缘是否安全可靠、放置是否合适； （5）安全措施是否到位	20			
	工作成果的质量评估	（1）程序设计是否功能齐全； （2）电器安装位置是否合理、规范； （3）程序调试方法是否正确； （4）环境是否整洁、干净； （5）其他物品是否在工作中遭到损坏； （6）整体效果是否美观	30			

（续表）

考核内容						
	考核评比要求		项目分值	自我评价	小组评价	教师评价
综合能力（40%）	信息收集能力	基础理论；收集和处理信息的能力；独立分析和思考问题的能力；综述报告	10			
	交流沟通能力	编程设计、安装、调试总结；程序设计方案论证	10			
	分析问题能力	程序设计与线路安装调试基本思路、基本方法研讨；工作过程中处理程序设计	10			
	深入研究能力	将具体实例抽象为模拟安装调试的能力；相关知识的拓展与知识水平的提升；了解步进顺序控制未来发展的方向	10			
备注	强调项目成员注意安全规程及行业标准； 本项目可以小组或个人形式完成					

三、完成下列相关知识技能拓展题。

（1）在完成智能网关的组态配置之后，试解释智能网关NET1与NET2之间的关系。

（2）汇川PLC与西门子PLC相比，在Modbus TCP读写的使用上，有何特点？你认为哪种更加方便？

（3）试写出一个Modbus TCP主站向从站请求读取地址为40002的保持寄存器的值的Modbus TCP发送数据帧，并写出其响应数据帧，然后进行解释。

（4）试在汇川PLC中增添一个通道，读0x01～0x10线圈的状态，监控报文，并解释。

项目四 基于网络控制系统的CC-Link通信应用实践

项目导入

CC-Link是一种开放式现场总线，CC-Link是Control&Communication Link（控制与通信链路系统）的缩写，于1996年11月由以三菱电机为主导的多家公司推出。

随着计算机信息网络技术的发展，以PLC为核心的工业控制系统向着大规模、网络化方向发展。与此相对应，工业控制网络产品越来越丰富，可以构成各种档次的网络系统，以满足各种层次的工业自动化网络的不同需求。

为使读者了解三菱CC-Link通信技术，我们将通过以下三个任务学习CC-Link技术及其通信组态。

任务一　基于网络控制系统的CC-Link通信安装与配置

任务二　三菱PLC与智能网关的CC-Link IE通信应用的编程与调试

任务三　三菱CC-Link IE远程I/O配置与调试

以上三个任务结合了网络实训平台的设备项目，希望通过本项目的学习，读者能够了解三菱CC-Link IE通信技术的原理及特点，掌握CC-Link IE通信组态与接线的基本流程，掌握基于三菱CC-Link IE工业网络控制系统的调试方法，以及三菱PLC与智能网关的通信方法。

基于网络控制系统的CC-Link通信安装与配置

学习目标

1. 认识CC-Link IE工业网络的产生与发展。
2. 理解CC-Link IE网络的TCP通信协议组态主要设置项。
3. 认识三向工业网络实训岛CC-Link IE远程IO模块的功能、组成。
4. 掌握在GX-Work中对CC-Link IE网络的TCP通信协议组态配置步骤。
5. 掌握三菱Q系列PLC在线监控调试。
6. 通过组态CC-Link IE远程IO，编写简单的IO程序，掌握CC-Link IE远程IO模块的正确组态方法。

本任务将学习CC-Link IE工业网络技术的特点与其通信，基于编程软件的程序项目创建和配置组态设置方法的实训，通过对编程软件进行操作实践来熟练完成三菱PLC的GX Works2编程软件在CC-Link IE工业网络应用中的设定。

完成三菱Q系列PLC与智能网关通信的相应配置设定。按任务步骤完成相关的实训实践，评价结果完成情况。

一、三菱Q系列PLC简介

三菱Q系列PLC是三菱公司在原A系列PLC基础上发展的中、大型PLC系列产品，Q系列PLC采用了模块化的结构形式，系列产品的组成与规模灵活可变，最大输入输出点数达到4096点；最大程序存储器容量可达252 K步，采用扩展存储器后可以达到32 M；基本指令的处理速度可以达到34 ns；其性能水平居世界领先地位，可以适合各种中等复杂机械、自动生产线的控制场合。

Q系列PLC的基本组成包括电源模块、CPU模块、基板、I/O模块等。通过扩展基板与I/O模块可以增加I/O点数，通过扩展存储器卡可增加程序存储器容量，通过各种特殊功能模块可提升PLC的性能，扩大PLC的应用范围。

Q系列PLC可以实现多CPU模块在同一基板上的安装，CPU模块间可以通过自动刷新来进行定期通信或通过特殊指令进行瞬时通信，以提高系统的处理速度。特殊设计的过程控制CPU模块与高分辨率的模拟量输入/输出模块，可以满足各类过程控制的需要。最大可以控制32轴的高速运动控制CPU模块，可以满足各种运动控制的需要。

二、CC-Link网络和CC-Link IE网络简介

CC-Link网络是三菱电机开放式现场总线，其数据容量大，通信速度多级可选择，而且它是一个以设备层为主的网络，同时也可覆盖较高层次的控制层和较低层次的传感层。一般情况下，CC-Link整个一层网络可由1个主站和64个从站组成。网络中的主站由PLC担当，从站可以是远程I/O模块、特殊功能模块、带有CPU和PLC本地站、人机界面、变频器及各种测量仪表、阀门等现场仪表设备，且可实现从CC-Link到AS-I总线的连接。CC-Link具有很高的数据传输速度，最高可达10 Mbps。CC-Link的底层通信协议遵循RS 485，一般情况下，CC-Link主要采用广播—轮询的方式进行通信，CC-Link也支持主站与本地站、智能设备站之间的瞬间通信。

CC-Link IE网络分为IE CONTROL和IE FIELD两种，IE CONTROL是PLC与PLC之间进行通信的网络，是通过光纤环网连接的，数据量较大。IE FIELD是主站和本地站以及远程站进行通信的网络，与CC-Link类似，但是通过网线连接的，数据量比CC-Link大，但两个网络是不能兼容的。CC-Link IE是基于工业网络的开放式网络，以无缝通信实现从控制到生产的所有数据传送，其特点有：高速通信可缩短生产节拍时间，使控制间隔得以稳定，有助于提高品质；实现生产现场的实时信息收集；具有支持高级运动控制的同步性能；无缝连接TCP/IP通信设备。

三、CC-Link IE网络系统配置

（1）使用主站·本地站模块时的系统配置示例如图4-1-1所示。

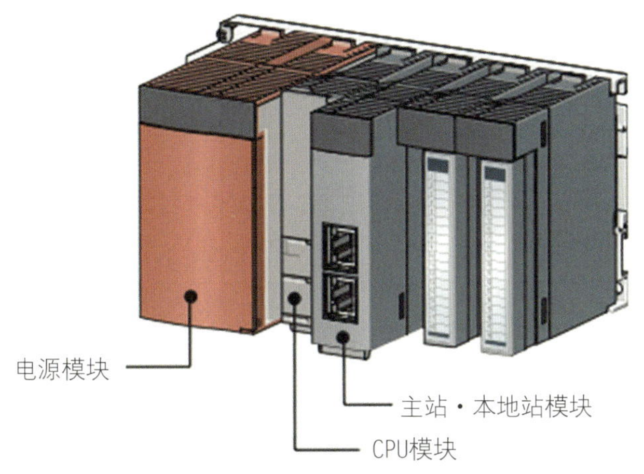

图4-1-1 系统配置示例

（2）主站·本地站模块各部位的名称如图4-1-2所示。

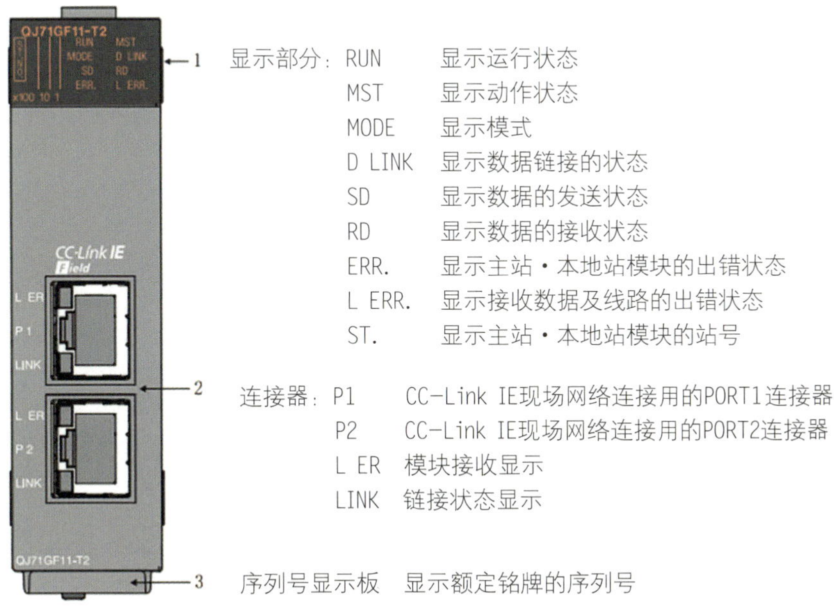

图4-1-2 主站·本地站模块各部位名称

主站·本地站模块各部位指示灯状态含义如表4-1-1所示。

表4-1-1　指示灯状态含义说明

<table>
<tr><th>No.</th><th colspan="2">名称及作用</th><th>状态</th><th>说明</th></tr>
<tr><td rowspan="7">1</td><td colspan="2" rowspan="3">ERR. LED
显示主站・本地站模块的出错状态。可通过CC-Link IE现场网络诊断确认出错内容</td><td>亮灯</td><td>发生了下述异常之一：
・CPU模块中发生了停止型出错。
・检测出所有站异常。
・网络上存在有相同站号的模块。
・网络参数已损坏。
・网络参数与实际安装状态不符（保留站指定、连接个数、网络No. 等）</td></tr>
<tr><td>闪烁</td><td>检测出数据链接异常站</td></tr>
<tr><td>熄灯</td><td>正常动作中</td></tr>
<tr><td colspan="2" rowspan="2">L ERR. LED
显示接收数据及线路的出错状态。L ERR. LED亮灯时，可以通过“P1”或“P2”的L ER LED确认检测出错误的PORT（端口）。可以通过CC-Link IE现场网络诊断确认出错内容。
在正常接收了数据的情况下及环型连接时未执行环路回送的情况下，L ERR. LED将自动熄灯</td><td>亮灯</td><td>・模块接收了异常数据。
・模块正在执行环路回送（仅序列号的前5位数为“12072”以后的主站・本地站模块）</td></tr>
<tr><td>熄灯</td><td>・模块接收了正常数据。
・模块未执行环路回送（仅序列号的前5位数为“12072”以后的主站・本地站模块）</td></tr>
<tr><td colspan="2" rowspan="2">ST.NO.
显示主站・本地站模块的站号</td><td>亮灯</td><td>显示站号
例　站号15
1　1
4
X100 10　1
10 + 5 = 15</td></tr>
<tr><td>熄灯</td><td>作为主站执行动作（站号0）</td></tr>
<tr><td rowspan="2">2</td><td colspan="4">P1
是CC-Link IE现场网络连接用的PORT1连接器。（RJ45连接器）连接以太网电缆。“P1”连接器与“P2”连接器的配线连接顺序无限制</td></tr>
<tr><td>P1</td><td>L ER LED</td><td>亮灯</td><td>・模块接收了异常数据。
・模块正在执行环路回送（仅序列号的前5位数为“12072”以后的主站・本地站模块）</td></tr>
</table>

（续表）

<table>
<tr><th>No.</th><th colspan="2">名称及作用</th><th>状态</th><th>说明</th></tr>
<tr><td rowspan="6">2</td><td rowspan="3">P1</td><td>L ER LED</td><td>熄灯</td><td>·模块接收了正常数据
·模块未执行环路回送（仅序列号的前5位数为“12072”以后的主站·本地站模块）</td></tr>
<tr><td rowspan="2">LINK LED</td><td>亮灯</td><td>处于链接状态</td></tr>
<tr><td>熄灯</td><td>处于链接死机状态</td></tr>
<tr><td colspan="4">P2
是CC-Link IE现场网络连接用的PORT2连接器。（RJ45连接器）连接以太网电缆。“P1”连接器与“P2”连接器的配线连接顺序无限制</td></tr>
<tr><td colspan="3">L ER LED</td><td rowspan="2">与“P1”连接器相同</td></tr>
<tr><td colspan="3">LINK LED</td></tr>
<tr><td>3</td><td colspan="3">序列号显示板</td><td>显示额定铭牌的序列号</td></tr>
</table>

一、任务准备

根据表4-1-2材料清单，清点与确认实施本任务教学所需的实训设备及工具。

表4-1-2　项目四中任务一实验需要的主要设备及工具

设备	数量	单位
三菱PLC（型号：Q03UDVCPU）	1	台
三菱电源模块（型号：Q61P）	1	台
数字量输出模块（型号：QX48Y57）	1	台
交换机	1	台
RJ45接头网线	2	条
装有编程软件GX Works2的个人电脑	1	台
工具	**数量**	**单位**
万用表	1	台
2 mm一字水晶头小螺丝刀	1	支
6 mm十字螺丝刀	1	支
6 mm一字螺丝刀	1	支
六角扳手组	1	套
试电笔	1	支

二、三菱Q系列PLC编程软件GX Works2程序创建与硬件测试

PLC程序创建，打开三菱PLC编程软件GX Works2，点击“新建工程”，选择PLC的系列为“QCPU（Q模式）”，选择机型为“Q03UDV”，选择程序语言为“梯形图”，点击“确定”，如图4-1-3所示。

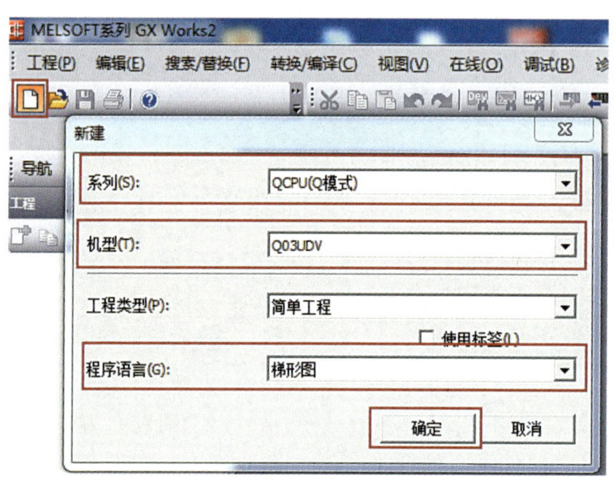

图4-1-3　创建新工程

配线前最好先做一个硬件测试和自回送测试，保证硬件是好的再进行配线。

硬件测试是指对主站・本地站模块内部的硬件进行确认的测试，硬件测试如图4-1-4所示。

自回送测试是指对主站・本地站模块的传送系统的发送接收回路进行确认的测试，自回送测试如图4-1-5所示。

三、三菱Q系列PLC编程软件GX Works2组态配置

在左侧工程菜单中，点击“PLC参数”，工程菜单如图4-1-6所示。

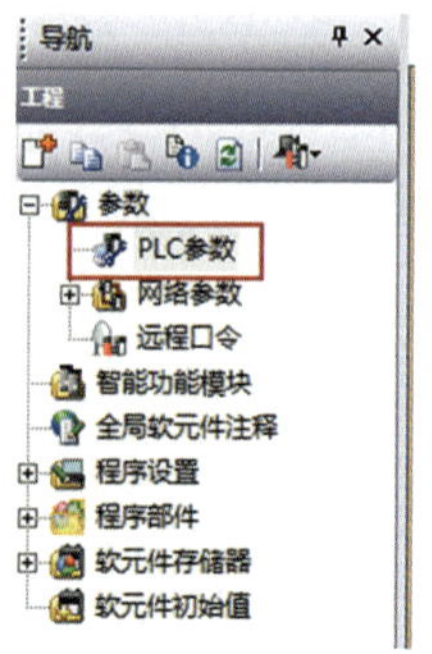

图4-1-6　PLC工程菜单

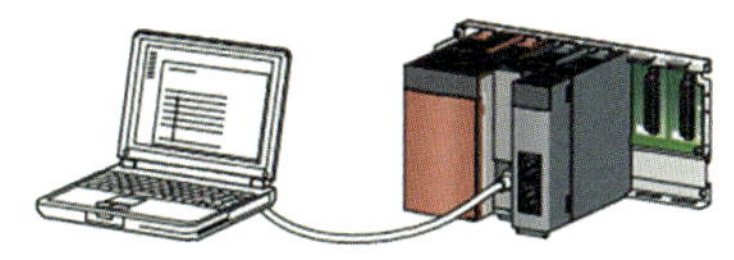

1. 将主站・本地站模块安装到基板上。此外，将CPU模块与GX Works2连接。
以太网电缆不与主站・本地站模块连接。

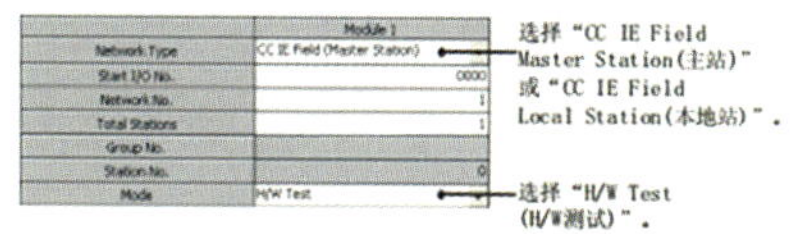

2. 通过GX Works2按如左图所示进行网络参数设置。
工程窗口 ➪ [Parameter（参数）] ➪ [Network Parameter（网络参数）] ➪ [Ethernet/CC IE/MELSECNET（以太网/CC IE/MELSECNET）]

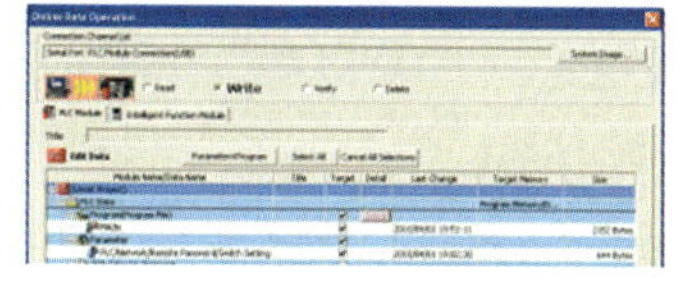

3. 将通过GX Works2设置的网络参数写入CPU模块中。
[Online（在线）] ➪ [Write to PLC（可编程控制器写入）]

RESET 或电源OFF → ON

4. 复位CPU模块，或将电源置为OFF→ON。

5. 开始测试。
主站・本地站模块的MODE LED将闪烁，×1 LED将按1→2→4→8→1→…的顺序重复亮灯及熄灯。

图4-1-4　硬件测试

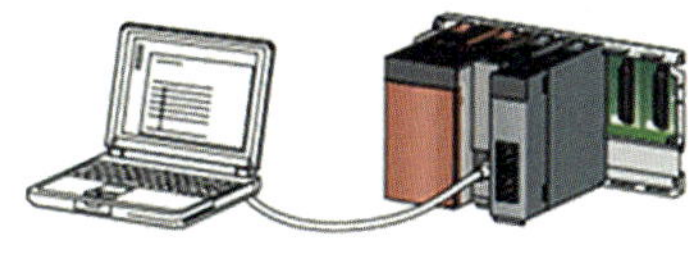

1. 将主站・本地站模块安装到基板上。此外，将CPU模块与GX Works2连接。

2. 通过GX Works2按如左图所示进行网络参数设置。
工程窗口 ➪ [Parameter（参数）] ➪ [Network Parameter（网络参数）] ➪ [Ethernet/CC IE/MELSECNET（以太网/CC IE/MELSECNET）]

3. 将通过GX Works2设置的网络参数写入CPU模块中。
[Online（在线）] ➪ [Write to PLC（可编程控制器写入）]

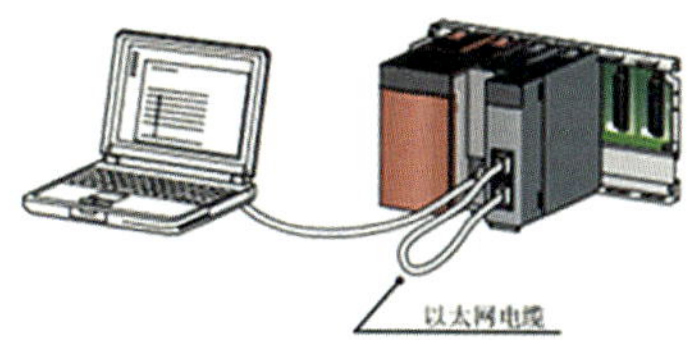

4. 将主站・本地站模块的PORT1连接器及PORT2连接器通过以太网电缆连接。

5. 复位CPU模块，或将电源置为OFF→ON。

图4-1-5　自回送测试

配置PLC参数：PLC的I/O参数配置，点击“I/O分配设置”选项卡，分别设置插槽0/1/2；CPU型号选择“Q03UDV”；智能模块选择“QJ61BT11N”型号，点数为“32点”，起始XY设置为“0100”；输入输出混合模块选择“QX48Y57”型号，点数为“16点”，起始XY设置为“0000”；基本设置中，基板型号填“Q33B”，电源模块型号填“Q61P”，插槽数为“3”；设置后点击“检查”来检查配置是否有误，然后点击“设置结束”，如图4-1-7所示。

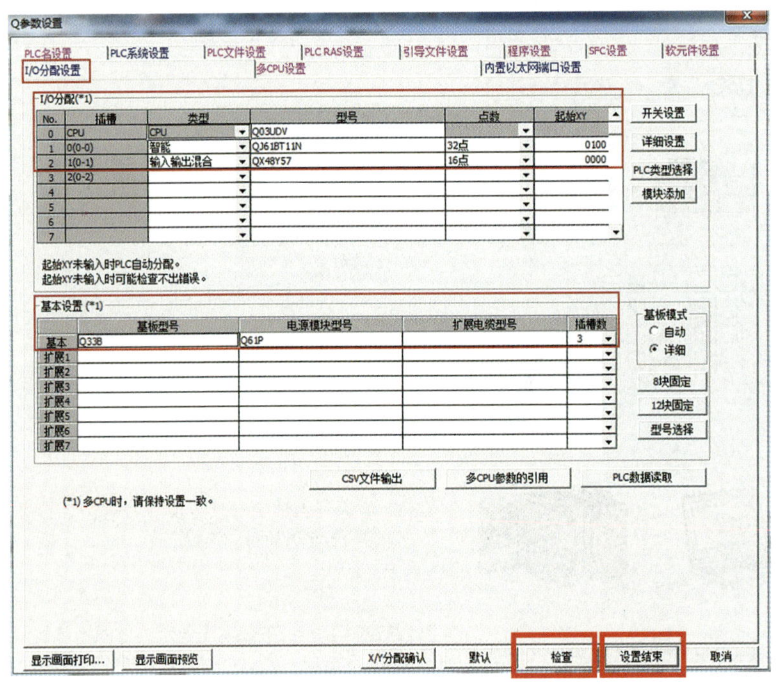

图4-1-7　I/O分配设置

PLC的网络配置参数配置，点击“内置以太网端口设置”选项卡，设置IP地址为“192.168.12.32”，子网掩码类型为“255.255.255.0”，默认路由器IP地址为“192.168.12.1”，点击“设置结束”，如图4-1-8所示。

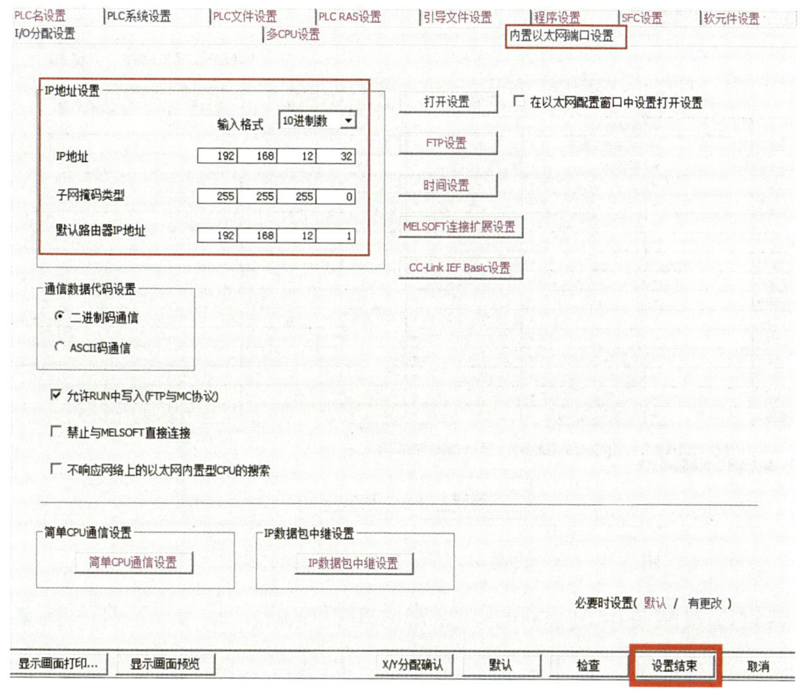

图4-1-8　内置以太网端口设置

如图4-1-9所示，在“内置以太网端口设置”选项卡属性窗口内，点击“打开设置”，进入协议设置属性窗口。

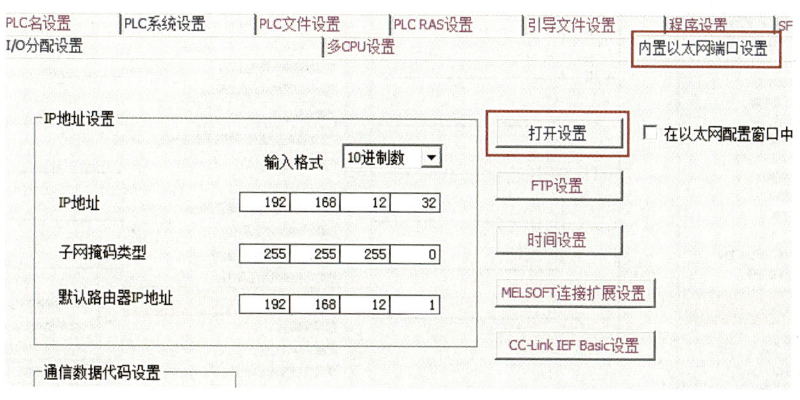

图4-1-9　内置以太网端口的“打开设置”进入

协议设置属性设置：按照图4-1-10所示的内容进行设置，序号1的TCP协议为与智能网关进行通信的配置组态，故IP地址为智能网关的IP地址“192.168.12.39”，设置完成后，点击“设置结束”。

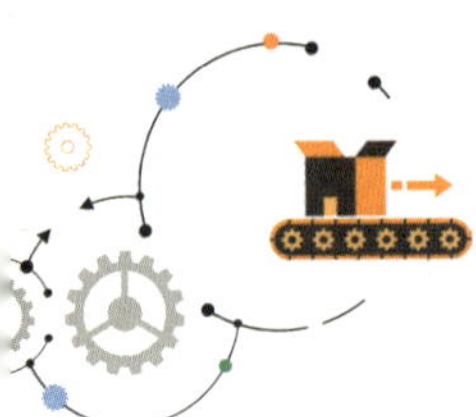

内置以太网端口 打开设置

IP地址/端口号输入格式 10进制数

	协议	打开方式	TCP连接方式	本站端口号	通信对象IP地址	通信对象端口号	通信协议运行状态存储用起始软元件
1	TCP	通信协议	Active	4000	192.168. 12. 39	4000	D400
2	TCP	MELSOFT连接					
3	TCP	MC协议		1500			
4							
5							
6							
7							
8							
9							
10							
11							
12							
13							
14							
15							
16							

(*) 以IP地址/端口号输入格式中选择的进制数格式显示IP地址与端口号。
请以选择的进制数格式输入。

设置结束　取消

图4-1-10　内置以太网端口的“打开设置”窗口

配置内置以太网通信组态程序，点击菜单栏中的“工具”，在下拉菜单中找到“通信协议支持功能”，点击右侧菜单中的“内置以太网”，如图4-1-11所示，进入内置以太网通信程序配置。

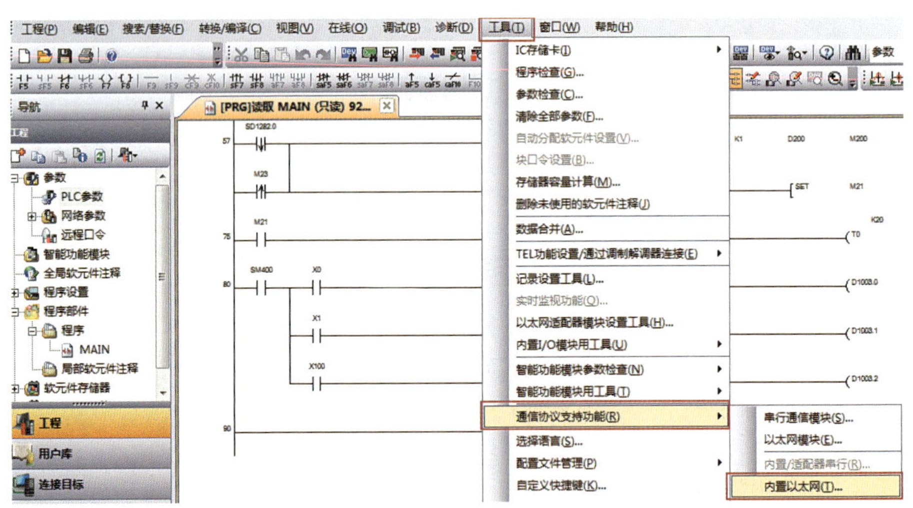

图4-1-11　内置以太网的进入

点击“□”新建以太网功能配置，添加协议，型号栏选择“MODBUS/TCP”，协议名选择“06：WR Single Register”，点击“确定”，如图4-1-12所示。

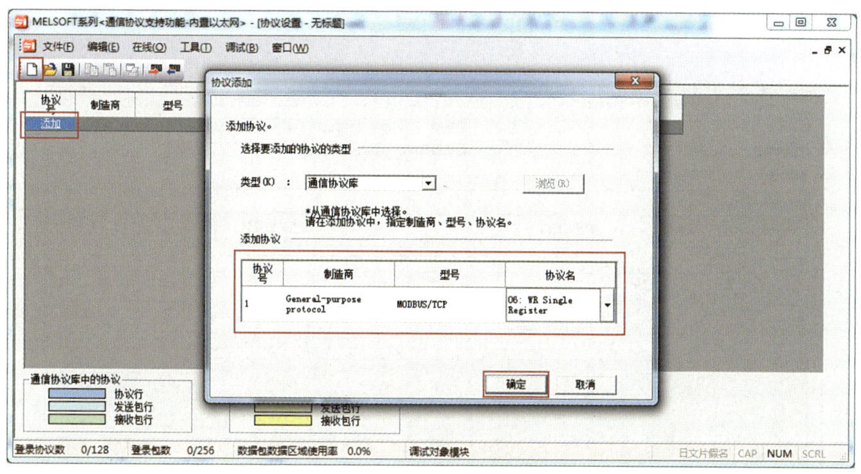

图4-1-12　新建以太网功能配置

依次设置数据包Request、Normal response和Error response，如图4-1-13所示。

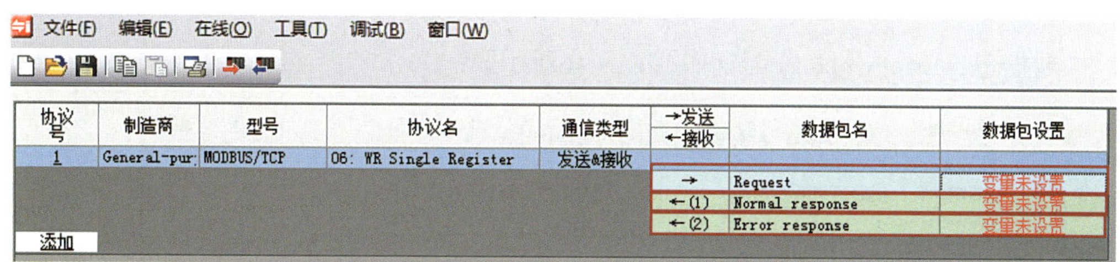

图4-1-13　数据功能包进入

数据包：Request配置如图4-1-14所示。

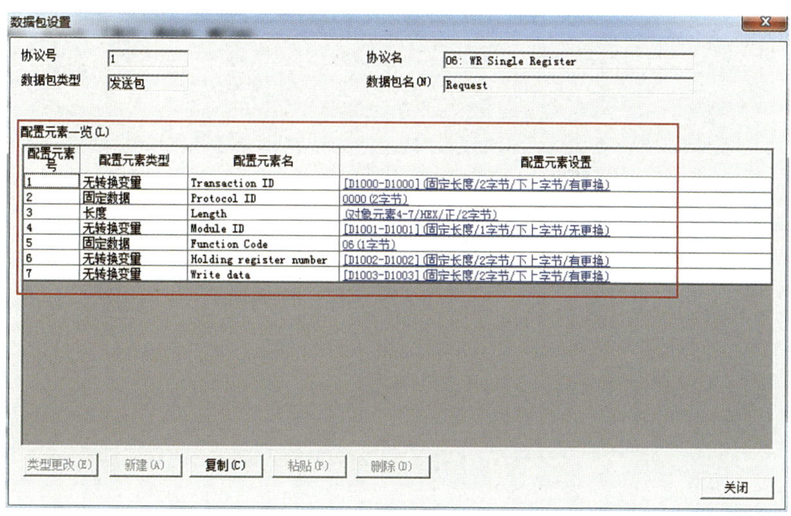

数据包设置

协议号 1　　协议名 06: WR Single Register

数据包类型 发送包　　数据包名(N) Request

配置元素一览(L)

配置元素号	配置元素类型	配置元素名	配置元素设置
1	无转换变量	Transaction ID	[D1000-D1000] (固定长度/2字节/下上字节/有更换)
2	固定数据	Protocol ID	0000 (2字节)
3	长度	Length	(对象元素4-7/HEX/正/2字节)
4	无转换变量	Module ID	[D1001-D1001] (固定长度/1字节/下上字节/无更换)
5	固定数据	Function Code	06 (1字节)
6	无转换变量	Holding register number	[D1002-D1002] (固定长度/2字节/下上字节/有更换)
7	无转换变量	Write data	[D1003-D1003] (固定长度/2字节/下上字节/有更换)

类型更改(E)　新建(A)　复制(C)　粘贴(P)　删除(D)　关闭

图4-1-14　数据包：Request配置

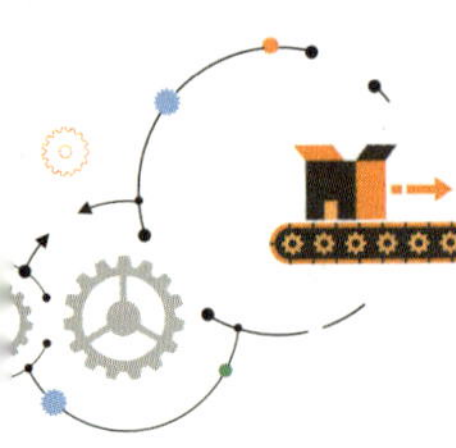

数据包：Normal response配置如图4-1-15所示。

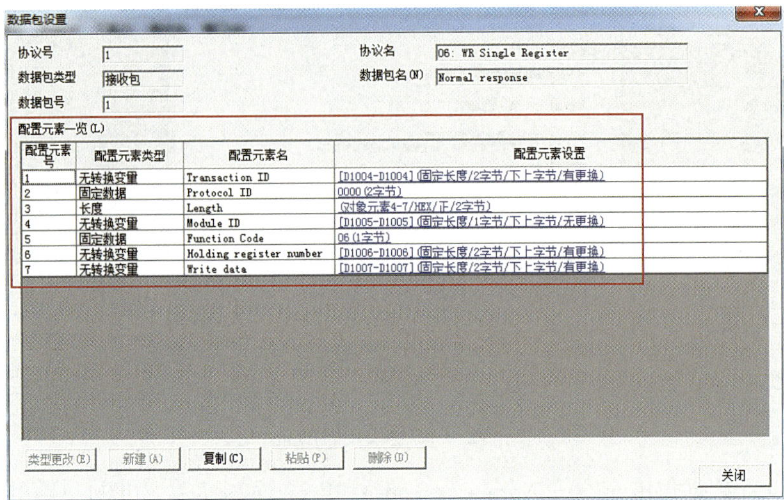

图4-1-15　数据包：Normal response配置

数据包：Error response配置如图4-1-16所示。

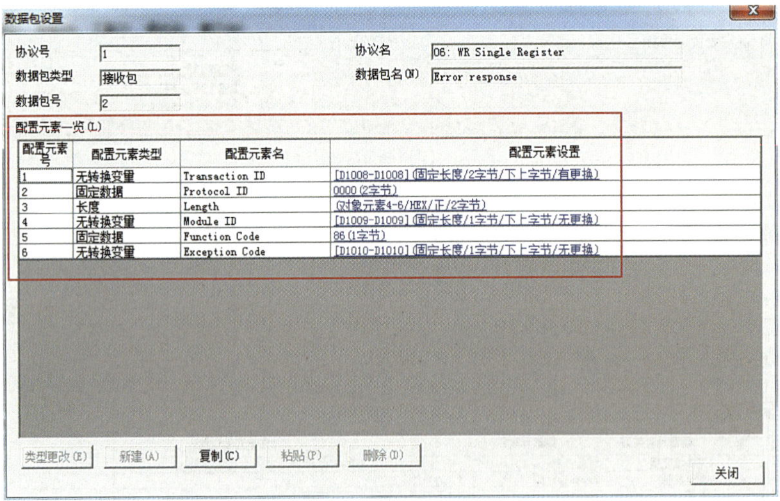

图4-1-16　数据包：Error response配置

内置以太网功能配置完成后，保存文件，并下载到PLC中，如图4-1-17所示。

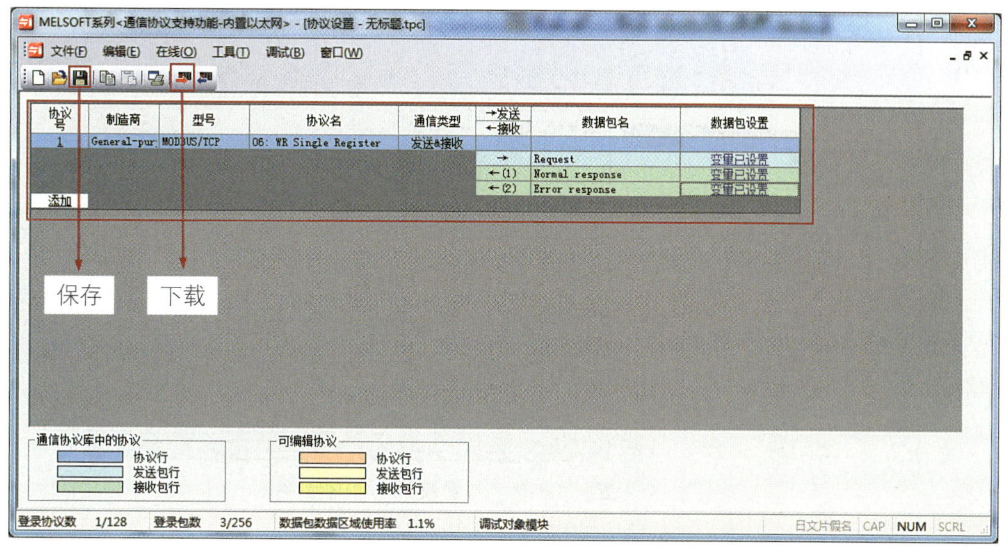

图4-1-17　文件保存与下载

四、智能网关通信配置项目创建

打开智能网关开发软件“XL dmanager.exe”，新建项目，填写项目名称为“01”，选择项目文件存放路径，点击“确认”，如图4-1-18所示。

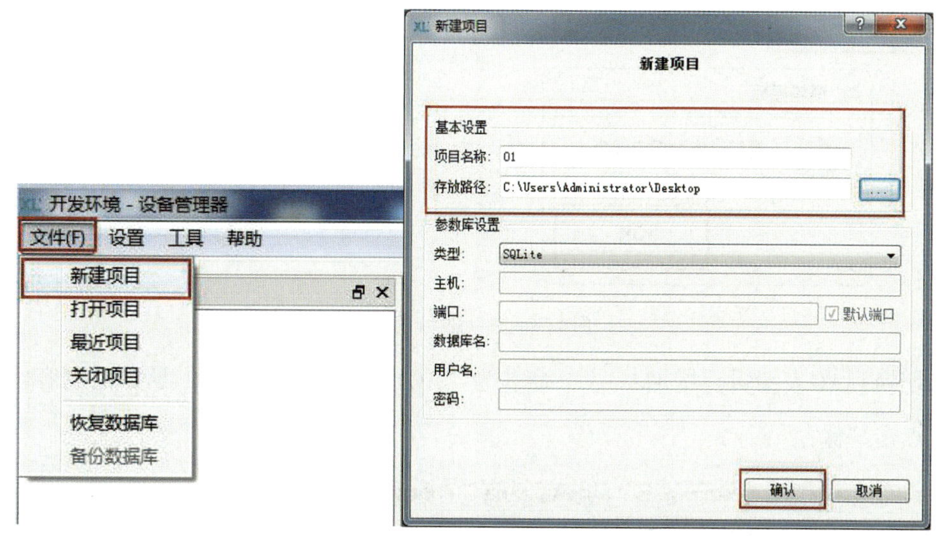

图4-1-18　新建项目图示

新建与三菱PLC通信的相应配置模板，右击“终端设备配置”，选择下拉菜单中的“模板集”，新建模板，填写模板名称为“03”，点击“确定”，如图4-1-19所示。

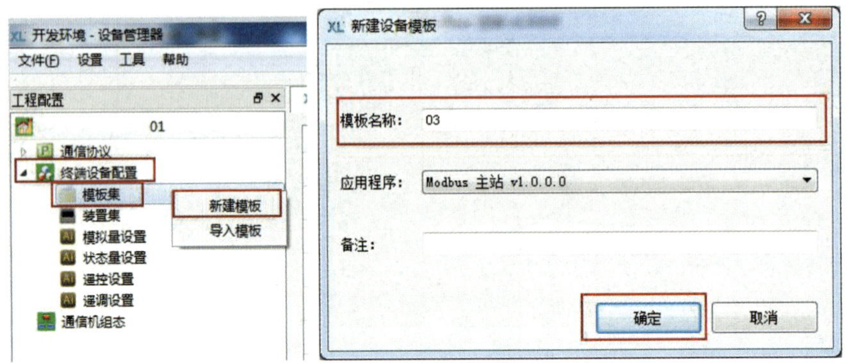

图4-1-19 配置模板

配置新建的模板03，点击“增加”，命名设备为“三菱PLC”，Modbus TCP模式设置为“1”，设置后点击“保存”，弹出“更新模板数据库成功！”窗口，点击“OK”即可（后面一样，此处不再赘述），如图4-1-20 所示。

图4-1-20 添加设备

切换到AO表编辑，增加AO表，命名为“AO1”，按照图4-1-21所示的内容设置后，点击“保存”。

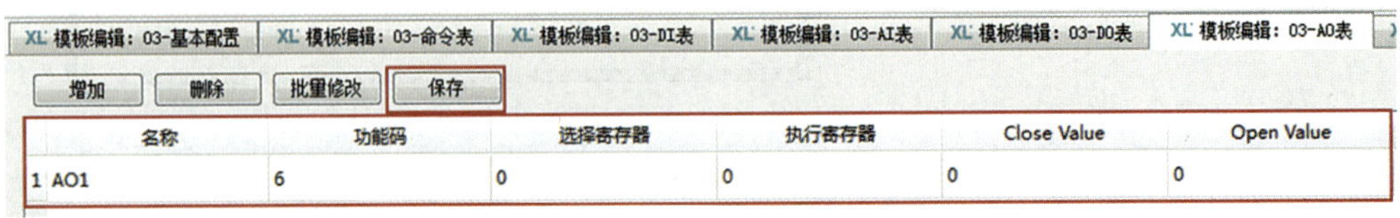

图4-1-21 AO表编辑

新建通信节点，右击“通信机组态”，选择“新建通信节点”，填写节点名称为“XL90S”，选择节点类型为“XL90S”，点击确定，如图4-1-22所示。

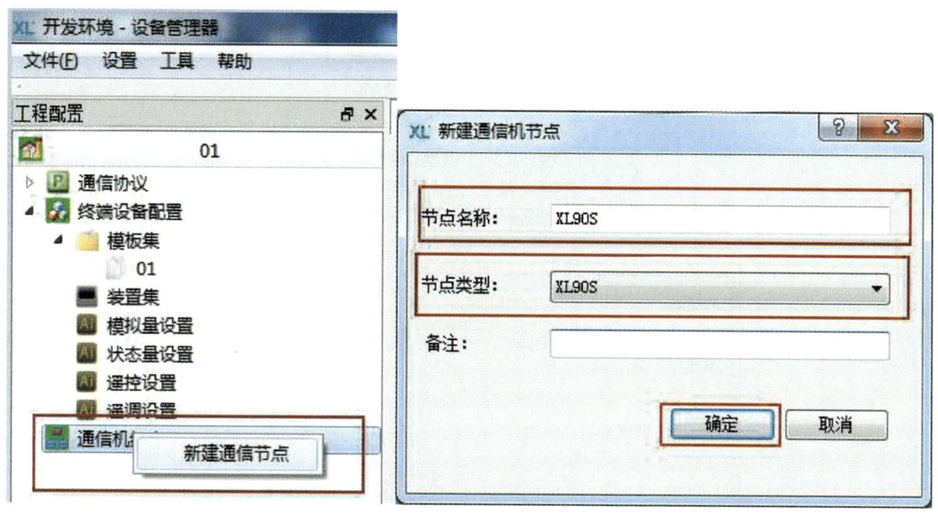

图4-1-22 新建通信节点图示

在“终端设备配置”下拉菜单中，右击“装置集”，选择“新建设备”，填写设备名称为“三菱PLC”，设备模板选择刚才建立的模板“03”，通信机节点选择刚建立的“XL90S”，点击“确定”，如图4-1-23所示。

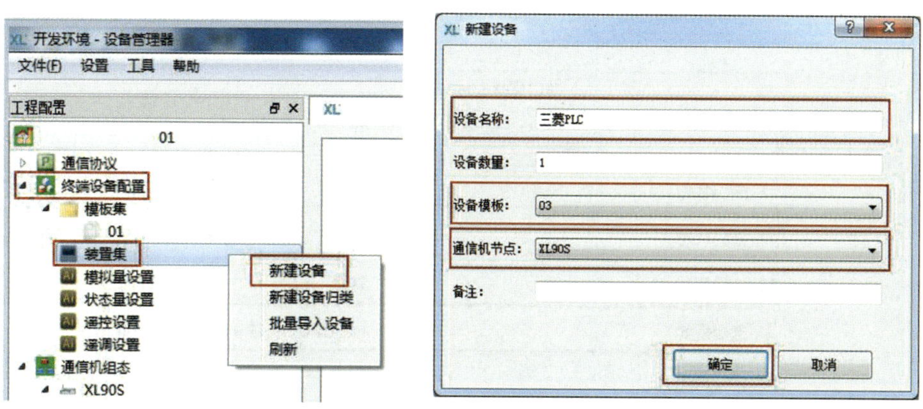

图4-1-23 终端设备配置

在“通信机组态”下拉菜单中，右击“端口集”，选择“新建NET端口”，填写端口名称为“NET3”，单击“确定”如图4-1-24所示。

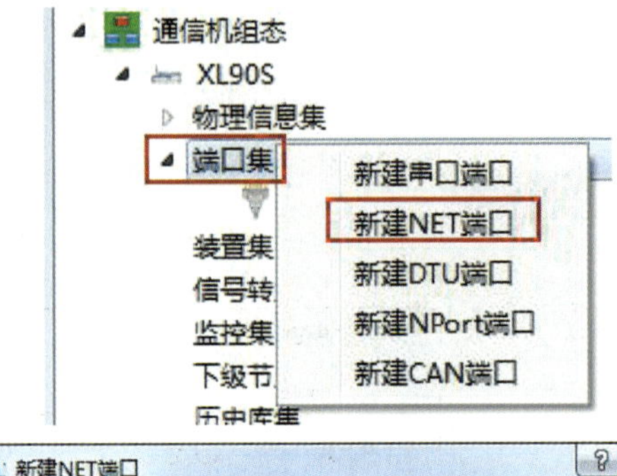

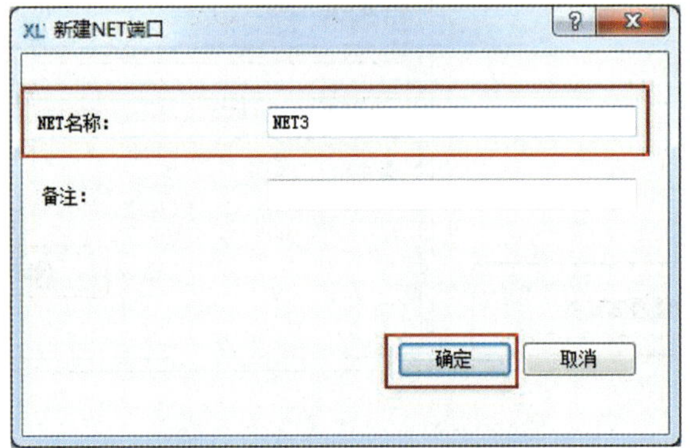

图4-1-24　通信机组态端口设定

双击NET3进行端口属性设置，端口状态设置为“开放”，端口用途设置为“转发”，通信规约设置为“Modbus 从站v1.0.0.0”，网络端口设置为“4000”，如图4-1-25所示。

端口属性：NET3

	属性	
1	端口名称	NET3
2	端口状态	开放
3	端口用途	转发
4	通信规约	Modbus 从站 v1.0.0.0
5	端口类型	网口
6	网络协议	TCP自动
7	网络端口	4000

图4-1-25　通信机组态端口属性设定

在“通信机组态”下拉菜单中，右击“装置集”，点击“刷新”，更新显示已配置的装置，如图4-1-26所示。

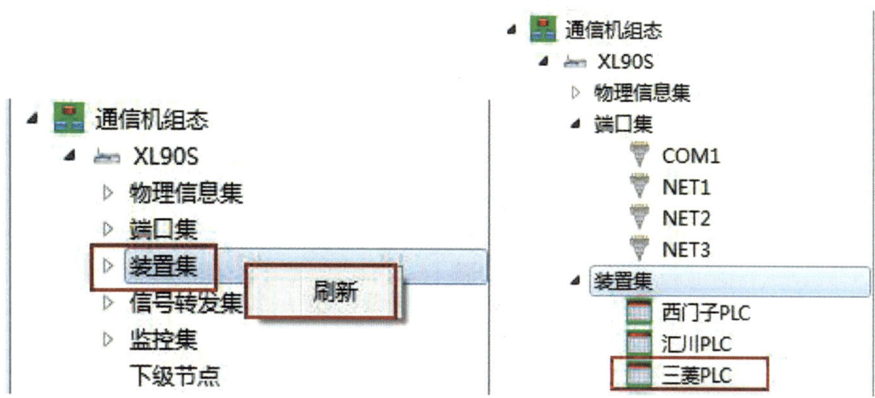

图4-1-26　通信机组更新显示

设备属性设置：设置设备状态为“使用”，以启用该设备装置，关联的端口选择“NET3”，主IP设置为“192.168.12.33”，如图4-1-27所示。

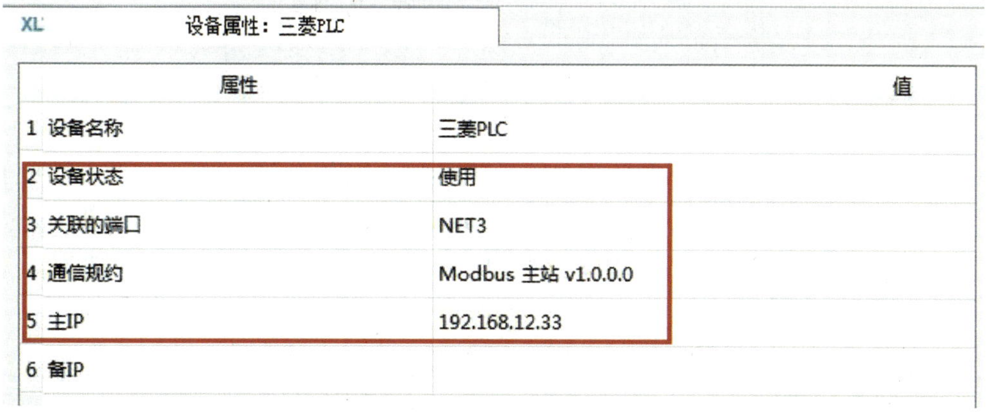

XL　设备属性：三菱PLC

	属性	值
1	设备名称	三菱PLC
2	设备状态	使用
3	关联的端口	NET3
4	通信规约	Modbus 主站 v1.0.0.0
5	主IP	192.168.12.33
6	备IP	

图4-1-27　设备属性设置

右击“信号转发集”，点击“新建转发表”，填写转发表名称为“三菱信号”，点击“确定”，如图4-1-28所示。

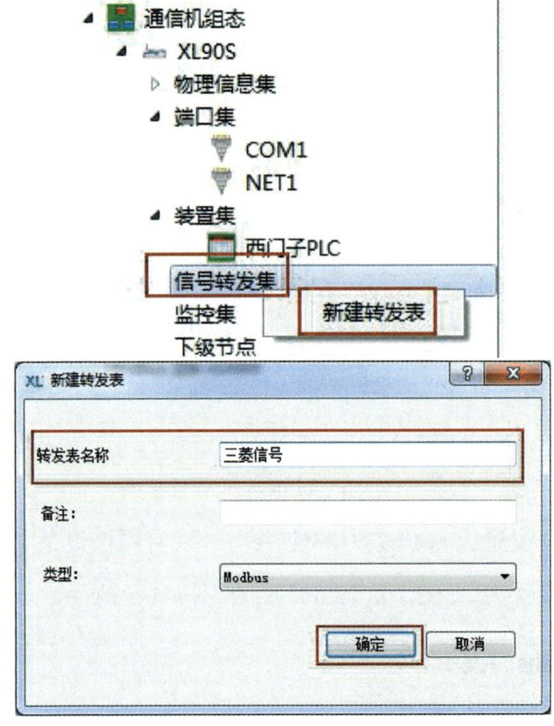

图4-1-28　新建转发表图示

新建转发表后，点击新建的三菱信号转发表，选择“三菱信号：遥脉”，选中可选数据对象下表中的对象，点击“增加”，把可选数据对象增加到已选数据对象列表中，如图4-1-29所示。

图4-1-29　增加转发对象

新建监控集：新建与三菱PLC有关的信号监控集，将其命名为“三菱信号发送给XL90S”，如图4-1-30所示。

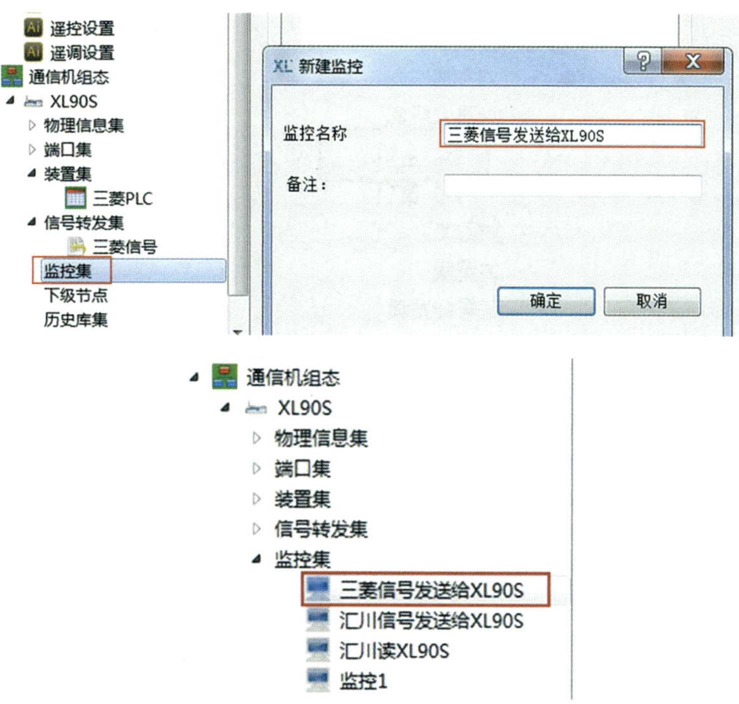

图4-1-30　新建监控集

配置监控集“三菱信号发送给XL90S”：监控状态设置为“开放”，关联的端口设置为“NET2”（项目三任务二中创建的汇川PLC通信端口），主监控A网IP设置为“192.168.12.31”，如图4-1-31所示。

监控属性：三菱信号发送给XL90S

	属性	
1	监控名称	三菱信号发送给XL90S
2	监控状态	开放
3	关联的转发表	三菱信号写
4	主站通信地址	1
5	从站通信地址	1
6	关联的端口	NET2
7	通信规约	Modbus 从站 v1.0.0.0
8	测量值转发类型	缺省
9	完整性上送周期(秒)	120
10	主监控A网IP	192.168.12.31
11	主监控B网IP	0.0.0.0
12	从监控A网IP	0.0.0.0
13	从监控B网IP	0.0.0.0

图4-1-31　配置监控集属性

在“通信机组态”菜单下，找到“物理信息集”，点击“主机”，如图4-1-32所示。

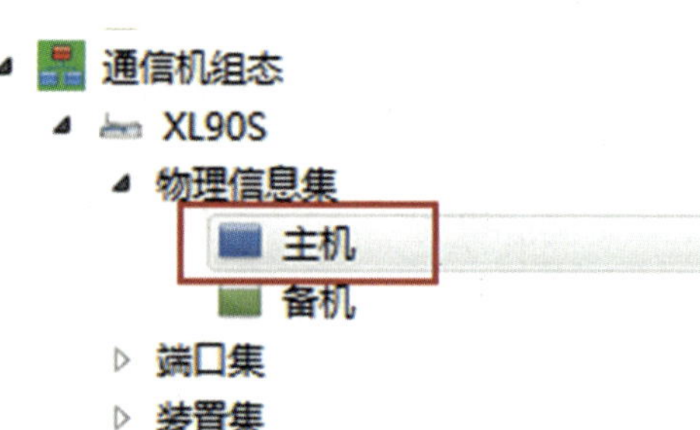

图4-1-32　进入物理信息集

设置主机的基本信息参数，并把网关的所有配置参数下载到智能网关中。①填写以太网IP为“192.168.12.39”，网关IP为“192.168.12.1”，子网掩码为“255.255.255.0”；②连接密码填写“888888”；③点击“保存参数”；④点击“连接”；⑤显示连接成功后，点击“生成配置”；⑥点击“下载配置”；⑦点击“下载程序”；⑧点击“重启装置”，重启后，配置的参数才生效。具体操作步骤如图4-1-33所示。

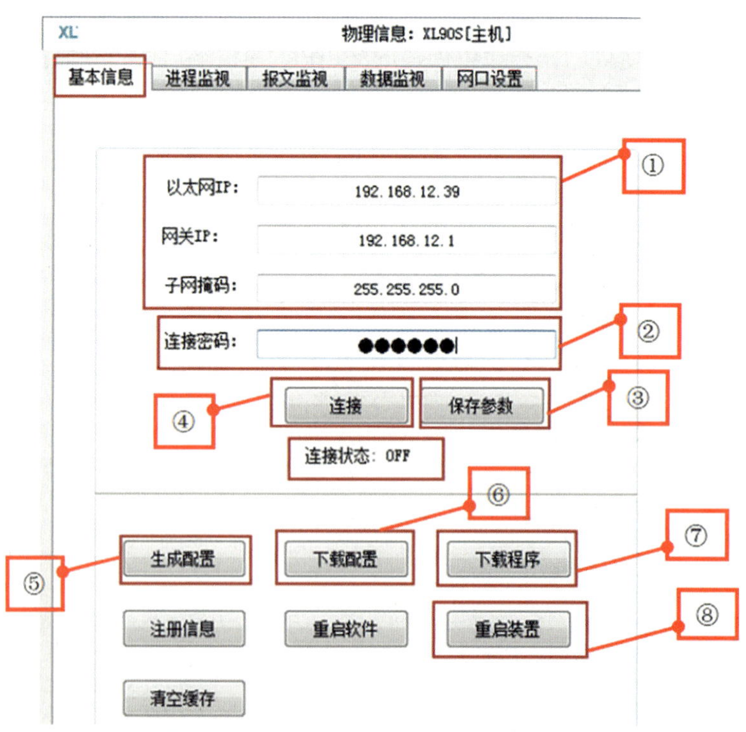

图4-1-33　设定物理信息集基本信息参数

任务考核

一、对任务实施的完成情况进行检查，并将结果填入表4-1-3内。

表4-1-3 项目四任务一自评表

序号	主要内容	考核要求	评分标准	配分/分	扣分/分	得分/分
1	三菱Q系列PLC编程软件GX Works2程序创建与硬件测试	正确描述各部分的名称，并完成网络安装，完成设备测试	（1）描述网络的组成有错误或遗漏，每处扣5分； （2）未完成网络安装，扣20分； （3）PLC编程软件GX Works2程序创建有误，每处扣5分； （4）硬件测试不成功，扣20分	40		
2	三菱Q系列PLC编程软件GX Works2组态配置	正确进行网络组态	（1）硬件组态遗漏或出错，每处扣5分； （2）网络参数表达不正确或参数设置不正确，每处扣2分	20		
3	智能网关通信配置项目创建	熟练、正确地将所编程序输入PLC；按照被控设备的动作要求进行调试，达到设计要求	（1）不能熟练操作PLC键盘输入指令扣2分； （2）不能用删除、插入、修改、存盘等命令，每项扣2分； （3）试车不成功扣20分	30		
4	安全文明生产	劳动保护用品穿戴整齐；遵守操作规程；讲文明，有礼貌；操作结束要清理现场	（1）操作中，违反安全文明生产考核要求的任何一项扣5分，扣完为止； （2）当发现学生有重大事故隐患时，要立即予以制止，并每次扣5分	10		
合计						
开始时间:			结束时间:			

二、根据考核评比要求，对考核内容进行多方评价，并将结果填入表4-1-4内。

表4-1-4　项目四任务一考核评价表

考核内容						
	考核评比要求		项目分值	自我评价	小组评价	教师评价
专业能力（60%）	工作准备的质量评估	（1）器材和工具、仪表的准备数量是否齐全，检验的方法是否正确； （2）辅助材料准备的质量和数量是否适用； （3）工作周围环境布置是否合理、安全	10			
	工作过程各个环节的质量评估	（1）做工的顺序安排是否合理； （2）计算机编程的使用是否正确； （3）图纸设计是否正确、规范； （4）导线的连接是否能够安全载流、绝缘是否安全可靠、放置是否合适； （5）安全措施是否到位	20			
	工作成果的质量评估	（1）程序设计是否功能齐全； （2）电器安装位置是否合理、规范； （3）程序调试方法是否正确； （4）环境是否整洁、干净； （5）其他物品是否在工作中遭到损坏； （6）整体效果是否美观	30			
综合能力（40%）	信息收集能力	基础理论；收集和处理信息的能力；独立分析和思考问题的能力；综述报告	10			
	交流沟通能力	编程设计、安装、调试总结；程序设计方案论证	10			
	分析问题能力	程序设计与线路安装调试基本思路、基本方法研讨；工作过程中处理程序设计	10			
	深入研究能力	将具体实例抽象为模拟安装调试的能力；相关知识的拓展与知识水平的提升；了解步进顺序控制未来发展的方向	10			
备注	强调项目成员注意安全规程及行业标准； 本项目可以小组或个人形式完成					

三、完成下列相关知识技能拓展题。

（1）汇川PLC和三菱PLC都是采取Modbus TCP通信的，从组态使用上说说两者的不同之处。

（2）在设定IP的过程中，下面IP的最后两位数分别代表什么意思？请完成下表4-1-5。

表4-1-5 IP地址最后两位数的含义

IP地址	IP地址中最后两位数的含义
192.168.12.39	
192.168.12.31	
192.168.12.32	
192.168.12.33	

三菱PLC与智能网关的CC-Link IE通信应用的编程与调试

学习目标

1. 掌握三菱Q系列PLC基于CC-Link IE总线Modbus TCP协议通信应用编程。
2. 掌握三菱Q系列PLC在线监控调试。
3. 掌握智能网关通信报文监控调试。
4. 了解Modbus TCP协议报文格式。
5. 掌握智能网关与三菱PLC的网络调试方法。
6. 掌握三菱PLC的Modbus TCP通信协议组态配置。
7. 掌握三菱PLC与智能网关的CC-Link IE通信应用的编程。

任务描述

本任务是基于三菱PLC与智能网关CC-Link IE的通信编程及调试的实训，通过编写通信程序，配合智能网关进行报文监控，通过分析监控到的报文，来判断通信网络是否搭建成功，信号传递是否正确。本任务中，三菱PLC作为服务端，智能网关作为客户端。

学习储备

三菱PLC与智能网关的CC-Link IE通信用到Modbus TCP通信协议（详见项目三任务二中的学习储备内容），下面我们主要了解三菱PLC的TCP通信指令。

1. TCP通信建立连接指令：SP.SOCOPEN

SP.SOCOPEN指令格式如图4-2-1所示。

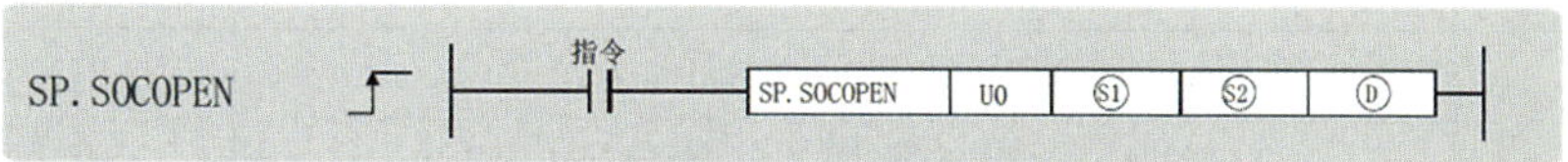

图4-2-1　SP.SOCOPEN指令格式

SP.SOCOPEN指令解析如表4-2-1所示。

表4-2-1　SP.SOCOPEN指令解析

设置数据	内容	设置方	数据类型
U0	虚拟	—	字符串
Ⓢ1	连接编号（设置范围1~16）	用户	BIN 16位
Ⓢ2	存储控制数据的软元件的起始编号	用户、系统	软元件名
Ⓓ	通过指令完成置为1个扫描ON的软元件的起始编号，异常完成时Ⓓ+1也置为ON	系统	位

SP.SOCOPEN指令程序举例如图4-2-2所示。

图4-2-2　SP.SOCOPEN指令程序举例

2. 内置以太网通信协议控制指令：SP.ECPRTCL

SP.ECPRTCL指令格式如图4-2-3所示。

图4-2-3　SP.ECPRTCL指令格式

SP.ECPRTCL指令解析如表4-2-2所示。

表4-2-2 SP.ECPRTCL指令解析

设置数据	内容	数据类型
U0	虚拟	字符串
S1	连接编号（设置范围1～16）	BIN 16位
S2	连续协议执行的数量（设置范围1～8）	BIN 16位
S3	存储控制数据的软元件的起始编号	软元件名
D	通过指令完成置为1个扫描ON的软元件的起始编号，异常完成时Ⓓ+1也置为ON	位

SP.ECPRTCL指令程序举例如图4-2-4所示。

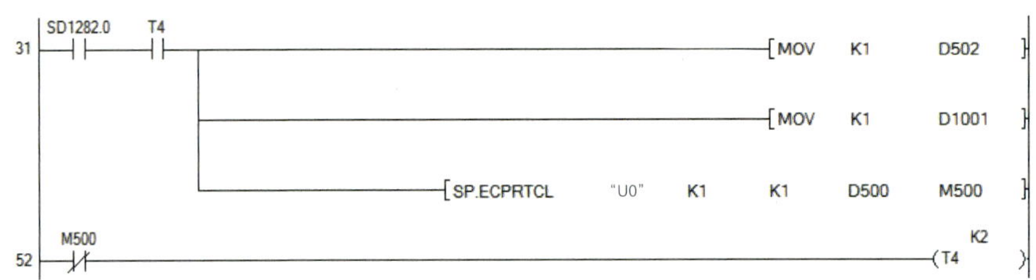

图4-2-4 SP.ECPRTCL指令程序举例

3. TCP通信断开连接指令：SP.SOCCLOSE

SP.SOCCLOSE指令格式如图4-2-5所示。

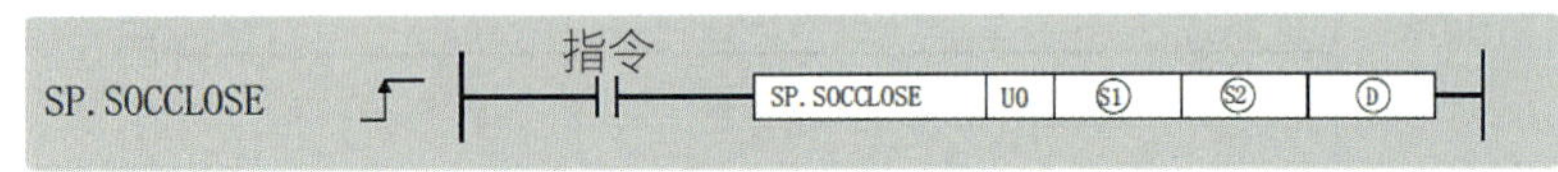

图4-2-5 SP.SOCCLOSE指令格式

SP.SOCCLOSE指令解析如表4-2-3所示。

表4-2-3 SP.SOCCLOSE指令解析

设置数据	内容	设置方	数据类型
U0	虚拟	—	字符串
Ⓢ1	连接编号（设置范围1~16）	用户	BIN 16位
Ⓢ2	存储控制数据的软元件的起始编号	系统	软元件名
Ⓓ	通过指令完成置为1个扫描ON的软元件的起始编号，异常完成时Ⓓ+1也置为ON	系统	位

SP.SOCCLOSE指令程序举例如图4-2-6所示。

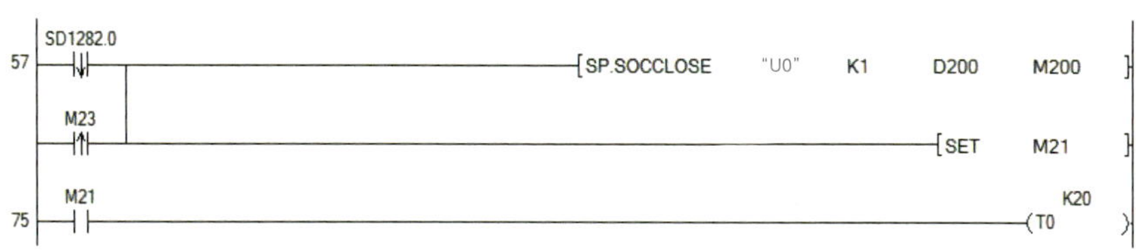

图4-2-6 SP.SOCCLOSE指令程序举例

一、TCP通信程序编写及下载

（1）创建程序项目（参考任务一）后，在MAIN程序块下编写TCP通信程序，程序内容主要分为三部分：①建立通信连接；②内置以太网通信协议控制；③断开通信连接。TCP通信程序举例如图4-2-7所示。

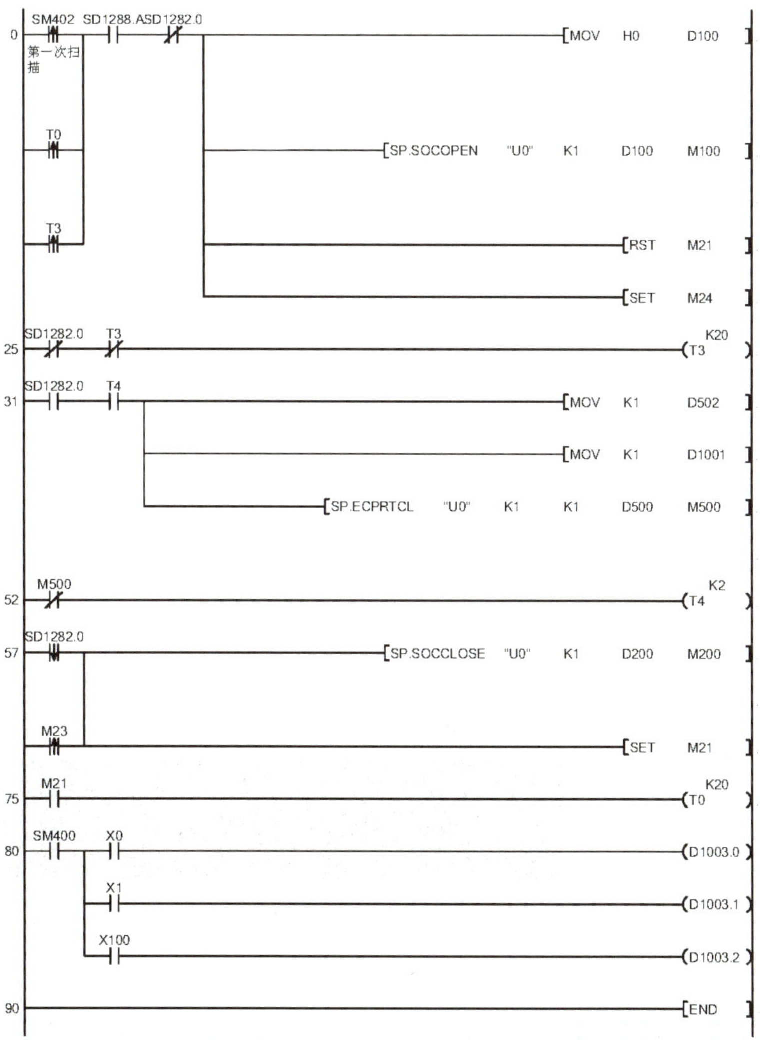

图4-2-7 TCP通信程序举例

（2）程序编写完成后，点击“ ”下载图标，选择全部程序，进行下载，如图4-2-8所示。

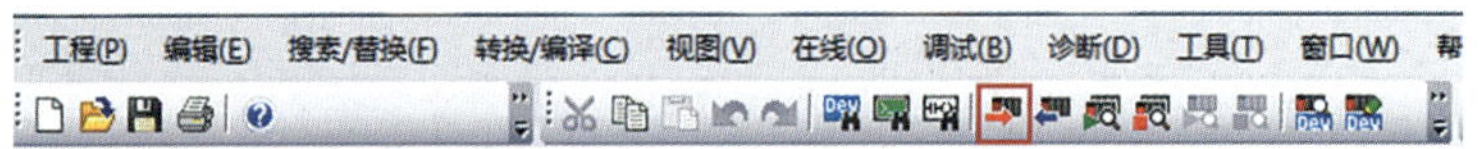

图4-2-8　程序下载操作

二、在线监控程序及报文

（1）三菱PLC程序在线监控。点击“ ”在线监控按钮，如图4-2-9所示。

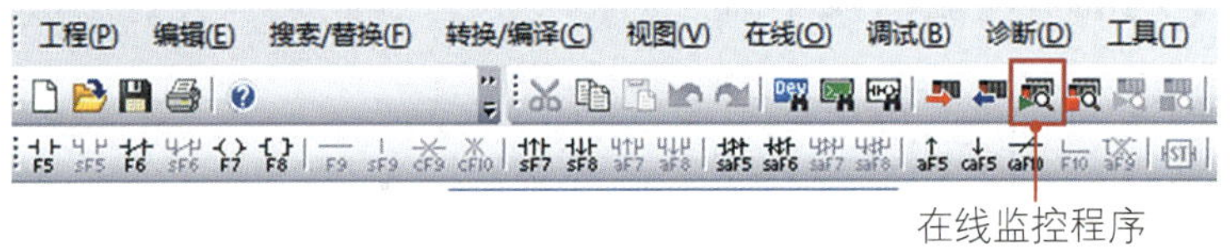

图4-2-9　监控程序操作

（2）智能网关在线监控接收的和发送的报文。点击“通信机组态”下的“主机”，连接成功后，选择“报文监视”，物理端口选择为“NET3”（本项目任务一建立的与三菱PLC通信端口），点击“监视（启动）”，开启通信报文的监控，如图4-2-10所示。

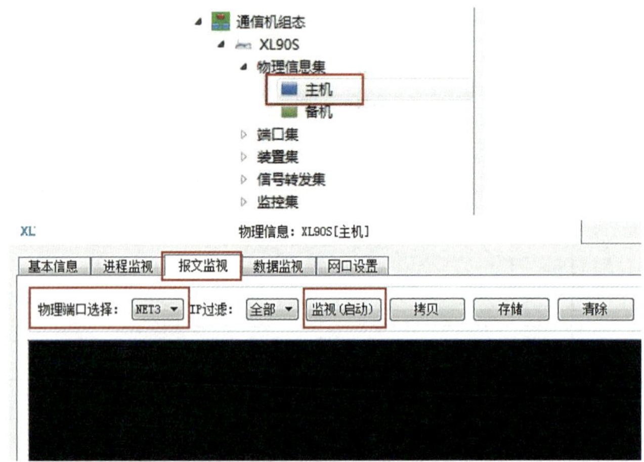

图4-2-10　开启NET3的通信报文的监控

（3）分析报文。对智能网关监控到的报文进行分析解读，通信报文的监控正常画面如图4-2-11所示。

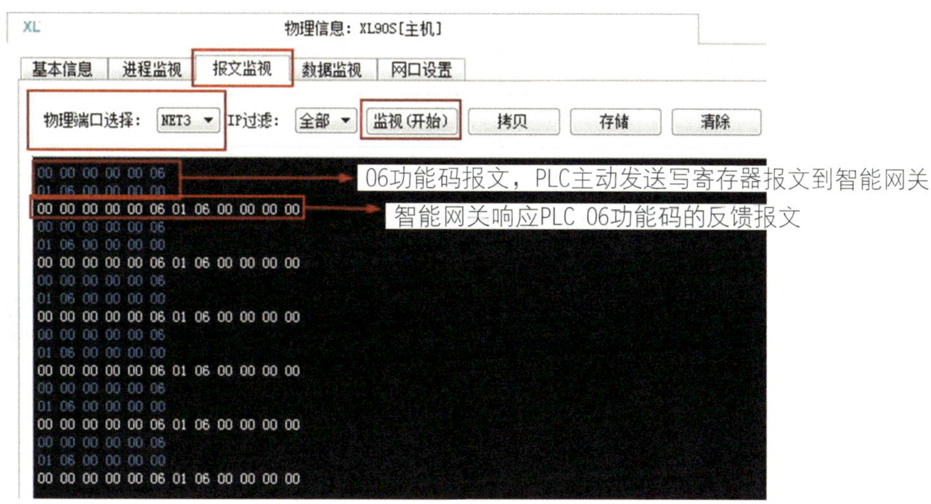

图4-2-11　通信报文的监控正常画面

监控到的发送报文“00 00 00 00 00 06 01 06 00 00 00 00”的解析如表4-2-4所示。

表4-2-4　发送报文解析

报文	00 00 00 00	00 06	01	06	00 00	00 00
解析	报文头	字节数	站号	功能码	寄存器起始地址	写内容

监控到的反馈报文“00 00 00 00 00 06 01 06 00 00 00 00”的解析如表4-2-5所示。

表4-2-5　反馈报文解析

报文	00 00 00 00	00 06	01	06	00 00	00 00
解析	报文头	字节数	站号	功能码	寄存器起始地址	写内容

对报文进行分析解读后，判断通信报文正常，证明三菱PLC与智能网关通信网络建立成功。

任务考核

一、对任务实施的完成情况进行检查，并将结果填入表4-2-6内。

表4-2-6 项目四任务二自评表

序号	主要内容	考核要求	评分标准	配分/分	扣分/分	得分/分
1	PLC程序编写	TCP建立通信连接	（1）掌握SP.SOCOPEN指令的引用方法，10分； （2）懂得SP.SOCOPEN指令的综合程序配套设置，20分	30		
		内置以太网通信协议控制	（1）掌握SP.ECPRTCL指令的引用，10分； （2）懂得SP.ECPRTCL指令的综合程序配套设置，20分	30		
		TCP通信断开连接	（1）掌握SP.SOCCLOSE指令的引用方法，10分； （2）懂得SP.SOCCLOSE指令的综合程序配套设置，20分	30		
2	安全文明生产	劳动保护用品穿戴整齐；遵守操作规程；讲文明，有礼貌；操作结束要清理现场	（1）操作中，违反安全文明生产考核要求的任何一项扣5分，扣完为止； （2）当发现学生有重大事故隐患时，要立即予以制止，并每次扣5分	10		
合计						
开始时间:			结束时间:			

二、根据考核评比要求，对考核内容进行多方评价，并将结果填入表4-2-7内。

表4-2-7　项目四任务二考核评价表

考核内容						
	考核评比要求		项目分值	自我评价	小组评价	教师评价
专业能力（60%）	工作准备	（1）设备选定是否正确； （2）工作周围环境布置是否合理、安全	10			
	指令的理解与应用	（1）指令结构的理解是否正确； （2）程序的编辑方法是否正确； （3）环境是否整洁、干净	50			
综合能力（40%）	信息收集能力	收集和处理信息的能力；独立分析和思考问题的能力	10			
	交流沟通能力	程序设计方案讨论	10			
	分析问题能力	软件设定过程的应变；程序多样变化的处理	10			
	深入研究能力	相关知识的拓展与提升	10			
备注	强调项目成员注意安全规程及行业标准； 本项目可以小组或个人形式完成					

三、完成下列相关知识技能拓展题。

分小组对程序进行简化并验证，以加深对指令的理解。

三菱CC-Link IE远程IO配置与调试

学习目标

1. 熟悉CC-Link IE远程IO模块的配置组态。
2. 熟悉三菱Q系列PLC 基于CC-Link IE总线远程IO的网络组态。
3. 掌握三菱Q系列PLC与CC-Link IE远程IO模块的编程调试。
4. 掌握CC-Link IE远程IO模块的应用场合。
5. 掌握三菱PLC与CC-Link IE远程IO模块的网络组态、编程调试技术。

任务描述

本任务是基于三菱CC-Link IE的远程IO模块组态及编程调试的实训，通过三菱PLC的GX Works2编程软件组态三菱CC-Link IE远程IO，并通过简单的IO程序来验证远程IO模块组态是否正确。

学习储备

（1）CC-Link IE是基于工业以太网的开放式网络，以无缝通信实现从控制到生产的所有数据传送。其特点有：

①高速通信可缩短生产节拍时间，使控制间隔得以稳定，有助于提高品质；

②实现生产现场的实时信息收集；

③具有支持高级运动控制的同步性能；

④无缝连接TCP/IP通信设备。

（2）三菱PLC、智能网关与编程电脑通过网线和交换机连接在同一个局域网内，网络搭建硬件框图如图4-3-1所示。

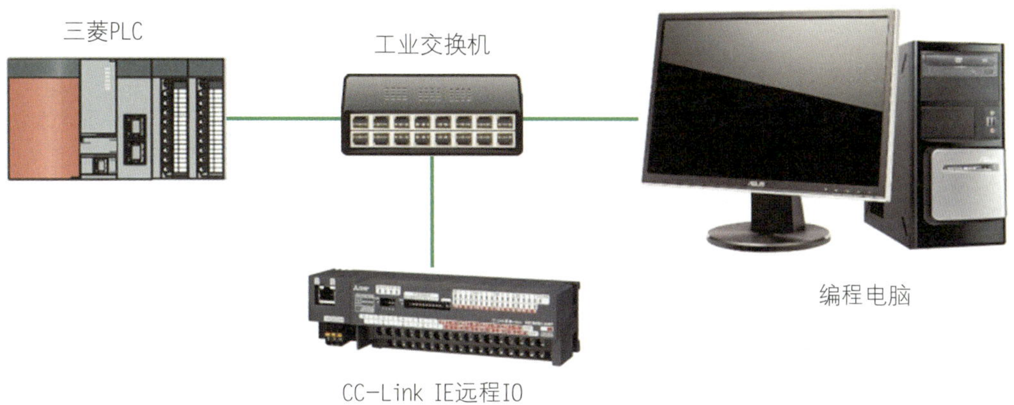

图4-3-1　三菱PLC与CC-Link IE远程IO模块网络搭建硬件框图

任务实施

一、三菱CC-Link IE远程IO模块组态

创建组态程序项目（参考任务一）后，进入PLC参数设置窗口，选择“内置以太网端口设置”选项卡，点击“CC-Link IEF Basic设置”，如图4-3-2所示。

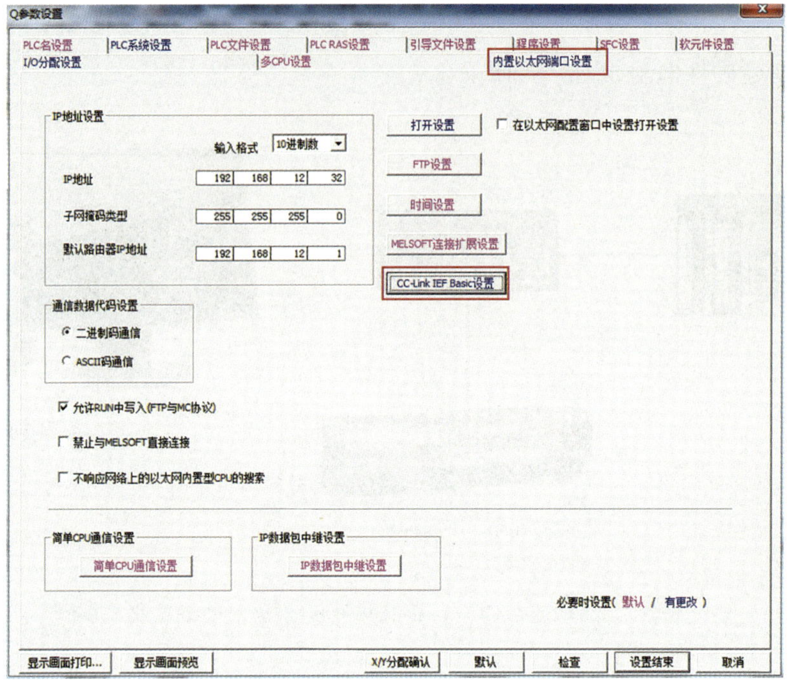

图4-3-2 “内置以太网端口设置”选项卡

CC-Link IE远程IO模块配置IO地址：勾选“使用CC-Link IEF Basic”，分别设置X、Y、M、D的地址范围，如图4-3-3所示。

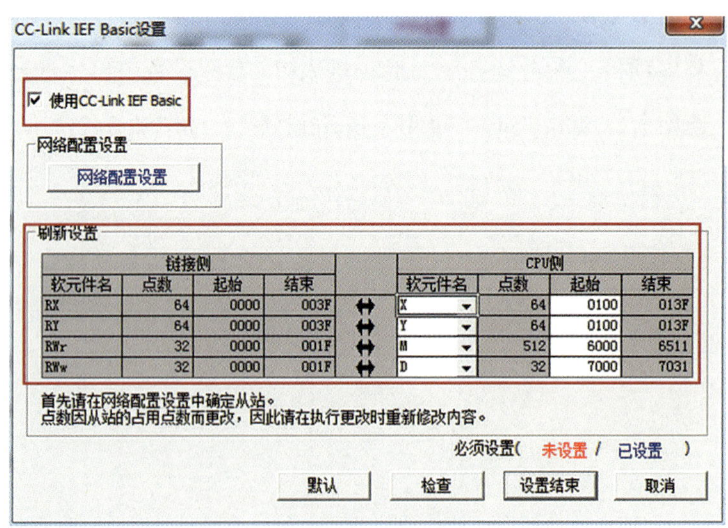

图4-3-3 远程IO模块配置IO地址（一）

在“CC-Link IEF Basic设置”窗口中，点击“网络配置设置”，在模块列表中，打开“I/O组合模块”菜单，找到“NZ2MFB1-32DT”，点击并拖动到左侧的网络组态窗口内，如图4-3-4所示。

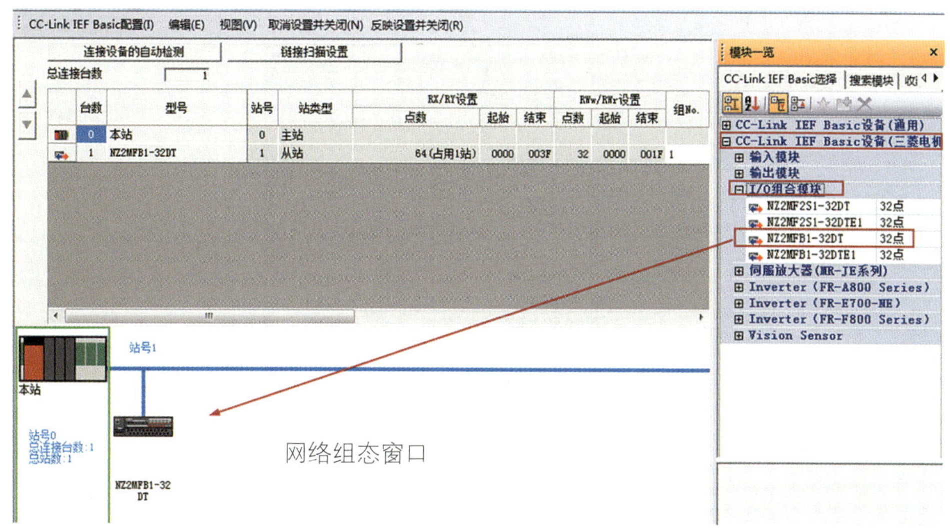

图4-3-4　远程IO模块配置IO地址（二）

点击“CC-Link IEF Basic配置”选项卡，在下拉菜单中找到“在线”，选择“反映从站的通信设置”来下载已经配置好的网络组态，然后点击“反映设置并关闭”，如图4-3-5所示。

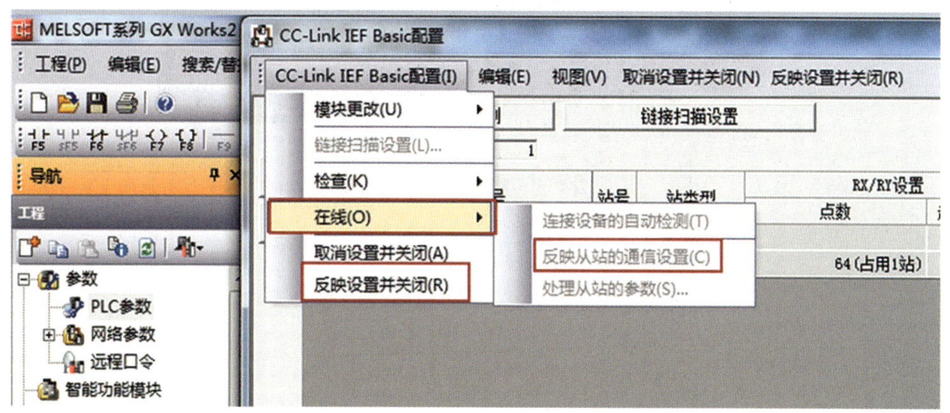

图4-3-5　远程IO模块配置IO地址（三）

二、下载PLC程序与调试

（1）下载PLC程序，下载完成后，断开PLC及远程IO电源，重新上电，让组态生效。重新启动后，点击“ ”在线监控，对程序进行调试。

（2）调试验证远程IO是否组态成功，点击更改软元件当前值菜单按钮“ ”，软元件/标签填入“Y100”，点击“ON”，再点击“执行结果”，如图4-3-6所示。

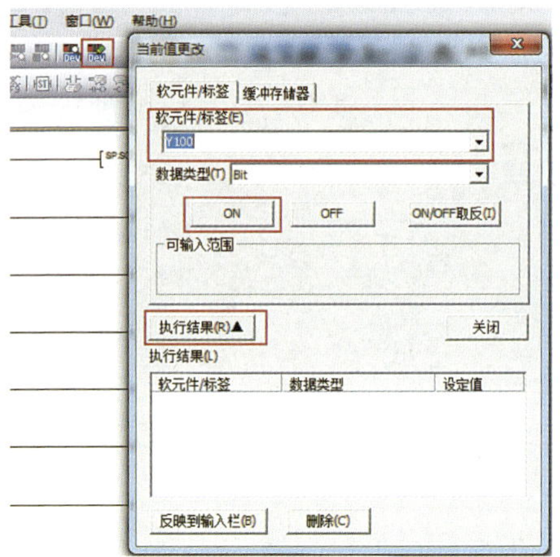

图4-3-6　设置软元件

（3）强制Y100地址值为1后，观察CC-Link IE IO模块的对应输出点指示灯是否亮起，若亮起，证明远程IO组态成功，如图4-3-7所示。

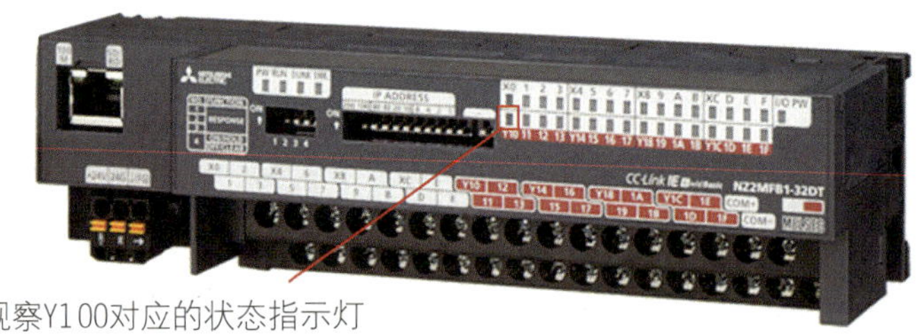

图4-3-7　观察指示灯

任务考核

一、对任务实施的完成情况进行检查，并将结果填入表4-3-1内。

表4-3-1 项目四任务三自评表

序号	主要内容	考核要求	评分标准	配分/分	扣分/分	得分/分
1	三菱CC-Link IE远程IO模块组态	正确完成组态的各项设置	（1）无法进入PLC参数设置窗口，扣10分 （2）以太网端口设置错误，扣10分； （3）CC-Link IEF Basic设置错误，扣10分； （4）错误设置X/Y/M/D的地址范围，扣10分； （5）网络配置设置错误，扣5分； （6）不能反映从站的通信设置，扣5分	50		
2	PLC程序下载与监控	正确下载程序，并在线监控，对程序进行调试	（1）不能熟练操作 PLC 键盘输入指令，扣10分； （2）不能用PLC程序监控，扣10分； （3）不能用智能网关报文监控，扣10分； （4）不能解释modbus TCP报文，扣10分	40		
3	安全文明生产	劳动保护用品穿戴整齐；遵守操作规程；讲文明，有礼貌；操作结束要清理现场	（1）操作中，违反安全文明生产考核要求的任何一项扣5分，扣完为止； （2）当发现学生有重大事故隐患时，要立即予以制止，并每次扣5分	10		
合计						
开始时间:			结束时间:			

二、根据考核评比要求，对考核内容进行多方评价，并将结果填入表4-3-2内。

表4-3-2　项目四任务三考核评价表

考核内容						
	考核评比要求		项目分值	自我评价	小组评价	教师评价
专业能力（60%）	工作准备的质量评估	（1）设备选定是否正确； （2）工作周围环境布置是否合理、安全	10			
	工作过程各个环节的质量评估	（1）对控制要求是否正确理解； （2）工序安排是否合理； （3）软件的使用是否正确； （4）安全措施是否到位	20			
	工作成果的质量评估	（1）程序设计是否功能齐全； （2）程序调试方法是否正确； （3）环境是否整洁、干净	30			
综合能力（40%）	信息收集能力	收集和处理信息的能力；独立分析和思考问题的能力	10			
	交流沟通能力	程序设计方案讨论	10			
	分析问题能力	软件设定过程的应变；程序多样变化的处理	10			
	深入研究能力	相关知识的拓展与提升	10			
备注	强调项目成员注意安全规程及行业标准； 本项目可以小组或个人形式完成					

三、完成下列相关知识技能拓展题。

在CC-Link IE远程IO模块配置IO地址设定中（参考图4-3-3），RX、RY、RWr、RWw 分别代表什么？

项目五

基于工业网络系统的智能制造生产线的安装与调试

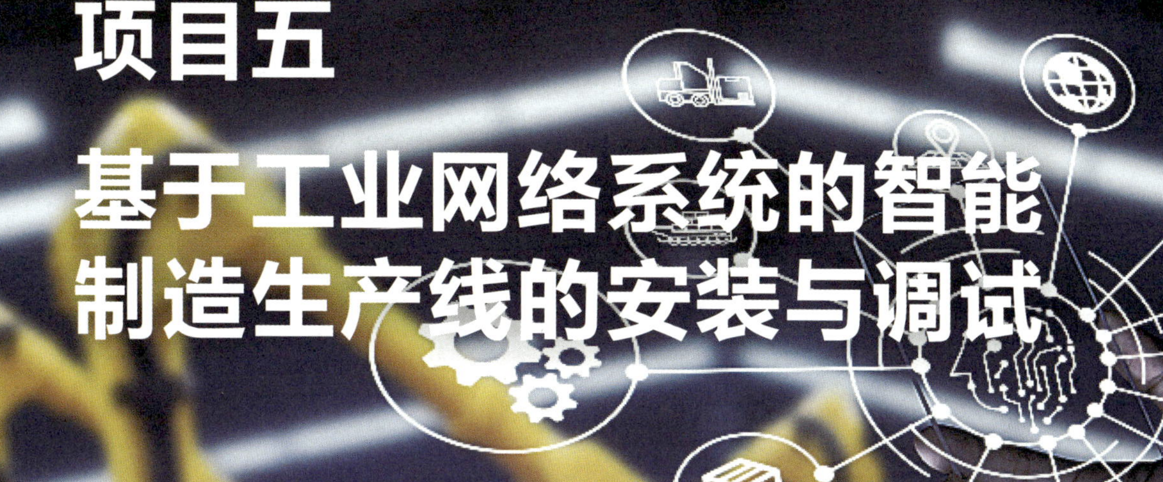

项目导入

在分别学习了ProfiNet、EtherCAT、Modbus TCP、CC-Link等工业网络协议之后，读者对每个工业网络协议的设备组态方法、网络控制系统的编程与调试方法有了比较深入的认识。

本项目考虑目前工业网络控制系统的典型工作应用场景，结合工业网络实训平台的设备基础，选取以下几种典型工作场景的编程与调试任务作为本项目的学习任务：

任务一　基于工业网络系统的颗粒上料工作站编程与调试

任务二　基于工业网络系统的加盖拧盖工作站编程与调试

任务三　基于工业网络系统的检测分拣工作站编程与调试

以上三个任务，每个任务中分别有系统关键元器件调试、工业网络组建、电气连接、程序设计等内容与环节。

希望通过本项目中各任务的学习，读者能在真实的工业网络控制系统项目中，综合应用从项目一至项目四中所学到的知识与技能，完成对典型互联网控制系统的装配、编程、调试、检修与维护工作任务，深刻理解并熟练掌握ProfiNet、EtherCAT、Modbus TCP、CC-Link等工业网络协议的应用方法。

基于工业网络系统的颗粒上料工作站编程与调试

学习目标

1. 熟练掌握西门子PLC及其分布式IO、汇川PLC、三菱PLC及其远程IO、智能网关的组态编程要点。
2. 认识颗粒上料工作站的组成，以及模型上的传感器、执行器的工作原理。
3. 了解颗粒上料工作站工业网络控制的工艺流程。
4. 认识颗粒上料工作站的元器件，掌握该模型工业网络控制的接线方法。
5. 掌握颗粒上料工作站工业网络控制的程序编写及调试。
6. 掌握西门子PLC、汇川PLC、三菱PLC与智能网关的综合网络配置方法。

任务描述

本任务是以颗粒上料工作站为实训载体，基于工业网络通信应用的实训任务。我们将编写颗粒上料工作站控制程序，运用由西门子PLC、汇川PLC、三菱PLC和智能网关组成的工业网络配合控制颗粒上料工作站。

西门子PLC（模拟从站1）控制主要部分包括颗粒上料机构、颗粒筛选皮带等；汇川PLC（模拟从站2）控制空瓶子输送机构；三菱PLC（模拟远程主站）对模型的启动、停止和复位进行控制。西门子PLC与分布式IO构成一个子网络，分布式IO模拟远程IO站。三菱PLC与CC-Link IE远程IO也构成一个子网络，CC-Link IE模拟远程IO站。

一、颗粒上料实训模块组成

颗粒上料实训模块如图5-1-1所示，其主体由循环选料机构、物料填装机构、瓶子传送及定位机构组成。循环选料机构将物料由颗粒料筒推出到颗粒筛选皮带上，并经由光纤传感器识别出物料颜色。物料填装机构吸取循环选料机构选出的物料，并将其搬运到瓶子传送及定位机构上的瓶子上。

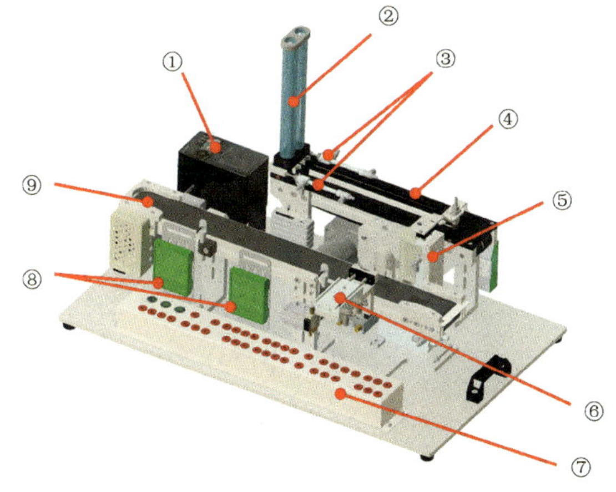

图5-1-1　颗粒上料实训模块图解

二、循环选料机构说明

循环选料机构的介绍详见项目二任务三“任务实施”中的内容。

三、光纤传感器

光纤传感器的介绍详见项目二任务三“学习储备”中的内容。

四、磁性接近开关

磁性接近开关的介绍详见项目二任务三“学习储备”中的内容。

五、FR-D700变频器

FR-D700变频器的介绍详见项目二任务三“学习储备”中的内容。

六、气动执行元件

1. 普通气缸

普通气缸是指缸筒内只有一个活塞和一个活塞杆的气缸，基本结构包括缸筒、活塞杆、活塞、导向套、前后缸盖及密封等。根据工作原理不同可将其分为单作用气缸和双作用气缸。气缸的图形符号如图5-1-2所示。

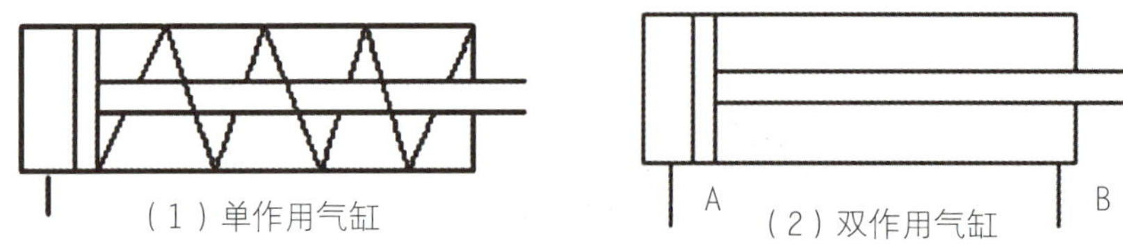

图5-1-2　普通气缸

单作用气缸的工作原理：当给气缸的进气口通入足够压力的压缩空气时，气缸活塞杆会克服与气缸内腔的摩擦阻力而向外伸出，当进气口的空气撤掉时，气缸会在复位弹簧的作用下缩回原位。

双作用气缸的工作原理：当压缩空气从A口进气时，即A口为进气口，B口为出气口，气缸向外伸出；当压缩空气从B口进气时，即B口为进气口，A口为出气口，气缸缩回。

2. 摆动气缸

摆动气缸是利用压缩空气驱动输出轴在一定角度范围内做往复回转运动的气动执行元件，用于物体的转位、翻转、分类、夹紧，阀门的开闭以及机器人的手臂动作等。其图形符号和结构原理如图5-1-3所示。

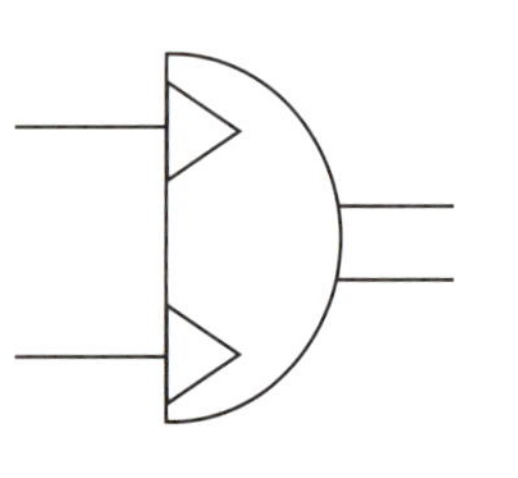

图5-1-3　摆动气缸

摆动气缸用内部止动块或外部挡块来改变其摆动角度。气压作用在叶片上，带动转轴回转，并输出力矩。

3. 真空发生器和真空吸盘

真空发生器根据喷射器原理产生真空。当压缩空气从进气口1流向排气口3时，在真空口1 V上就会产生真空。吸盘与真空口1 V连接。如果在进气口1无压缩空气，则抽空过程就会停止。吸盘与真空发生器连接，可用来抓取物体。真空发生器和真空吸盘的图形符号如图5-1-4所示。

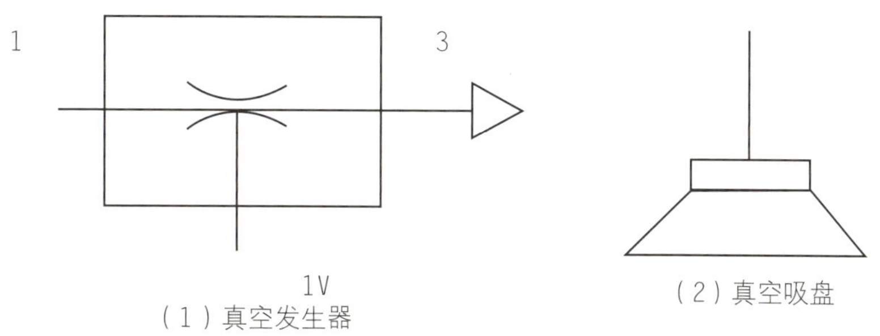

图5-1-4 真空发生器和真空吸盘

七、气动控制元件

1. 单向节流阀

单向节流阀是由单向阀和节流阀并联而成的流量控制阀，常用于控制气缸的运动速度。单向阀的功能是靠单向型密封圈来实现的。单向节流阀的图形符号和外观形状如图5-1-5所示。

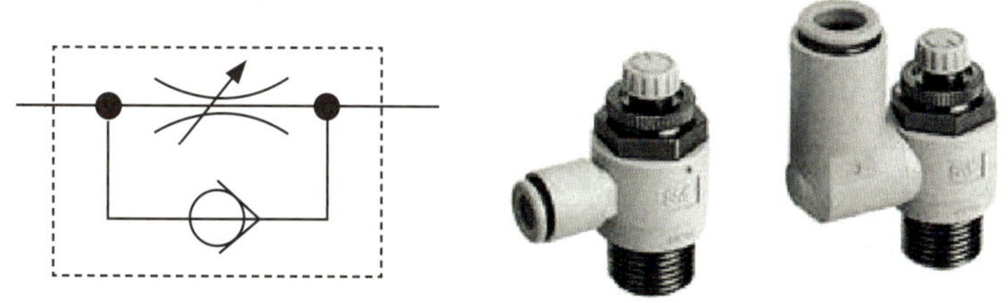

图5-1-5 单向节流阀

2. 单电控二位五通换向阀

单电控二位五通换向阀的图形符号和外观形状如图5-1-6所示。

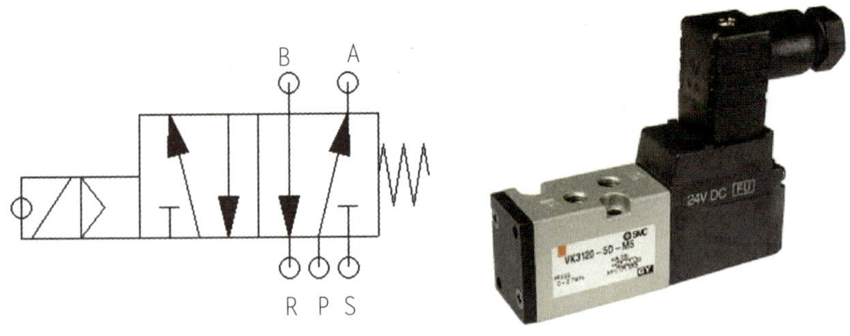

图5-1-6　单电控二位五通换向阀

电磁线圈得电，单电控二位五通换向阀的P口与B口接通，A口向S口排气。电磁线圈失电，单电控二位五通换向阀在弹簧作用下复位，则P口与A口接通，B口向R口排气。

一、任务准备

根据表5-1-1的材料清单，清点与确认实施本任务教学所需的实训设备及工具。

表5-1-1　项目五中任务一实验需要的主要设备及工具

设备	数量	单位
S7-1200 CPU（1214C）	1	台
SM1223 IO扩展模块	1	台
西门子ProfiNet远程模块：IM155-6PN	1	台
分布式输入点模块：DI 8×24VDC ST	1	台
分布式输出点模块：DQ 8×24VDC/0.5A BA	1	台
汇川AM400系列PLC：AM401-CPU1608TP	1	台
汇川电源模块：AM600PS2	1	台
三菱PLC：Q03UDVCPU	1	台
三菱电源模块：Q61P	1	台
三菱IO模块：QX48Y57（8输入/7输出 共阳极）	1	台
三菱CC-Link主站模块：QJ61BT11N	1	台
三菱远程IO模块：NZ2MFB1-32DT	1	台
颗粒上料模型单元　SX-IM818F-D1	1	套

（续表）

设备	数量	单位
交换机	1	台
RJ45接头网线	2	条
XL90智能网关	1	套
装有Portal V13的个人电脑	1	台
工具	数量	单位
万用表	1	台
2 mm一字水晶头小螺丝刀	1	支
6 mm十字螺丝刀	1	支
6 mm一字螺丝刀	1	支
六角扳手组	1	套
试电笔	1	支

二、关键部分调试

1. 光纤传感器调试

光纤传感器具体的调试步骤详见项目二任务二“系统调试”中的内容。

2. 电磁阀调试

电磁阀的调试步骤详见项目二任务三“系统调试”中的内容。

3. 节流阀调试

节流阀的调试步骤详见项目二任务三“系统调试”中的内容。

4. 磁性开关调试

磁性开关的调试步骤详见项目二任务三“系统调试”中的内容。

5. 变频器调试

FR-D700变频器的参数设置详见项目二任务三“系统调试”中的内容。

6. 循环选料机构的调试

循环选料机构的调试介绍详见项目二任务三“系统调试”中的内容。

7. 物料填装机构调试

（1）传感器调试：填装机构的上下、左右限位参考磁性开关的调试进行调试。吸盘填装时传感器检测位置为吸盘填装进入料瓶的1/5处，传感器能感应到的位置。

（2）物料填装机构位置调试：填装机构位置包括取料位和填装位，如图5-1-7、图5-1-8所示。取料位应与循环输送带反转后的物料停止位置一致，吸盘下行取料时应正对物料中心，如有偏差，可以调整整个填装机构的位置（偏差较大时），也可以调节旋转气缸的调整螺栓（偏差较小时）。填装位为定位气缸顶住物料瓶，吸盘吸住的物料块正好在瓶口中心的正上方的位置，如有偏差，可以调整整个填装机构的位置（偏差较大时），也可以调节旋转气缸的调整螺栓（偏差较小时），如图5-1-9所示。

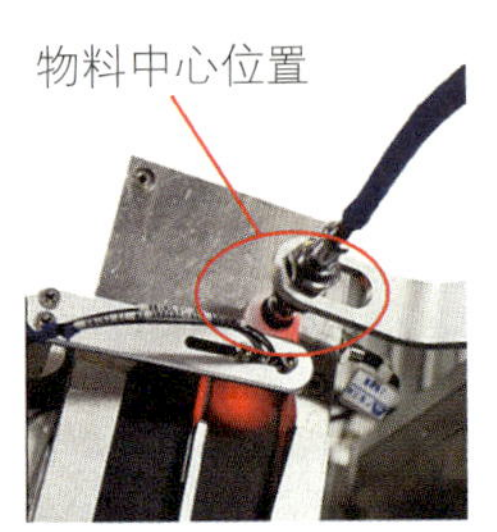

图5-1-7　取料位调试

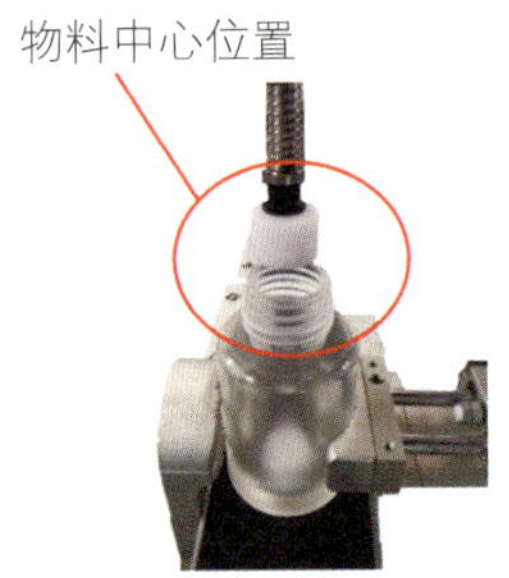

图5-1-8　填装位调试

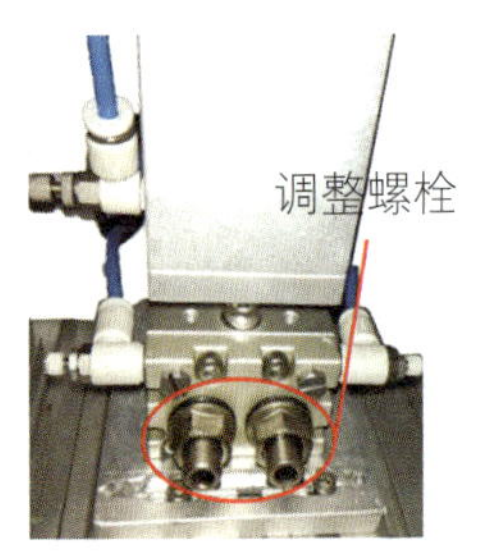

图5-1-9　旋转气缸调试

三、网络拓扑与接线

对西门子PLC、西门子分布式IO、汇川PLC、三菱PLC、三菱CC-Link IE远程IO、智能网关与编程电脑的局域网进行搭建，通过网线和工业交换机将其连接在同一个局域网里，网络搭建如图5-1-10所示。

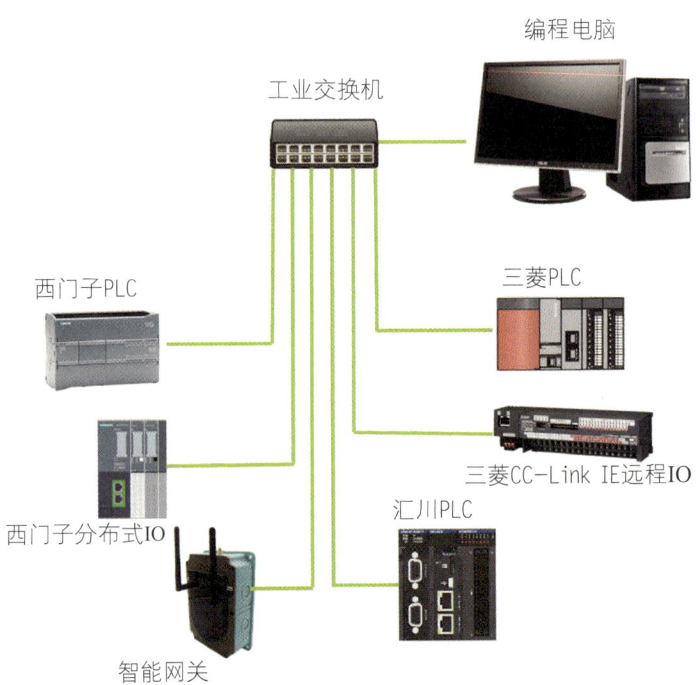

图5-1-10　网络搭建

网络IP地址分配如图5-1-11所示。

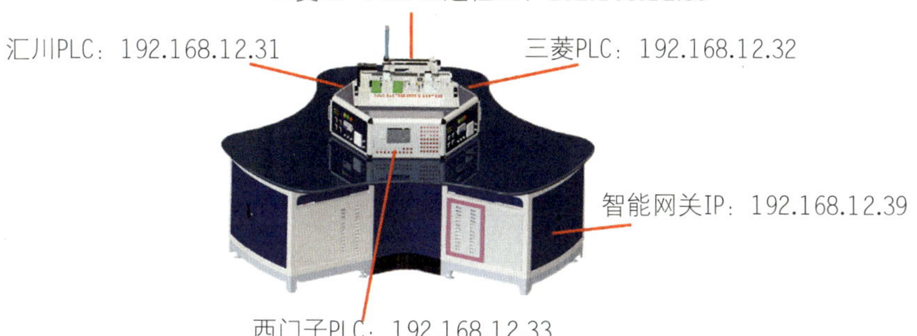

图5-1-11 工作台网络IP地址分配

四、颗粒上料工作站I/O地址分配

颗粒上料工作站的西门子PLC及西门子分布式IO模块 I/O地址分配如表5-1-2所示。

表5-1-2 西门子系统IO表

西门子PLC I/O地址分配		
PLC地址	功能描述	对应接口盒接点
I0.0	填装颗粒位传感器	填装位
I0.1	颗粒到位传感器	颗粒到位
I0.2	料筒A检测传感器	料筒A
I0.3	料筒B检测传感器	料筒B
I0.4	颜色A检测传感器	颜色A
I0.5	颜色B检测传感器	颜色B
I0.7	升降气缸上限位	升降上
I1.0	升降气缸下限位	升降下
I1.1	推料气缸A前限位	推料A前
I1.2	推料气缸B前限位	推料B前
I1.3	旋转气缸左限位	旋转左
I1.4	旋转气缸右限位	旋转右
I1.5	吸盘填装限位	吸盘填装
Q0.0	旋转气缸电磁阀	旋转
Q0.1	升降气缸电磁阀	升降

（续表）

西门子PLC I/O地址分配		
Q0.3	吸盘电磁阀	吸盘
Q0.4	推料A电磁阀	推料A
Q0.5	推料B电磁阀	推料B
Q2.0	上料皮带电机正转	电机正转
Q2.1	上料皮带电机反转	电机反转
Q2.2	上料皮带电机高速	电机高速
Q2.3	上料皮带电机中速	电机中速
Q2.4	上料皮带电机低速	电机低速
西门子分布式IO模块 I/O地址分配		
PLC地址	功能描述	对应接口盒接点
I10.0	进料传感器	上料

颗粒上料工作站的三菱PLC及三菱CC-Link IE远程IO模块 I/O地址分配如表5-1-3所示。

表5-1-3　三菱系统IO表

三菱PLC I/O地址分配		
PLC地址	功能描述	对应接口盒接点
X0	启动按钮	启动
X1	停止按钮	停止
三菱CC-Link IE远程IO模块I/O地址分配		
PLC地址	功能描述	对应接口盒接点
X100	复位按钮	复位

颗粒上料工作站的汇川PLC的 I/O地址分配如表5-1-4所示。

表5-1-4　汇川系统IO表

汇川PLC I/O地址分配		
PLC地址	功能描述	对应接口盒接点
iX0.5	填装颗粒位传感器	填装位
iX0.6	上料位后（定位气缸后限）	上料位后
qX0.2	定位气缸电磁阀	定位
qX0.6	主皮带运行	主皮带

五、颗粒上料工作站接线

1. 西门子PLC部分

接口盒电源部分迭对插头连线如图5-1-12所示。

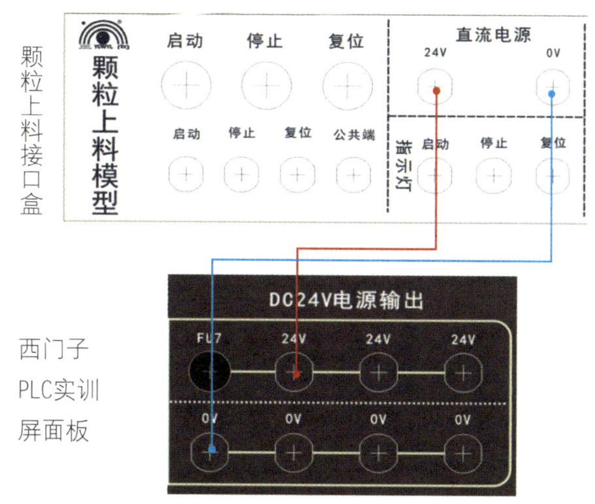

图5-1-12　接口盒电源部分接线

西门子PLC公共端迭对插头接线如图5-1-13所示。

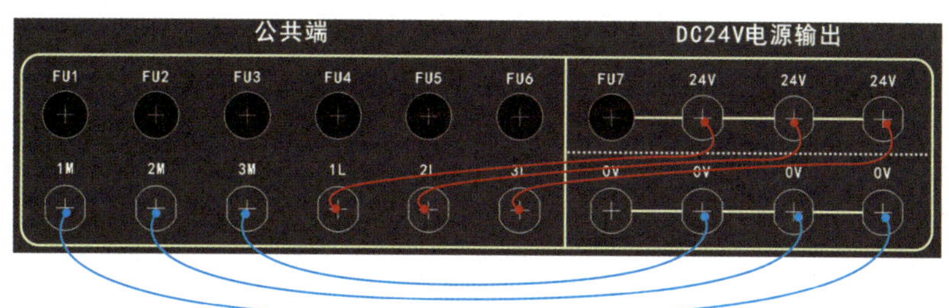

图5-1-13　西门子PLC公共端接线

西门子PLC输入点、输出点与西门子分布式IO部分迭对插头连线如表5-1-5～表5-1-7所示。

表5-1-5　西门子PLC输入点部分迭对插头连线表

颗粒上料接口盒插孔	迭对插头连线	西门子PLC实训屏面板插孔
颗粒到位	●————●	I0.1
料筒A	●————●	I0.2
料筒B	●————●	I0.3
颜色A	●————●	I0.4
颜色B	●————●	I0.5

（续表）

颗粒上料接口盒插孔	迭对插头连线	西门子PLC实训屏面板插孔
升降上	●——●	I0.7
升降下	●——●	I1.0
推料A前	●——●	I1.1
推料B前	●——●	I1.2
旋转左	●——●	I1.3
旋转右	●——●	I1.4
吸盘填装	●——●	I1.5

表5-1-6　西门子PLC输出点部分迭对插头连线表

颗粒上料接口盒插孔	迭对插头连线	西门子PLC实训屏面板插孔
变频公共	●——●	0V
电机正转	●——●	Q2.0
电机反转	●——●	Q2.1
电机高速	●——●	Q2.2
电机中速	●——●	Q2.3
电机低速	●——●	Q2.4
旋转	●——●	Q0.0
升降	●——●	Q0.1
吸盘	●——●	Q0.3
推料A	●——●	Q0.4
推料B	●——●	Q0.5
启动（指示灯）	●——●	Q1.0
停止（指示灯）	●——●	Q1.1
复位（指示灯）	●——●	Q1.2

表5-1-7　西门子分布式IO部分迭对插头连线表

远程IO模块面板插孔	迭对插头连线	西门子PLC实训屏面板插孔
24 V（西门子分布式IO电源）	●——●	24 V
0 V（西门子分布式IO电源）	●——●	0 V
分布式IO接线端子针脚	迭对插头连线	颗粒上料接口盒插孔
.0	●——●	上料位

2. 三菱PLC部分

三菱PLC公共端部分迭对插头连线如图5-1-14所示。

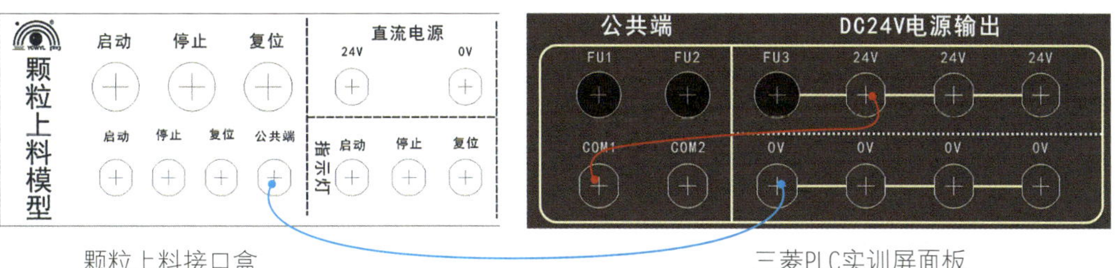

图5-1-23　三菱PLC公共端部分接线

三菱PLC输入点及三菱CC-Link IE远程IO模块部分迭对插头连线如表5-1-8、表5-1-9所示。

表5-1-8　三菱PLC输入点部分迭对插头连线表

颗粒上料接口盒插孔	迭对插头连线	三菱PLC实训屏面板插孔
启动（按钮）	●————●	X00
停止（按钮）	●————●	X01

表5-1-9　三菱CC-Link IE 远程IO模块部分迭对插头连线表

远程IO模块面板插孔	迭对插头连线	三菱PLC实训屏面板插孔
24 V（三菱远程IO电源）	●————●	24 V
0 V（三菱远程IO电源）	●————●	0 V
远程IO接线端子针脚	**迭对插头连线**	**颗粒上料接口盒插孔**
X0	●————●	复位（按钮）
CMO+	●————●	24 V
COM-	●————●	0 V

3. 汇川PLC部分

汇川PLC公共端部分迭对插头连线如图5-1-15所示。

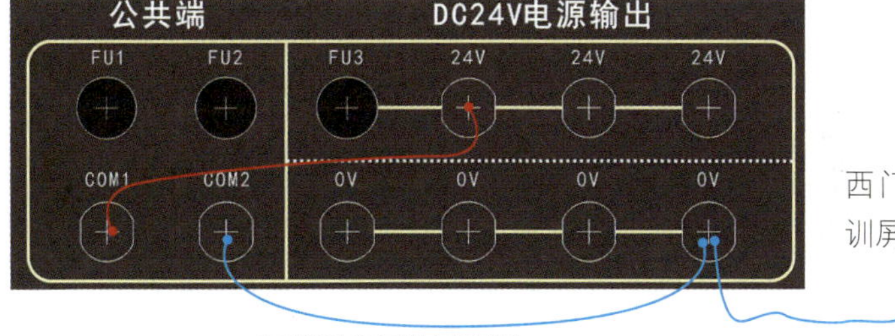

图5-1-15　汇川PLC公共端部分接线

汇川PLC输入点、输出点部分迭对插头连线如表5-1-10、表5-1-11所示。

表5-1-10　汇川PLC输入点部分迭对插头连线

颗粒上料接口盒插孔	迭对插头连线	汇川PLC实训屏面板插孔
装填位	●————●	X05
上料位后	●————●	X06

表5-1-11　汇川PLC输出点部分迭对插头连线

颗粒上料接口盒插孔	迭对插头连线	汇川PLC实训屏面板插孔
定位	●————●	Y02
主皮带	●————●	Y06

六、颗粒上料工作站工艺分析及程序编写

本任务中，三菱PLC作为远程主站对模型的启动、停止和复位进行控制；西门子PLC与其分布式IO作为从站1，控制颗粒上料机构、颗粒筛选皮带；汇川PLC作为从站2控制空瓶子输送机构。

1. 智能网关综合配置

三菱PLC、西门子PLC、汇川PLC三者之间通过智能网关以Modbus TCP工业网络进行通信。所以首先应该配置好智能网关，建立三者之间的数据通信。

首先配置3个模板集，并对模板集新建对应的装置集：西门子PLC模板集“MoBan_01”，三菱PLC模板集“MoBan_02”，汇川PLC模板集“MoBan_03”，如图5-1-16所示。

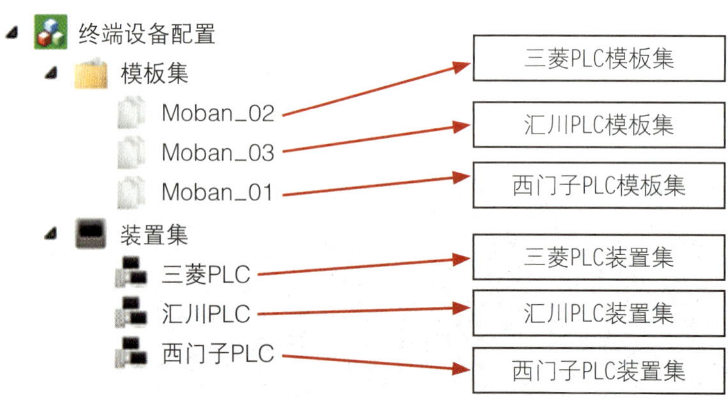

图5-1-16　配置模板集

在这里，西门子PLC作为采集数据的设备，需要设置AI表，并且需要在命令表中设置Modbus功能码3（读取保持寄存器）指令，定时采集西门子的数据（保持寄存器偏移地址为2），如图5-1-217所示。

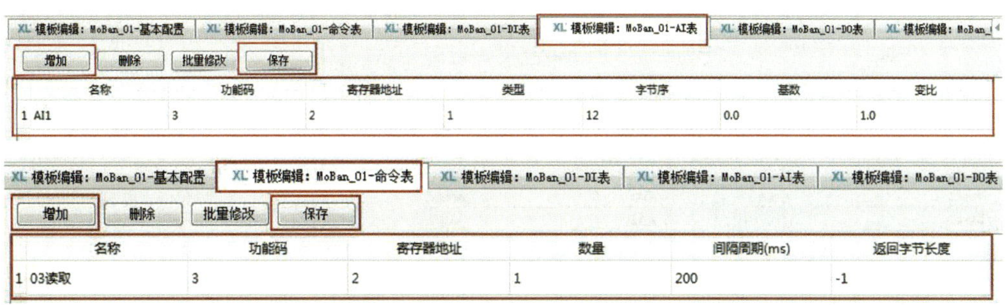

	名称	功能码	寄存器地址	类型	字节序	基数	变比
1	AI1	3	2	1	12	0.0	1.0

	名称	功能码	寄存器地址	数量	间隔周期(ms)	返回字节长度
1	03读取	3	2	1	200	-1

图5-1-17　西门子模板集设置

汇川PLC以及三菱PLC作为XL90的上位设备，需要向XL90写入数据（实际上是经由XL90向西门子PLC写入），所以需要设置AO表。汇川写入（功能码6）的保持寄存器数据偏移地址为1，三菱写入（功能码6）的保持寄存器数据偏移地址为0，如图5-1-18、图5-1-19所示。

	名称	功能码	选择寄存器	执行寄存器	Close Value	Open Value
1	AO1	6	1	1	0	0

图5-1-18　汇川模板集设置

	名称	功能码	选择寄存器	执行寄存器	Close Value	Open Value
1	AO1	6	1	1	0	0

图5-1-19　三菱模板集设置

接着配置3个端口集，西门子PLC端口集设为“NET1”，三菱PLC端口集设为“NET2”，汇川PLC端口集设为“NET3”，如图5-1-20所示。

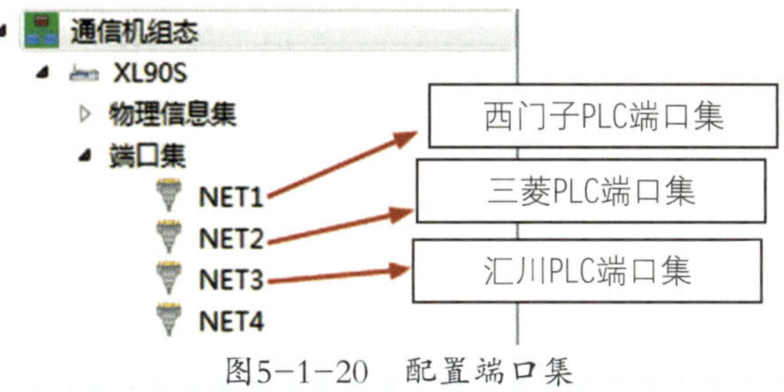

图5-1-20　配置端口集

NET1、NET2、NET3的设置如图5-1-21所示。可见对于XL90而言，西门子PLC是采集设备，三菱PLC与汇川PLC都是XL90的上位设备。所以XL90对于西门子PLC而言是Modbus TCP主站，而对于三菱PLC与汇川PLC而言则是Modbus TCP从站。

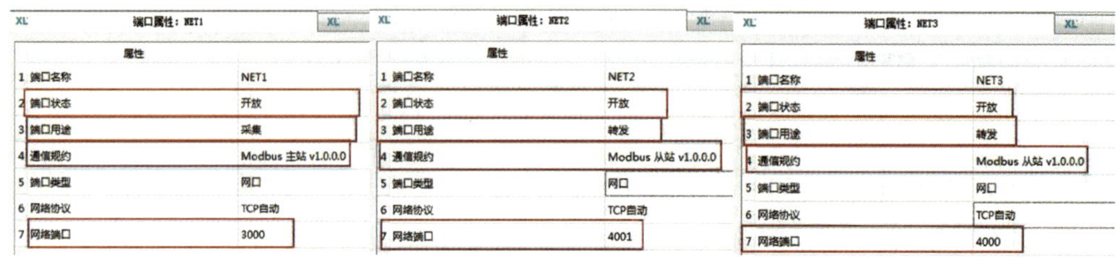

图5-1-21　端口集具体配置

在“通信机组态”的“装置集”中进行刷新，获得“西门子PLC”“汇川PLC”与“三菱PLC”3个装置，如图5-1-22所示。实质上这三者的功能码都是指向西门子PLC的，所以每个装置的关联端口都是NET1，其主IP都是指向西门子PLC的网址，即“192.168.12.33”。

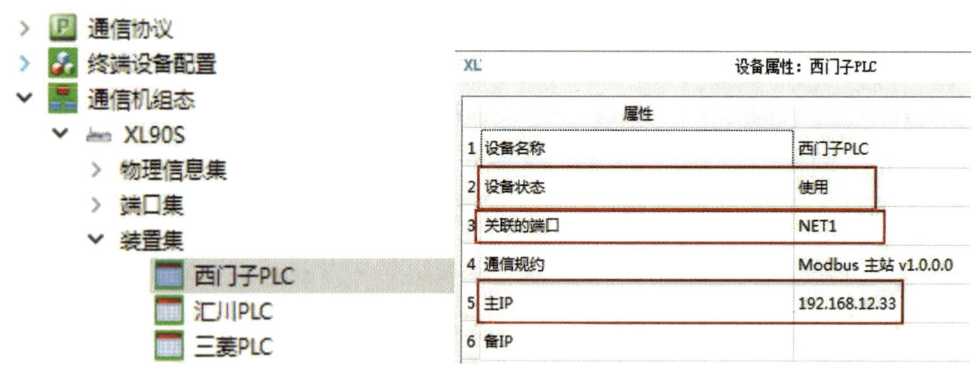

图5-1-22　通信机装置集配置

配置3个信号转发集、3个监控集，如图5-1-23所示。西门子PLC信号转发集为“西门子信号”，三菱PLC信号转发集为“三菱信号写”，汇川PLC信号转发集为“汇川信号写”。三菱PLC信号监控集为“三菱信号发送给XL90S”，汇川PLC信号监控集1为“汇川信号发送给XL90S”，汇川PLC信号监控集2为“汇川读XL90S”。

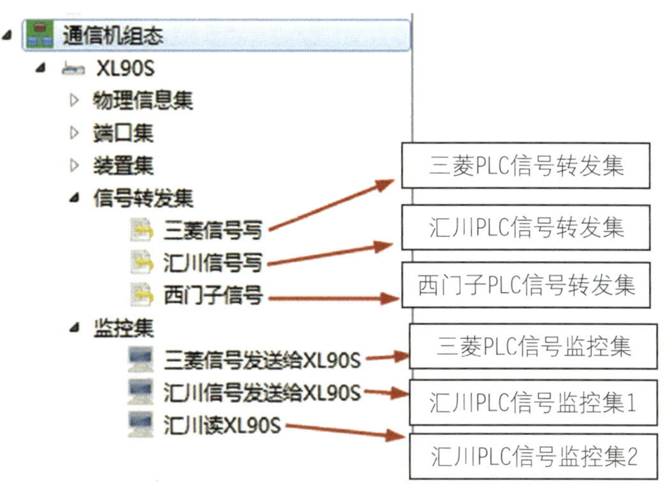

图5-1-23　配置信号转发集与监控集

对于汇川PLC，既要读取西门子PLC的信号作为输入，也要向西门子PLC写入，所以需要两个监控集，即“汇川信号发送给XL90S”与“汇川读XL90S”，这两个监控集对应端口为NET2，分别对应“汇川信号写”与“西门子信号”这两个信号转发集。对于三菱PLC，则只需向西门子PLC写入即可，所以只需要建立“三菱信号发送给XL90S”的监控集，对应端口应为NET3，对应“三菱信号写”信号转发集。

至此，完成了智能网关的配置，智能网关对三个PLC工作站透明，并最终为实现图5-1-24所示的西门子PLC、汇川PLC、三菱PLC三者的通信关系奠定基础。

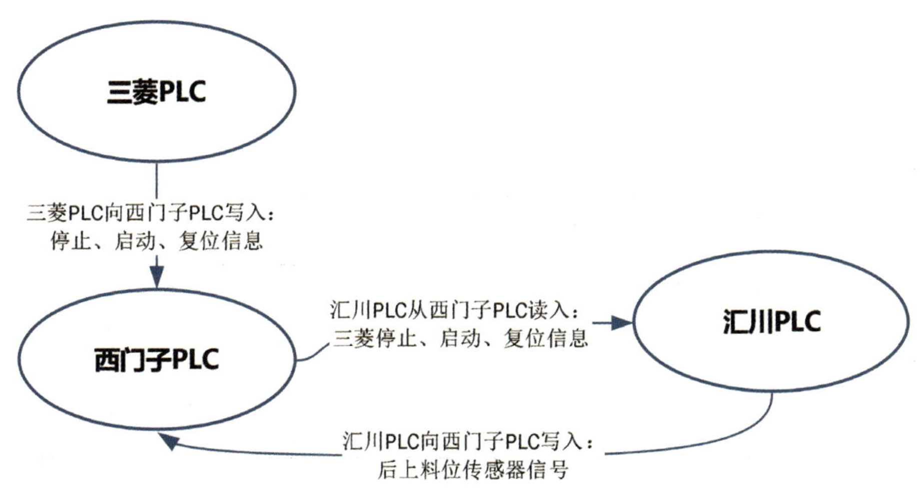

图5-1-24　西门子PLC、汇川PLC、三菱PLC的通信关系

2. 三菱PLC程序

在对三菱PLC进行编程之前，需要建立起与远程IO（NZ2MFB1-32DT）的CC-Link IE通信，并且需要配置内置以太网通信组态程序，具体配置过程与配置内容请参考项目四任务一。

三菱PLC负责将接于三菱IO模块X0、X1之上的启动和停止按钮，以及接于远程IO上的复位按钮的状态，通过Modbus TCP功能码6写到偏移地址为0的保持寄存器上（Modbus地址空间40001，对应三菱PLC D1003），以传输到西门子PLC中。

三菱PLC程序主体为TCP通信程序。TCP通信程序的内容主要为建立通信连接、内置以太网通信协议控制、断开通信连接三部分。参考程序如图5-1-25～图5-1-27所示。

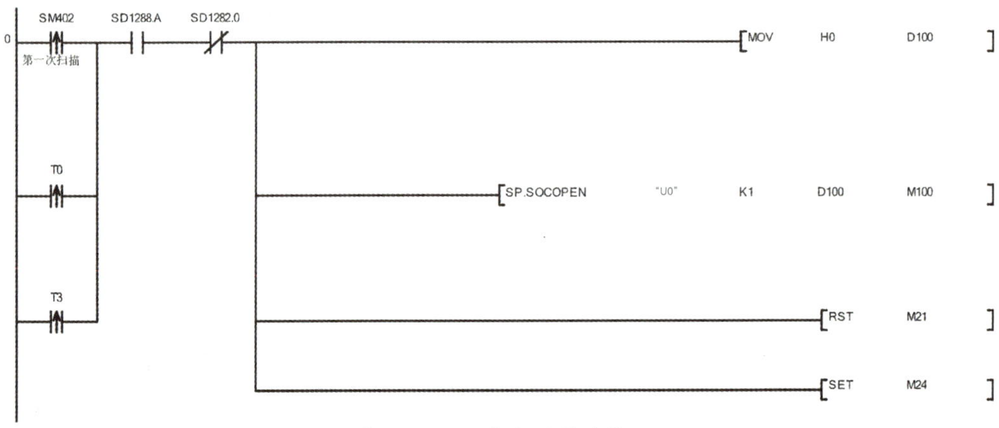

图5-1-25　建立通信连接

图5-1-26　内置以太网通信协议控制

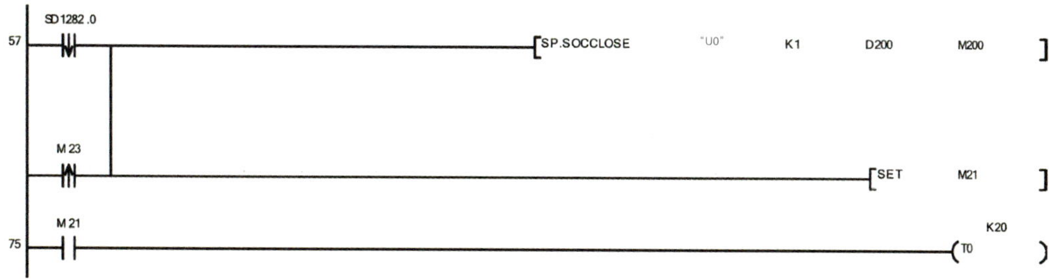

图5-1-27 断开通信连接

最后一部分为刷新Modbus地址空间40001（即对应三菱PLC D1003）的保持寄存器程序，如图5-1-28所示。

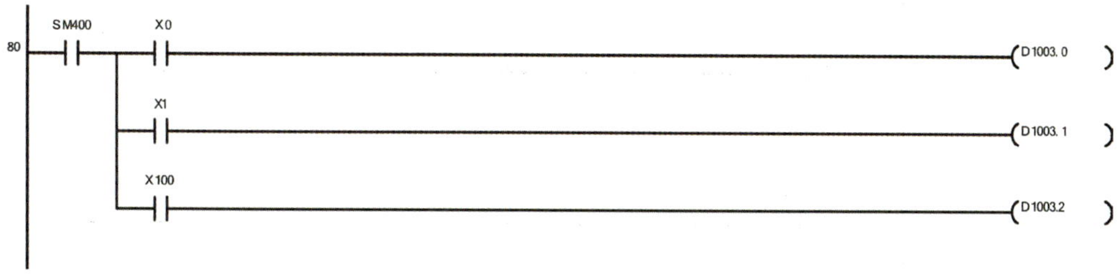

图5-1-28 刷新Modbus TCP保持寄存器

3. 西门子PLC程序

西门子PLC进行编程前需要对ProfiNet远程通信模块进行组态，详细组态过程与步骤请参考项目二。远程西门子PLC具有两个功能：①负责整个系统的主要部分的动作控制，即负责颗粒上料机构、颗粒筛选皮带的动作控制；②通过Modbus TCP接收来自三菱PLC的启动、停止、复位信息（存放在Modbus地址空间为40001的保持寄存器上），并将三菱PLC的启动、停止、复位信息写到Modbus地址空间为40003的保持寄存器上，供汇川PLC读取。

（1）Modbus TCP通信程序。

负责进行Modbus TCP通信的子程序如表5-1-12所示。关于西门子S7-1200 PLC的Modbus TCP控制指令的详细解释请参考项目二。此处，西门子PLC通过MB_SERVER程序的MB_HOLD_REG参数，将DB16.DBW14指定为保持寄存器起始地址（即Modbus地址空间为40001）。

表5-1-12　颗粒上料工作站Modbus TCP通信子程序

程序注释	PLC控制程序
Modbus TCP通信指令	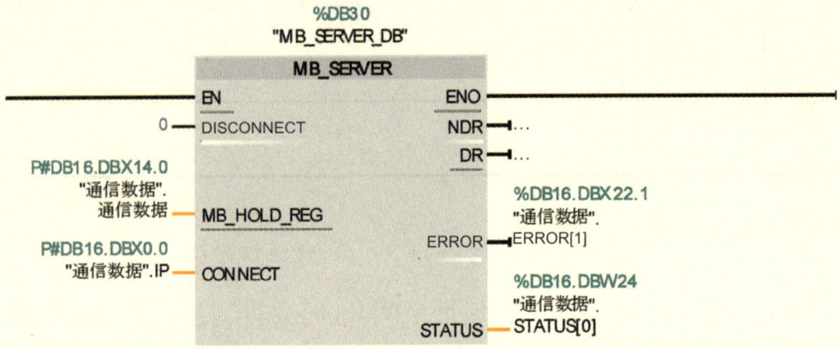 %DB30 "MB_SERVER_DB"；MB_SERVER：EN；ENO；0 — DISCONNECT；NDR —…；DR —…；P#DB16.DBX14.0 "通信数据".通信数据 — MB_HOLD_REG；ERROR — %DB16.DBX22.1 "通信数据".ERROR[1]；P#DB16.DBX0.0 "通信数据".IP — CONNECT；STATUS — %DB16.DBW24 "通信数据".STATUS[0]
发送给汇川PLC的信号	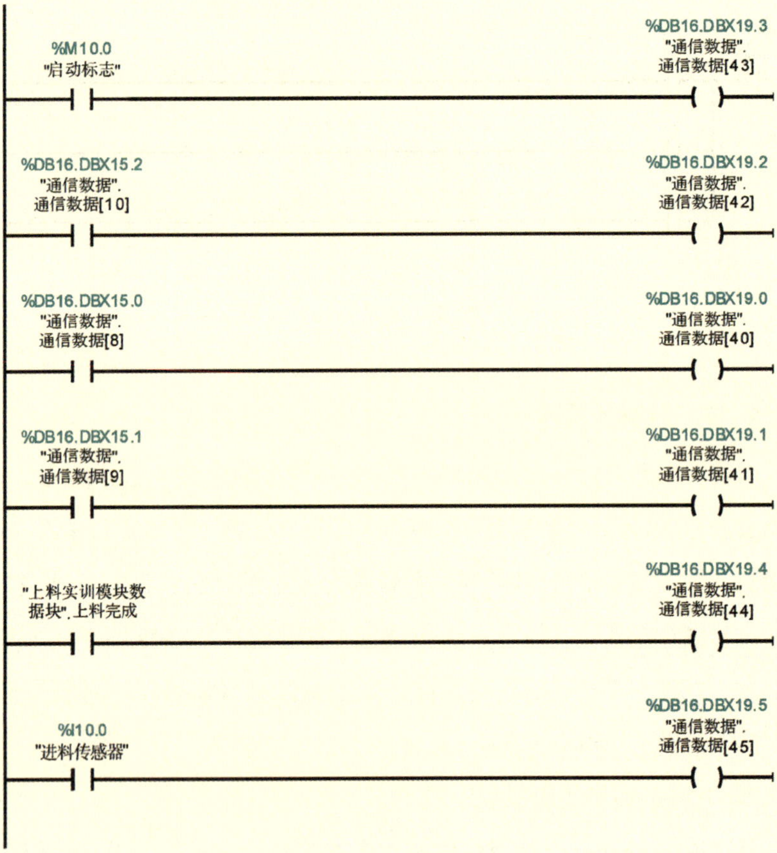 %M10.0 "启动标志" —| |— ( ) %DB16.DBX19.3 "通信数据".通信数据[43] %DB16.DBX15.2 "通信数据".通信数据[10] —| |— ( ) %DB16.DBX19.2 "通信数据".通信数据[42] %DB16.DBX15.0 "通信数据".通信数据[8] —| |— ( ) %DB16.DBX19.0 "通信数据".通信数据[40] %DB16.DBX15.1 "通信数据".通信数据[9] —| |— ( ) %DB16.DBX19.1 "通信数据".通信数据[41] "上料实训模块数据块".上料完成 —| |— ( ) %DB16.DBX19.4 "通信数据".通信数据[44] %I10.0 "进料传感器" —| |— ( ) %DB16.DBX19.5 "通信数据".通信数据[45]

根据以上关系，西门子PLC的DB16.DBX15.0、DB16.DBX15.1、DB16.DBX15.2分别对应三菱PLC的启动、停止、复位三个按钮的状态。DB16.DBX17.2为汇川PLC“上料位后（即定位气缸后限）”传感器的状态；DB16.DBX17.1为汇川PLC工作站放料

完成信号；DB16.DBX17.0为汇川PLC瓶子输送控制流程3（MW50=3），代表瓶子放置到位允许放料。DB16.DBW18是汇川PLC读取西门子PLC的保持寄存器的地址。将DB16.DBX15.0、DB16.DBX15.1、DB16.DBX15.2的状态发送到DB16.DBX19.0、DB16.DBX19.1、DB16.DBX19.2，从而将三菱PLC的启动、停止、复位三个按钮的状态发送给汇川PLC，并且通过DB16.DBX19.3、DB16.DBX19.4、DB16.DBX19.5将西门子PLC工作站启动状态标志、上料完成状态、进料传感器（即上料位）三个信号传送给汇川PLC。

（2）西门子PLC颗粒上料机构、颗粒筛选皮带的动作控制程序。

西门子PLC主流程如图5-1-29所示，上料输送控制子程序流程如图5-1-30所示，取放料机构子程序流程如图5-1-31所示。

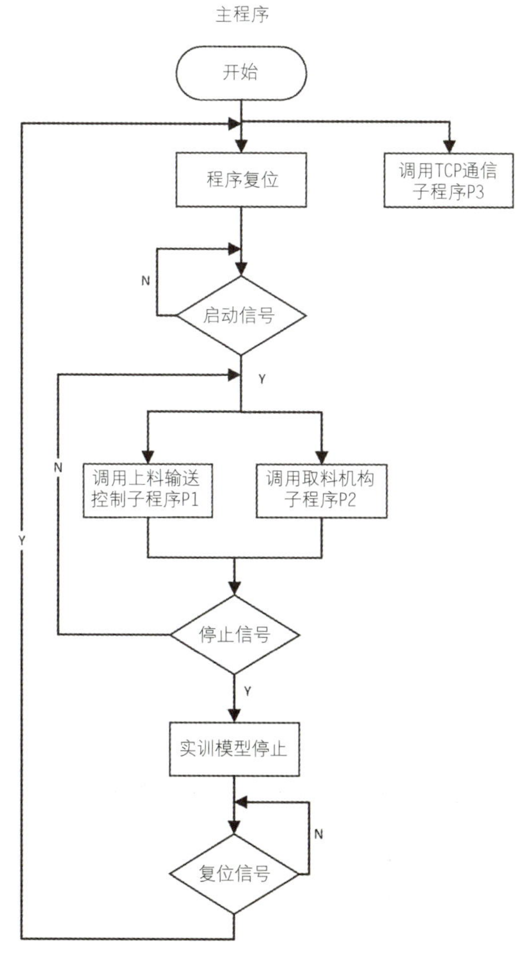

图5-1-29 颗粒上料工作站西门子PLC主流程

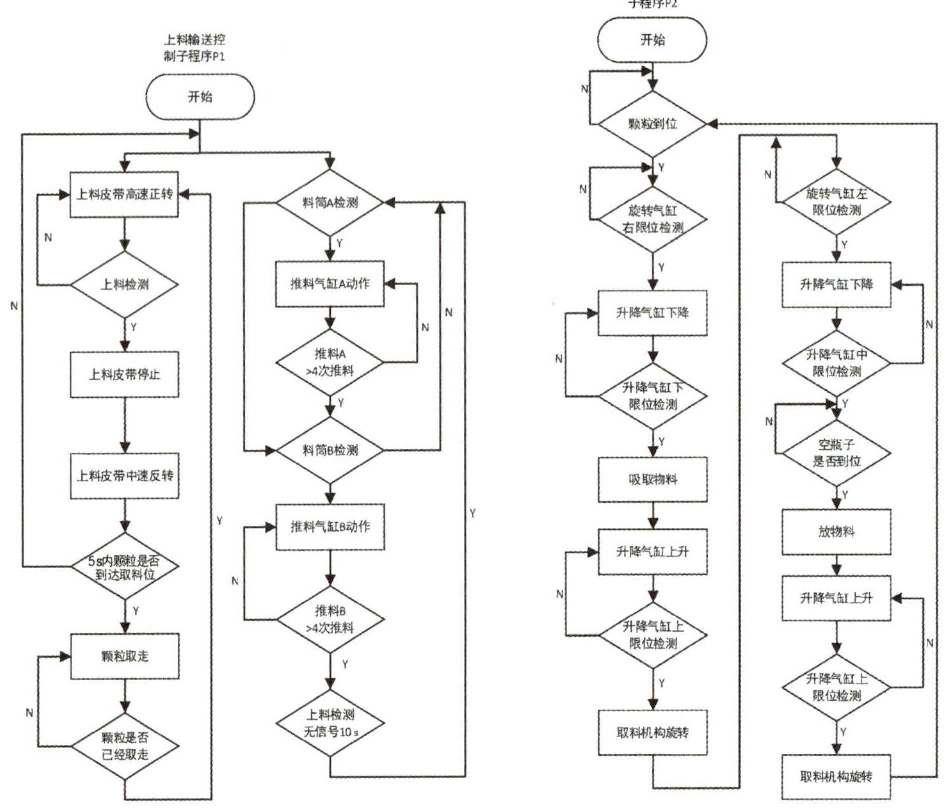

图5-1-30　上料输送控制子程序流程　　　图5-1-31　取放料机构子程序流程

西门子PLC颗粒上料工作站启停程序参考程序如表5-1-13所示。为了方便进行西门子工作站的调试，程序设置了I2.0、I2.1、I2.2作为本站启动、停止、复位按钮。I0.6在西门子PLC工作站单独调试的时候，接原本应该接于汇川PLC上面的“上料位后”传感器。

表5-1-13　西门子PLC颗粒上料工作站启停程序

程序注释	PLC控制程序
启动	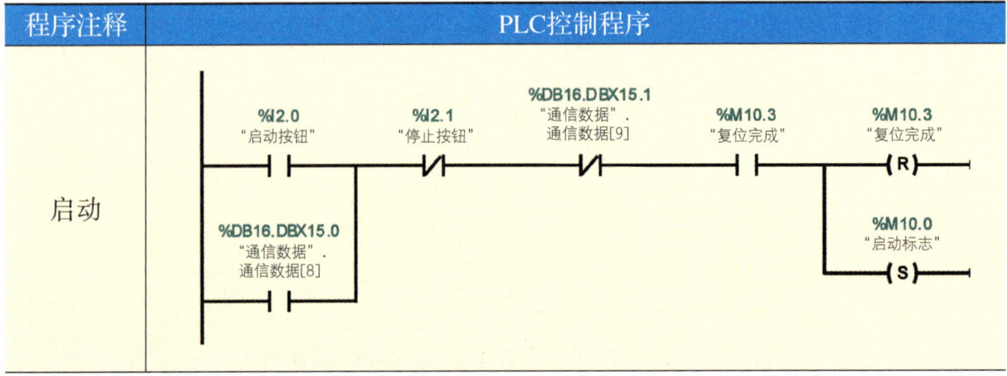

（续表）

程序注释	PLC控制程序
停止	 %I2.1 "停止按钮" / %DB16.DBX15.1 "通信数据".通信数据[9] → %M10.0 "启动标志" (R)；%M10.1 "停止标志" (S)；%Q0.6 "主皮带运行" (R)；%Q2.0 "上料皮带电机正转" (R)；%M10.2 "复位标志" (R)
复位	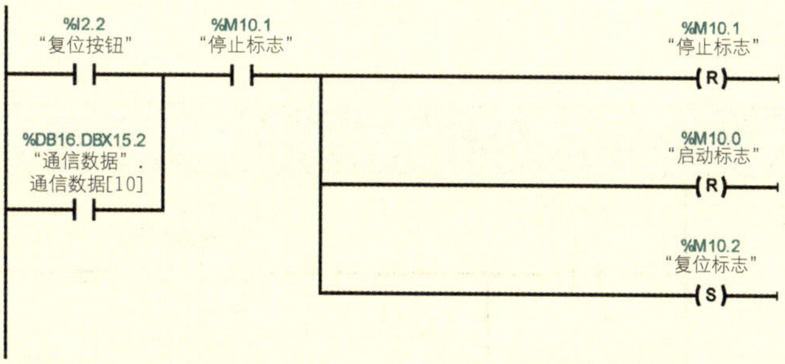 %I2.2 "复位按钮" / %DB16.DBX15.2 "通信数据".通信数据[10]，%M10.1 "停止标志" → %M10.1 "停止标志" (R)；%M10.0 "启动标志" (R)；%M10.2 "复位标志" (S)
复位中	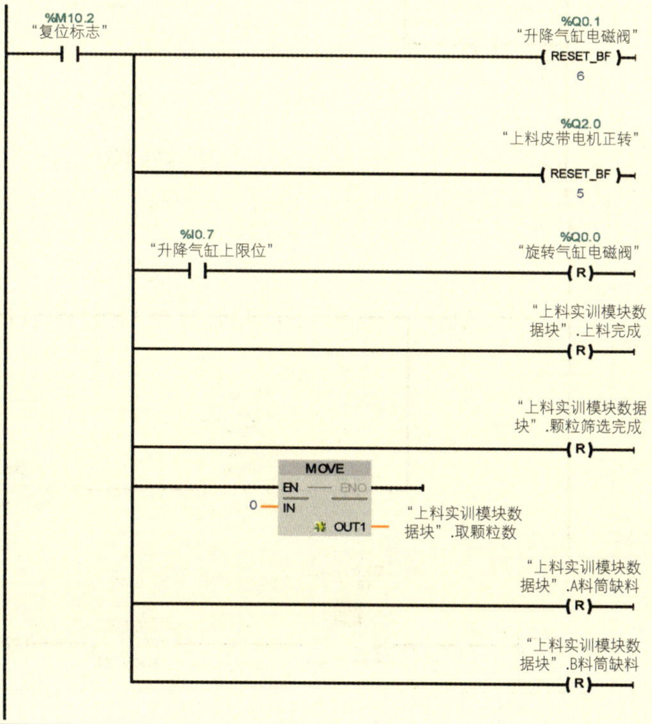 %M10.2 "复位标志" → %Q0.1 "升降气缸电磁阀" (RESET_BF) 6；%Q2.0 "上料皮带电机正转" (RESET_BF) 5；%I0.7 "升降气缸上限位" → %Q0.0 "旋转气缸电磁阀" (R)；"上料实训模块数据块".上料完成 (R)；"上料实训模块数据块".颗粒筛选完成 (R)；MOVE EN ENO IN 0 OUT1 "上料实训模块数据块".取颗粒数；"上料实训模块数据块".A料筒缺料 (R)；"上料实训模块数据块".B料筒缺料 (R)

（续表）

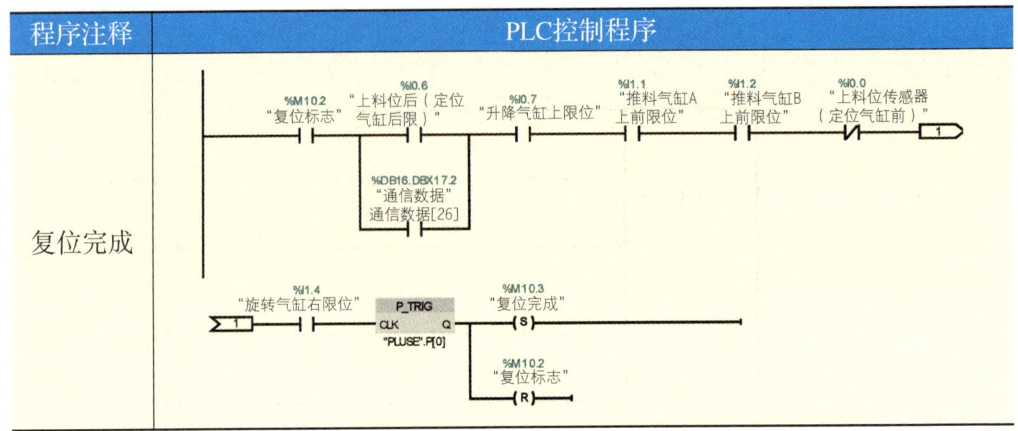

程序注释	PLC控制程序
复位完成	%M10.2 "复位标志" %I0.6 "上料位后（定位气缸后限）" %DB16.DBX17.2 "通信数据" 通信数据[26] %I0.7 "升降气缸上限位" %I1.1 "推料气缸A上前限位" %I1.2 "推料气缸B上前限位" %I0.0 "上料位传感器（定位气缸前）" 1 1 %I1.4 "旋转气缸右限位" P_TRIG CLK Q "PLUSE".P[0] %M10.3 "复位完成" S %M10.2 "复位标志" R

颗粒筛选皮带的动作控制程序如表5-1-14。

表5-1-14　颗粒筛选皮带动作控制程序

程序注释	PLC控制程序
流程复位	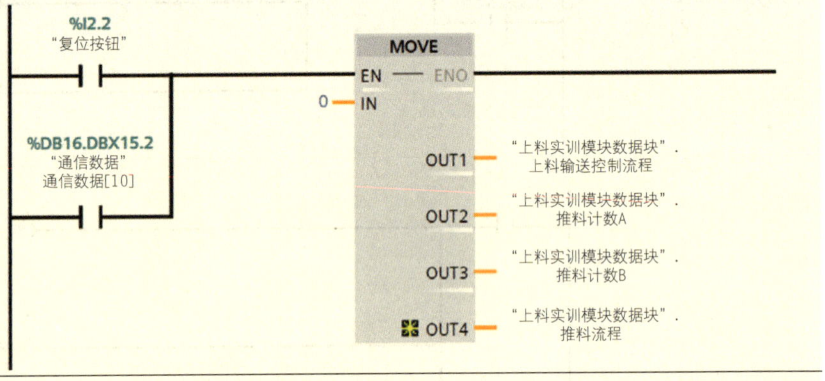 %I2.2 "复位按钮" %DB16.DBX15.2 "通信数据" 通信数据[10] MOVE EN ENO 0 IN OUT1 "上料实训模块数据块".上料输送控制流程 OUT2 "上料实训模块数据块".推料计数A OUT3 "上料实训模块数据块".推料计数B OUT4 "上料实训模块数据块".推料流程
A推料	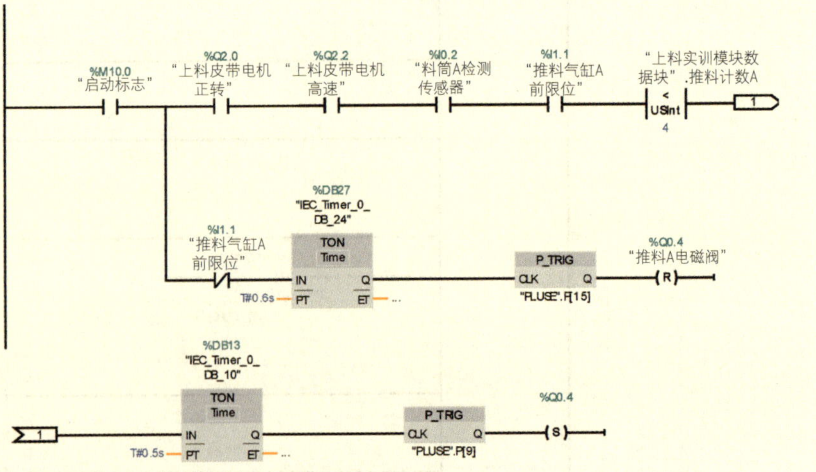 %M10.0 "启动标志" %Q2.0 "上料皮带电机正转" %Q2.2 "上料皮带电机高速" %I0.2 "料筒A检测传感器" %I1.1 "推料气缸A前限位" "上料实训模块数据块".推料计数A < USInt 4 1 %DB27 "IEC_Timer_0_DB_24" TON Time IN Q PT ET %I1.1 "推料气缸A前限位" T#0.6s P_TRIG CLK Q "PLUSE".P[15] %Q0.4 "推料A电磁阀" R 1 %DB13 "IEC_Timer_0_DB_10" TON Time IN Q PT ET T#0.5s P_TRIG CLK Q "PLUSE".P[9] %Q0.4 S

（续表）

程序注释	PLC控制程序
B推料	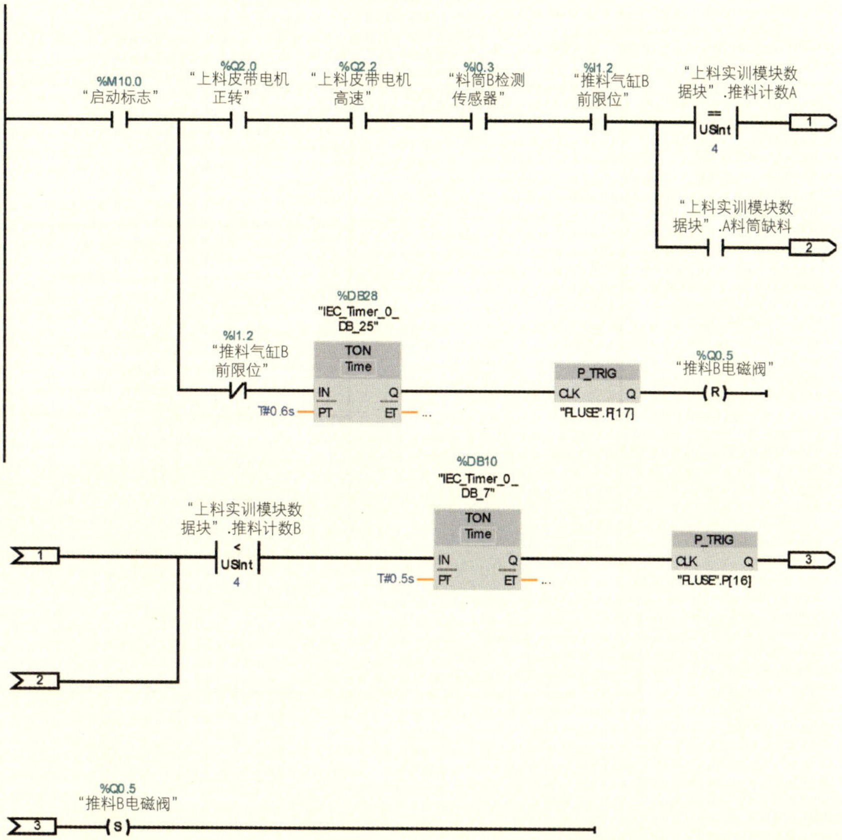 %M10.0 "启动标志"；%Q2.0 "上料皮带电机正转"；%Q2.2 "上料皮带电机高速"；%I0.3 "料筒B检测传感器"；%I1.2 "推料气缸B前限位"；"上料实训模块数据块".推料计数A == USInt 4 → 1；"上料实训模块数据块".A料筒缺料 → 2 %I1.2 "推料气缸B前限位"（常闭）；%DB28 "IEC_Timer_0_DB_25" TON Time IN Q PT ET，T#0.6s；P_TRIG CLK Q "PLUSE".P[17]；%Q0.5 "推料B电磁阀" (R) 1；"上料实训模块数据块".推料计数B < USInt 4；%DB10 "IEC_Timer_0_DB_7" TON Time IN Q PT ET，T#0.5s；P_TRIG CLK Q "PLUSE".P[16] → 3 2 3；%Q0.5 "推料B电磁阀" (S)
推料计数	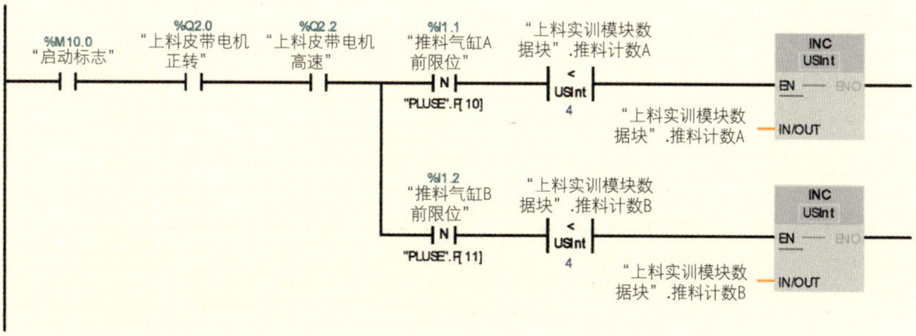 %M10.0 "启动标志"；%Q2.0 "上料皮带电机正转"；%Q2.2 "上料皮带电机高速"；%I1.1 "推料气缸A前限位" N "PLUSE".P[10]；"上料实训模块数据块".推料计数A < USInt 4；INC USInt EN ENO IN/OUT "上料实训模块数据块".推料计数A %I1.2 "推料气缸B前限位" N "PLUSE".P[11]；"上料实训模块数据块".推料计数B < USInt 4；INC USInt EN ENO IN/OUT "上料实训模块数据块".推料计数B

（续表）

程序注释	PLC控制程序
缺料报警	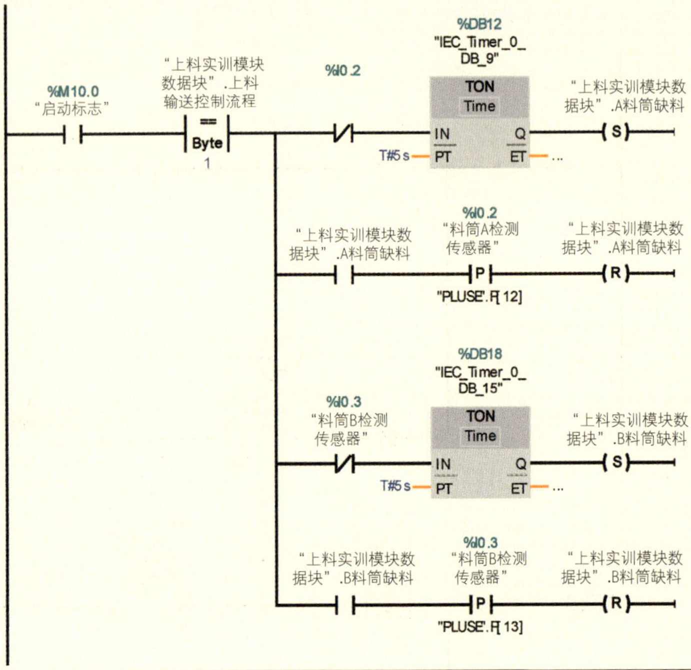 %M10.0 "启动标志"；"上料实训模块数据块".上料输送控制流程 == Byte 1；%I0.2；%DB12 "IEC_Timer_0_DB_9" TON Time IN Q PT ET；T#5 s；"上料实训模块数据块".A料筒缺料 (S) "上料实训模块数据块".A料筒缺料；%I0.2 "料筒A检测传感器" P "PLUSE".P[12]；"上料实训模块数据块".A料筒缺料 (R) %I0.3 "料筒B检测传感器"；%DB18 "IEC_Timer_0_DB_15" TON Time IN Q PT ET；T#5 s；"上料实训模块数据块".B料筒缺料 (S) "上料实训模块数据块".B料筒缺料；%I0.3 "料筒B检测传感器" P "PLUSE".P[13]；"上料实训模块数据块".B料筒缺料 (R)
自动检测筛选皮带上物料进行补料	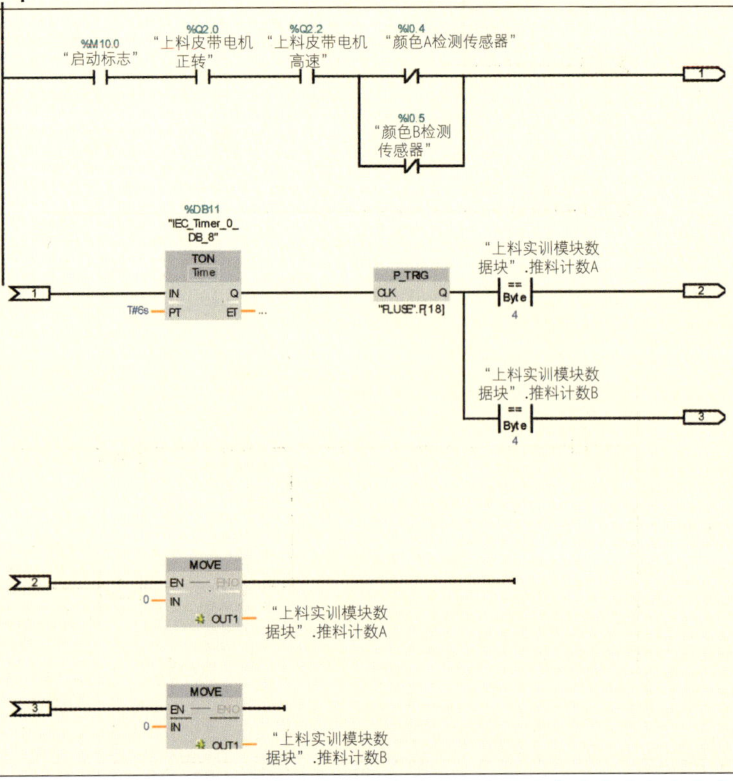 %M10.0 "启动标志"；%Q2.0 "上料皮带电机正转"；%Q2.2 "上料皮带电机高速"；%I0.4 "颜色A检测传感器"；%I0.5 "颜色B检测传感器"；1 1；%DB11 "IEC_Timer_0_DB_8" TON Time IN Q PT ET；T#6s；P_TRIG CLK Q "PLUSE".P[18]；"上料实训模块数据块".推料计数A == Byte 4；2；"上料实训模块数据块".推料计数B == Byte 4；3 2；MOVE EN ENO 0 IN OUT1 "上料实训模块数据块".推料计数A 3；MOVE EN ENO 0 IN OUT1 "上料实训模块数据块".推料计数B

（续表）

程序注释	PLC控制程序
上料皮带正转	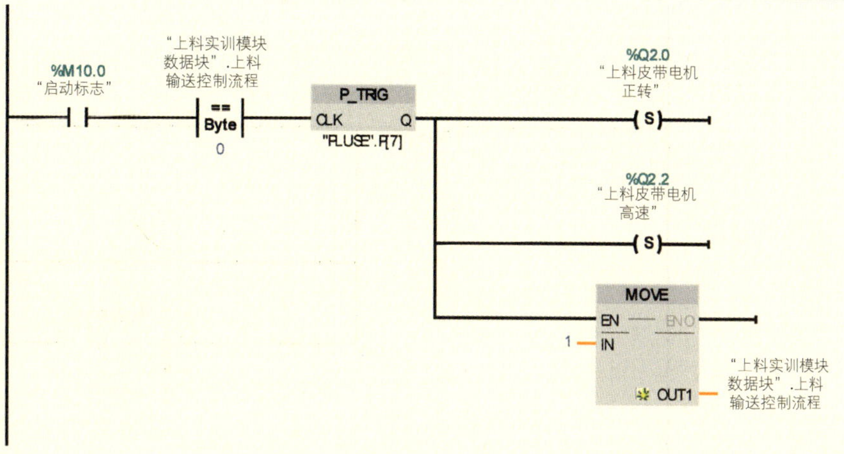 %M10.0 "启动标志" "上料实训模块数据块".上料输送控制流程 == Byte 0 P_TRIG CLK Q "PLUSE".P[7] %Q2.0 "上料皮带电机正转" (S) %Q2.2 "上料皮带电机高速" (S) MOVE EN ENO 1 — IN OUT1 — "上料实训模块数据块".上料输送控制流程
检测到白色物料	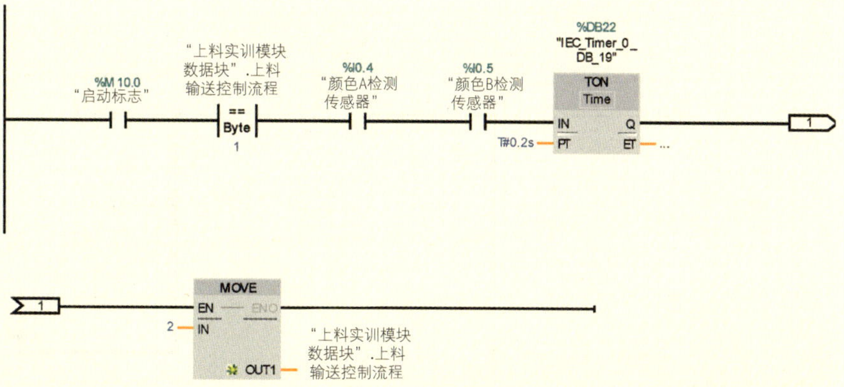 %M10.0 "启动标志" "上料实训模块数据块".上料输送控制流程 == Byte 1 %I0.4 "颜色A检测传感器" %I0.5 "颜色B检测传感器" %DB22 "IEC_Timer_0_DB_19" TON Time IN Q T#0.2s — PT ET — ... 1 1 MOVE EN ENO 2 — IN OUT1 — "上料实训模块数据块".上料输送控制流程
延时停止选料皮带	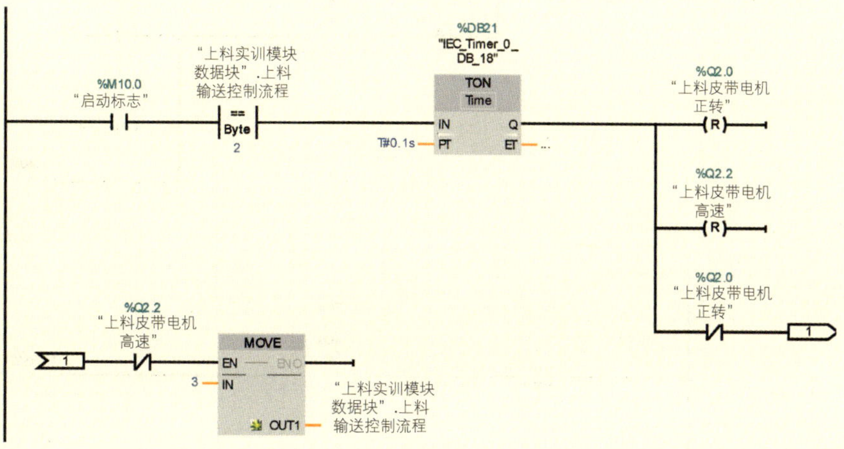 %M10.0 "启动标志" "上料实训模块数据块".上料输送控制流程 == Byte 2 %DB21 "IEC_Timer_0_DB_18" TON Time IN Q T#0.1s — PT ET — ... %Q2.0 "上料皮带电机正转" (R) %Q2.2 "上料皮带电机高速" (R) %Q2.0 "上料皮带电机正转" 1 1 %Q2.2 "上料皮带电机高速" MOVE EN ENO 3 — IN OUT1 — "上料实训模块数据块".上料输送控制流程

（续表）

程序注释	PLC控制程序
选料皮带反转	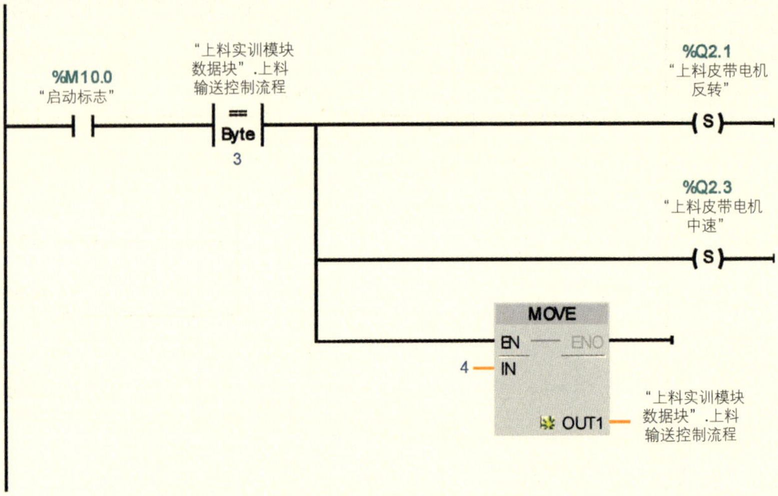 %M10.0 “启动标志” “上料实训模块数据块”.上料输送控制流程 == Byte 3 %Q2.1 “上料皮带电机反转” (S) %Q2.3 “上料皮带电机中速” (S) MOVE EN — ENO 4 — IN OUT1 — “上料实训模块数据块”.上料输送控制流程
颗粒到达取料位	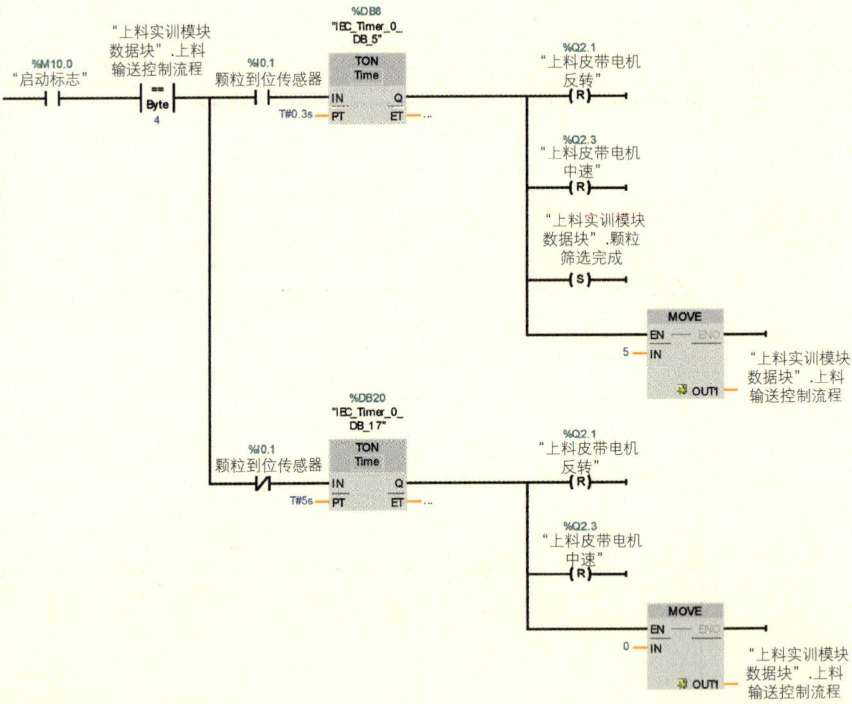 %M10.0 “启动标志” “上料实训模块数据块”.上料输送控制流程 == Byte 4 %I0.1 颗粒到位传感器 %DB8 "IEC_Timer_0_DB_5" TON Time IN Q T#0.3s — PT ET — ... %Q2.1 “上料皮带电机反转” (R) %Q2.3 “上料皮带电机中速” (R) “上料实训模块数据块”.颗粒筛选完成 (S) MOVE EN — ENO 5 — IN OUT1 — “上料实训模块数据块”.上料输送控制流程 %I0.1 颗粒到位传感器 %DB20 "IEC_Timer_0_DB_17" TON Time IN Q T#5s — PT ET — ... %Q2.1 “上料皮带电机反转” (R) %Q2.3 “上料皮带电机中速” (R) MOVE EN — ENO 0 — IN OUT1 — “上料实训模块数据块”.上料输送控制流程
颗粒被取走	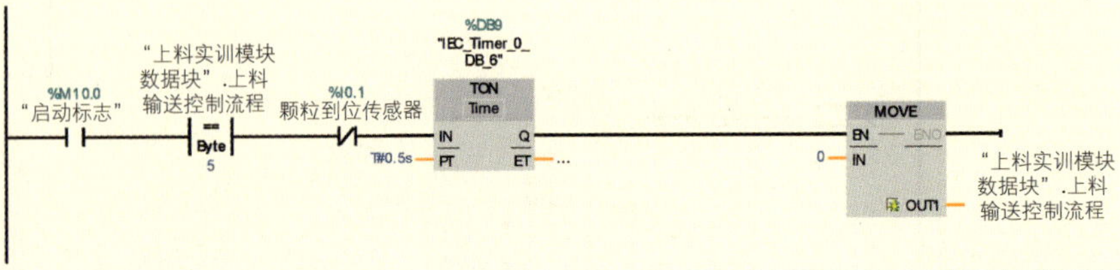 %M10.0 “启动标志” “上料实训模块数据块”.上料输送控制流程 == Byte 5 %I0.1 颗粒到位传感器 %DB9 "IEC_Timer_0_DB_6" TON Time IN Q T#0.5s — PT ET — ... MOVE EN — ENO 0 — IN OUT1 — “上料实训模块数据块”.上料输送控制流程

（续表）

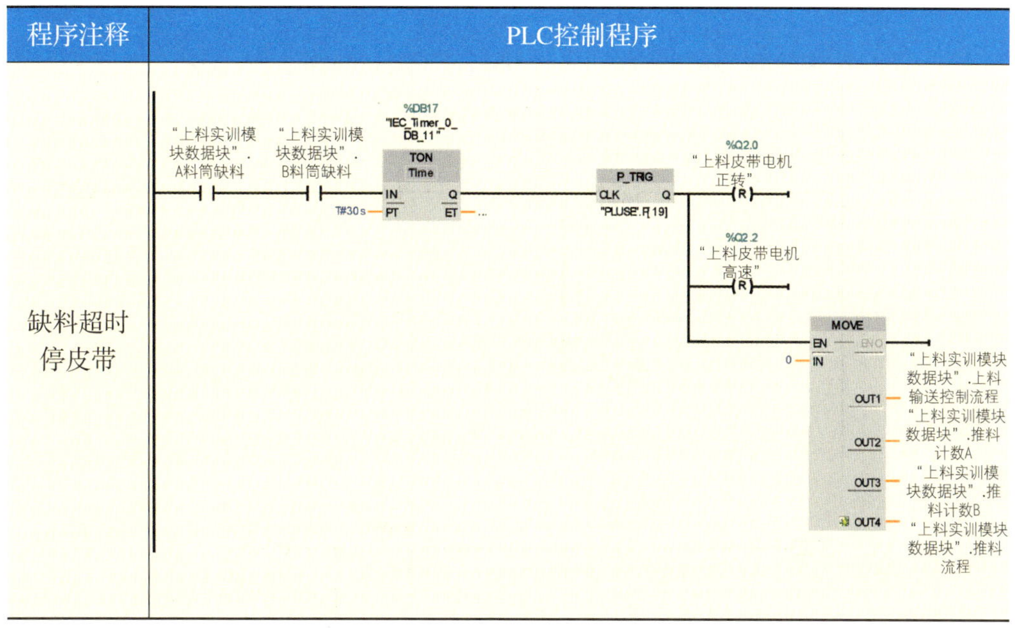

程序注释	PLC控制程序
缺料超时停皮带	（梯形图）

颗粒上料机构参考程序如表5-1-15所示。

表5-1-15　颗粒上料机构程序

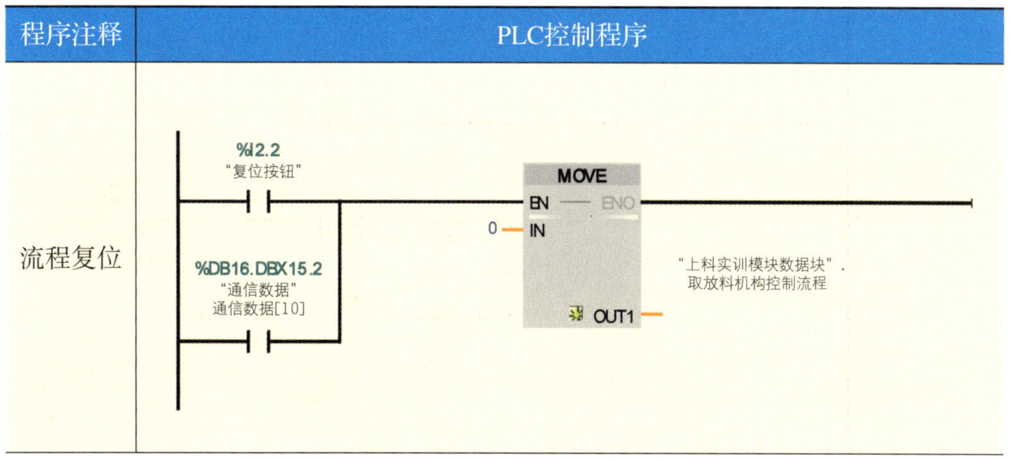

程序注释	PLC控制程序
流程复位	（梯形图）

（续表）

<table>
<tr><th>程序注释</th><th>PLC控制程序</th></tr>
<tr><td>颗粒到位，升降气缸下降</td><td> 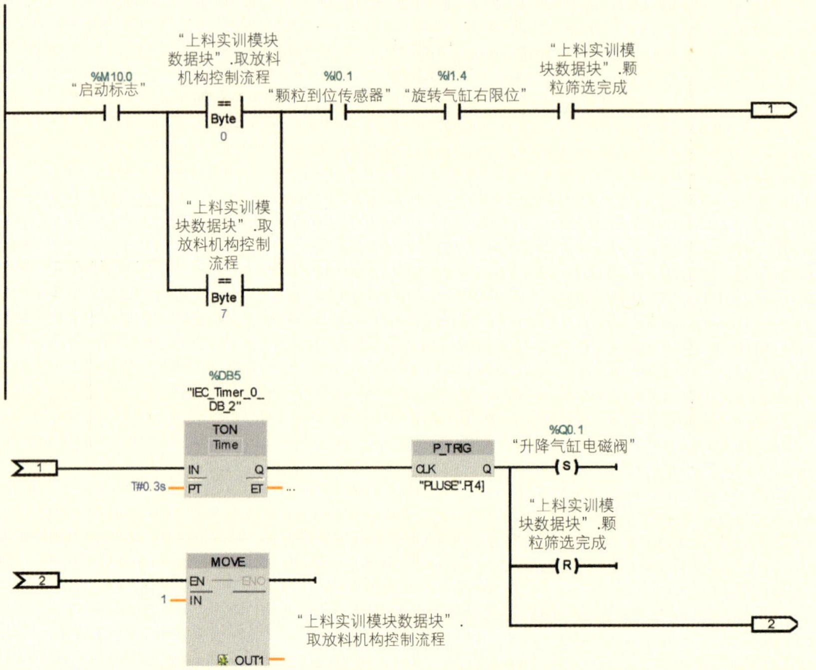</td></tr>
<tr><td>吸盘取颗粒</td><td> 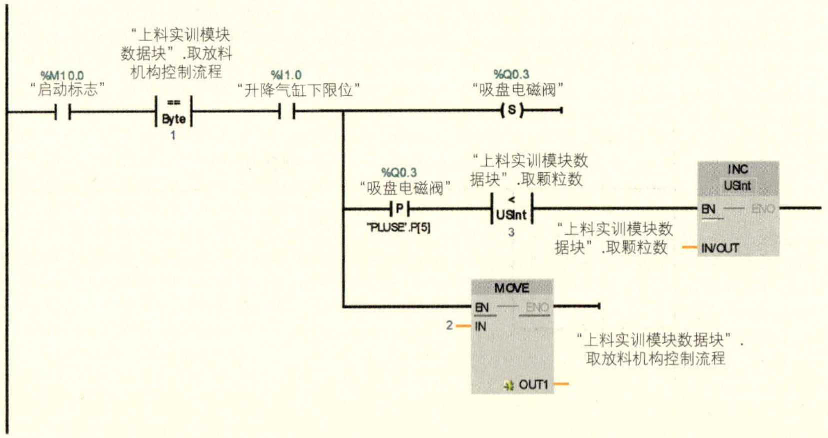</td></tr>
<tr><td>取颗粒后上升</td><td> 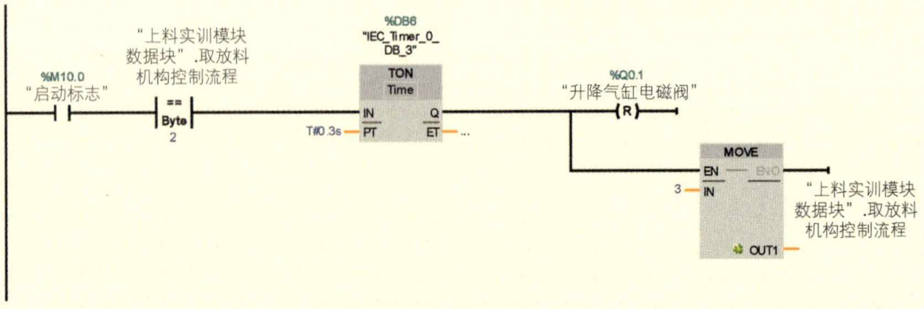</td></tr>
</table>

（续表）

程序注释	PLC控制程序
取料机构旋转	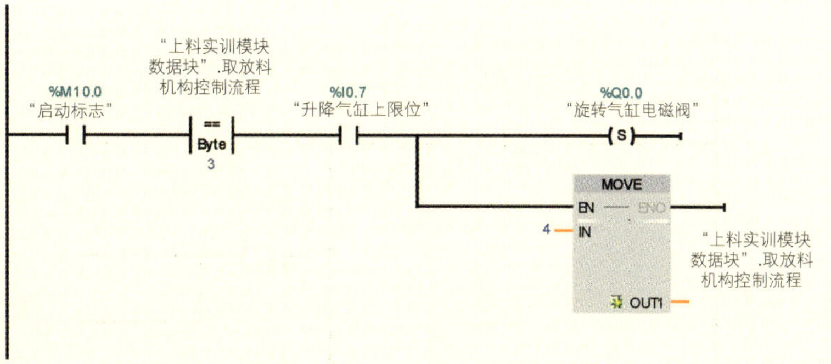 %M10.0 “启动标志”；“上料实训模块数据块”.取放料机构控制流程 == Byte 3；%I0.7 “升降气缸上限位”；%Q0.0 “旋转气缸电磁阀” (S)；MOVE EN ENO；4 IN；OUT1 “上料实训模块数据块”.取放料机构控制流程
放料进瓶子	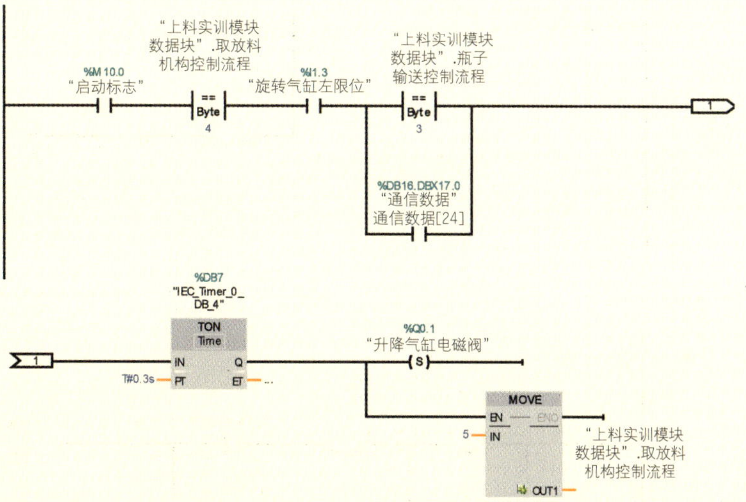 %M10.0 “启动标志”；“上料实训模块数据块”.取放料机构控制流程 == Byte 4；%I1.3 “旋转气缸左限位”；“上料实训模块数据块”.瓶子输送控制流程 == Byte 3；%DB16.DBX17.0 “通信数据”通信数据[24]；1 %DB7 "IEC_Timer_0_DB_4" TON Time；1；IN Q；T#0.3s PT ET ...；%Q0.1 “升降气缸电磁阀” (S)；MOVE EN ENO；5 IN；OUT1 “上料实训模块数据块”.取放料机构控制流程
放料完成	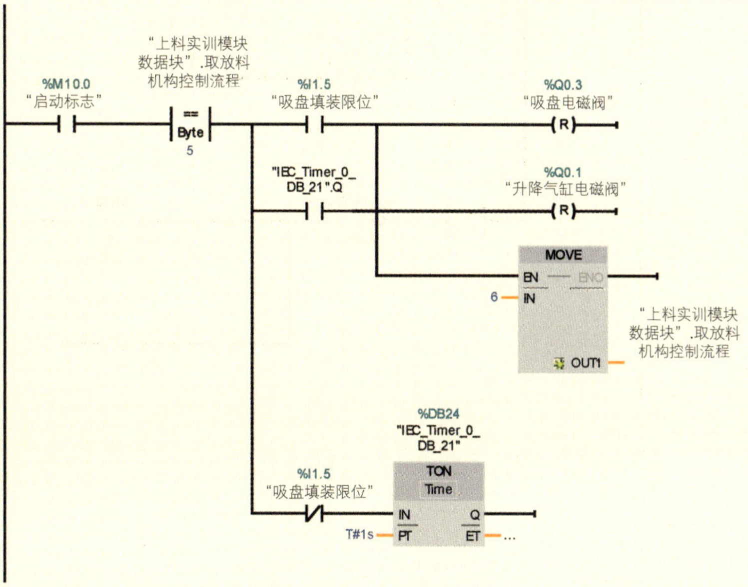 %M10.0 “启动标志”；“上料实训模块数据块”.取放料机构控制流程 == Byte 5；%I1.5 “吸盘填装限位”；%Q0.3 “吸盘电磁阀” (R)；"IEC_Timer_0_DB_21".Q；%Q0.1 “升降气缸电磁阀” (R)；MOVE EN ENO；6 IN；OUT1 “上料实训模块数据块”.取放料机构控制流程；%DB24 "IEC_Timer_0_DB_21" TON Time；%I1.5 “吸盘填装限位”；IN Q；T#1s PT ET ...

（续表）

程序注释	PLC控制程序
放料后气缸上升，回取料位	%M10.0 "启动标志"；"上料实训模块数据块".取放料机构控制流程 == Byte 6；%I0.7 "升降气缸上限位"；%Q0.0 "旋转气缸电磁阀" (R)；"上料实训模块数据块".取颗粒数 == Byte 3；"上料实训模块数据块".上料完成 (S)；MOVE EN ENO，8 — IN，OUT1 — "上料实训模块数据块".取放料机构控制流程；"上料实训模块数据块".取颗粒数 < USInt 3；MOVE EN ENO，7 — IN，OUT1 — "上料实训模块数据块".取放料机构控制流程
颗粒上料完成信号	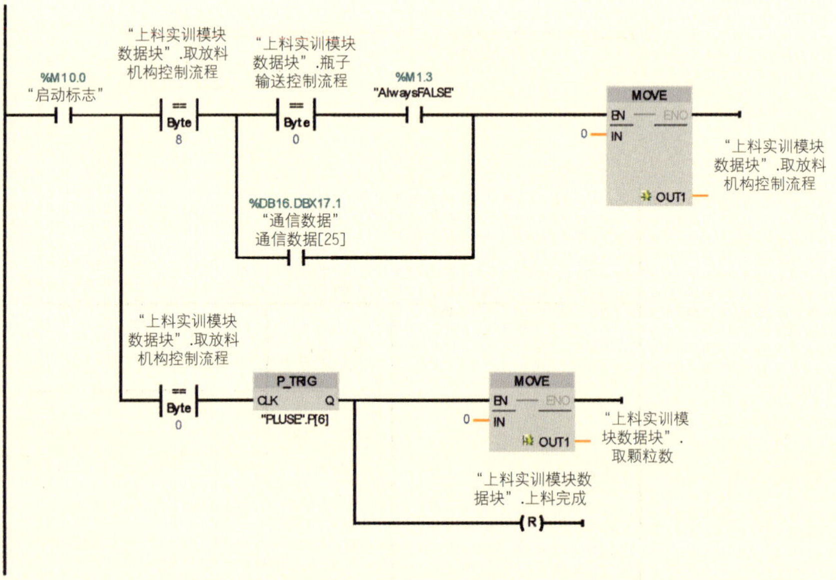 %M10.0 "启动标志"；"上料实训模块数据块".取放料机构控制流程 == Byte 8；"上料实训模块数据块".瓶子输送控制流程 == Byte 0；%M1.3 "AlwaysFALSE"；%DB16.DBX17.1 "通信数据" 通信数据[25]；MOVE EN ENO，0 — IN，OUT1 — "上料实训模块数据块".取放料机构控制流程；"上料实训模块数据块".取放料机构控制流程 == Byte 0；P_TRIG CLK Q "PLUSE".P[6]；MOVE EN ENO，0 — IN，OUT1 — "上料实训模块数据块".取颗粒数；"上料实训模块数据块".上料完成 (R)

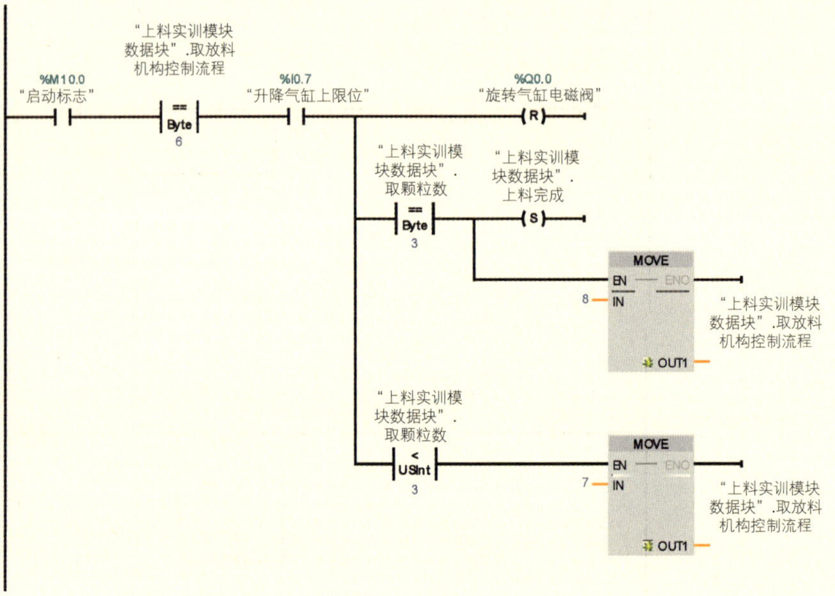

4. 汇川PLC程序

汇川PLC一方面负责控制空瓶子输送机构，另一方面从西门子PLC工作站中读取整个模型的启动、停止、复位等信号，并将“上料位后”传感器状态发送给西门子PLC，供西门子PLC复位用。

汇川PLC在进行编程之前需要组态并建立Modbus TCP通道，详细的组态过程见项目三。由此可知，汇川PLC与西门子PLC、三菱PLC之间信号的关系如表5-1-16所示。

表5-1-16 汇川PLC与西门子PLC、三菱PLC之间信号的关系（一）

<table>
<tr><th colspan="2">汇川PLC</th><th>方向</th><th colspan="2">西门子PLC</th><th>方向</th><th>三菱PLC</th></tr>
<tr><td rowspan="6">—</td><td>%ix200.0</td><td>←</td><td>DB16.DBX19.0</td><td>DB16.DBX15.0</td><td>←</td><td>启动按钮</td></tr>
<tr><td>%ix200.1</td><td>←</td><td>DB16.DBX19.1</td><td>DB16.DBX15.1</td><td>←</td><td>停止按钮</td></tr>
<tr><td>%ix200.2</td><td>←</td><td>DB16.DBX19.2</td><td>DB16.DBX15.2</td><td>←</td><td>复位按钮</td></tr>
<tr><td>%ix200.3</td><td>←</td><td>DB16.DBX19.3</td><td>启动标志M10.0</td><td colspan="2" rowspan="6">—</td></tr>
<tr><td>%ix200.4</td><td>←</td><td>DB16.DBX19.4</td><td>西门子PLC站上料完成</td></tr>
<tr><td>%ix200.5</td><td>←</td><td>DB16.DBX19.5</td><td>进料传感器（上料位）</td></tr>
<tr><td>瓶子输送控制流程3</td><td>%qx200.0</td><td>→</td><td>DB16.DBX17.0</td><td rowspan="3">—</td></tr>
<tr><td>汇川PLC站上料完成</td><td>%qx200.1</td><td>→</td><td>DB16.DBX17.1</td></tr>
<tr><td>上料位后</td><td>%qx200.2</td><td>→</td><td>DB16.DBX17.2</td></tr>
</table>

汇川PLC瓶子输送控制参考程序如图5-1-32所示，其中MW50为瓶子输送流程控制寄存器，当MW50=3时，说明瓶子到达放料位，此时允许西门子PLC工作站进行放料操作。除了动作控制，由于西门子PLC工作站需要汇川PLC的“上料位后”传感器信息进行复位操作，以及需要汇川PLC的完成信息以供“颗粒上料完成”程序段使用，这两个信息通过%qx200.2以及%qx200.1传送给西门子PLC工作站。

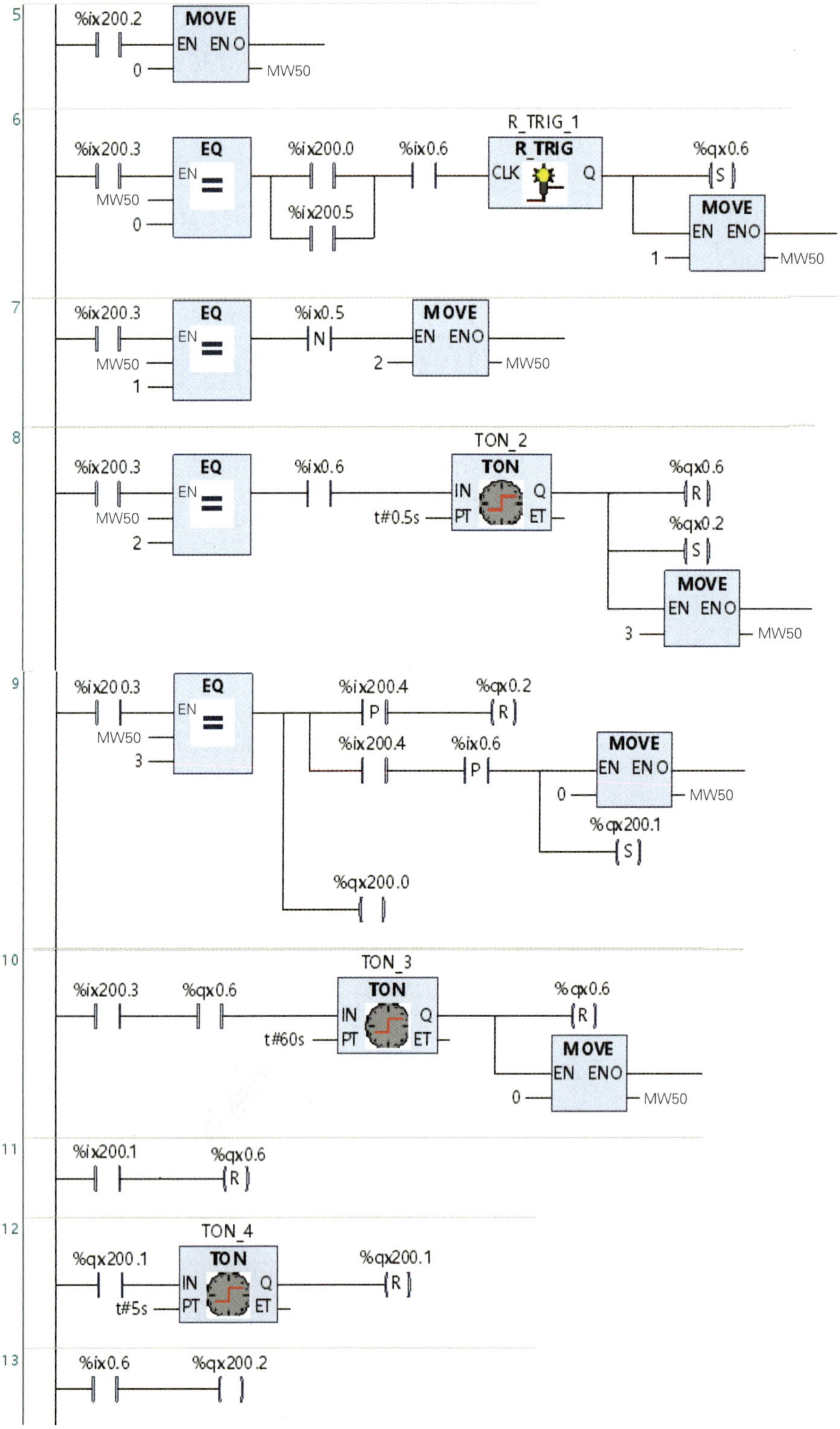

5
%ix200.2 MOVE EN ENO
0 MW50

6
%ix200.3 EQ EN =
MW50
0
%ix200.0
%ix200.5
%ix0.6
R_TRIG_1 R_TRIG CLK Q
%qx0.6 S
MOVE EN ENO
1 MW50

7
%ix200.3 EQ EN =
MW50
1
%ix0.5 N
MOVE EN ENO
2 MW50

8
%ix200.3 EQ EN =
MW50
2
%ix0.6
TON_2 TON IN Q PT ET
t#0.5s
%qx0.6 R
%qx0.2 S
MOVE EN ENO
3 MW50

9
%ix200.3 EQ EN =
MW50
3
%ix200.4 P
%qx0.2 R
%ix200.4
%ix0.6 P
MOVE EN ENO
0 MW50
%qx200.1 S
%qx200.0

10
%ix200.3
%qx0.6
TON_3 TON IN Q PT ET
t#60s
%qx0.6 R
MOVE EN ENO
0 MW50

11
%ix200.1
%qx0.6 R

12
%qx200.1
TON_4 TON IN Q PT ET
t#5s
%qx200.1 R

13
%ix0.6
%qx200.2

图5-1-32 汇川PLC瓶子输送控制参考程序

任务考核

一、对任务实施的完成情况进行检查，并将结果填入表5-1-17内。

表5-1-17 项目五任务一自评表

序号	主要内容	考核要求	评分标准	配分/分	扣分/分	得分/分
1	ProfiNet、CC-Link、Modbus TCP网络搭建	正确描述各个网络中各部分的名称，并完成网络安装	（1）描述3种网络的组成有错误或遗漏，每处扣5分； （2）3种网络安装有错误或遗漏，每处扣5分	20		
2	PLC程序设计与调试	正确进行ProfiNet、CC-Link、Modbus TCP网络组态	（1）硬件组态遗漏或出错，每处扣5分； （2）网络参数表达不正确或参数设置不正确，每处扣2分	20		
		按PLC控制I/O（输入/输出）接线图在配线板上正确安装，安装要准确、紧固，配线导线要紧固、美观，导线要进行线槽，导线要有端子标号	（1）损坏元件扣5分； （2）布线不进行线槽，不美观，主电路、控制电路每根扣1分； （3）接点松动、露铜过长、压绝缘层，标记线号不清楚、遗漏或误标，引出端无别径压端子，每处扣1分； （4）损伤导线绝缘或线芯，每根扣1分； （5）不按PLC控制I/O（输入/输出）接线图接线，每处扣5分	20		
		熟练、正确地将所编程序输入PLC；按照被控设备的动作要求进行调试，达到设计要求	（1）不能熟练操作PLC键盘输入指令扣2分； （2）不能用删除、插入、修改、存盘等命令，每项扣2分； （3）试车不成功扣20分	30		
3	安全文明生产	劳动保护用品穿戴整齐；遵守操作规程；讲文明，有礼貌；操作结束后要清理现场	（1）操作中，违反安全文明生产考核要求的任何一项扣5分，扣完为止； （2）当发现学生有重大事故隐患时，要立即予以制止，并每次扣5分	10		
合计						
开始时间:			结束时间:			

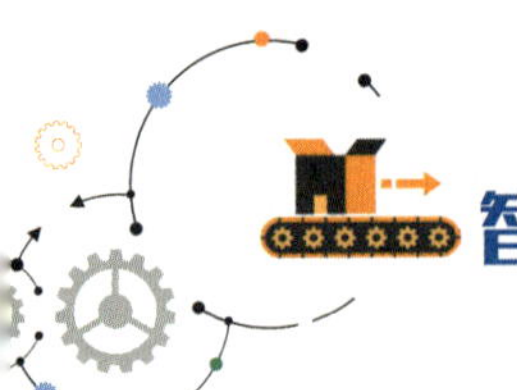

二、根据考核评比要求，对考核内容进行多方评价，并将结果填入表5-1-18内。

表5-1-18　项目五任务一考核评价表

<table>
<tr><th colspan="7">考核内容</th></tr>
<tr><td></td><td colspan="2">考核评比要求</td><td>项目分值</td><td>自我评价</td><td>小组评价</td><td>教师评价</td></tr>
<tr><td rowspan="3">专业能力（60%）</td><td>工作准备的质量评估</td><td>（1）器材和工具、仪表的准备数量是否齐全，检验的方法是否正确；
（2）辅助材料准备的质量和数量是否适用；
（3）工作周围环境布置是否合理、安全</td><td>10</td><td></td><td></td><td></td></tr>
<tr><td>工作过程各个环节的质量评估</td><td>（1）做工的顺序安排是否合理；
（2）计算机编程的使用是否正确；
（3）图纸设计是否正确、规范；
（4）导线的连接是否能够安全载流、绝缘是否安全可靠、放置是否合适；
（5）安全措施是否到位</td><td>20</td><td></td><td></td><td></td></tr>
<tr><td>工作成果的质量评估</td><td>（1）程序设计是否功能齐全；
（2）电器安装位置是否合理、规范；
（3）程序调试方法是否正确；
（4）环境是否整洁、干净；
（5）其他物品是否在工作中遭到损坏；
（6）整体效果是否美观</td><td>30</td><td></td><td></td><td></td></tr>
<tr><td rowspan="4">综合能力（40%）</td><td>信息收集能力</td><td>基础理论；收集和处理信息的能力；独立分析和思考问题的能力；综述报告</td><td>10</td><td></td><td></td><td></td></tr>
<tr><td>交流沟通能力</td><td>编程设计、安装、调试总结；程序设计方案论证</td><td>10</td><td></td><td></td><td></td></tr>
<tr><td>分析问题能力</td><td>程序设计与线路安装调试基本思路、基本方法研讨；工作过程中处理程序设计</td><td>10</td><td></td><td></td><td></td></tr>
<tr><td>深入研究能力</td><td>将具体实例抽象为模拟安装调试的能力；相关知识的拓展与知识水平的提升；了解步进顺序控制未来发展的方向</td><td>10</td><td></td><td></td><td></td></tr>
<tr><td>备注</td><td colspan="6">强调项目成员注意安全规程及行业标准；
本项目可以小组或个人形式完成</td></tr>
</table>

三、完成下列相关知识技能拓展题。

（1）扩展上述系统功能，尝试在三菱PLC中添加一个“单步”按钮，实现每按下一次此按钮，机械手对瓶子送一个料的功能。

（2）若将上述系统的西门子PLC工作站和三菱PLC工作站的功能对调，即三菱PLC及其远程IO实现对颗粒上料机构、颗粒筛选皮带等机构的控制，西门子PLC实现对模型的启动、停止和复位进行控制，请问智能网关应该如何设置？试试实现这一功能。

（3）上述系统的功能，是否可以在没有智能网关，而仅仅采用Modbus TCP的情况下实现三菱PLC、西门子PLC、汇川PLC之间的互联？该如何实现？

基于工业网络系统的加盖拧盖工作站编程与调试

学习目标

1. 熟练掌握西门子PLC及其分布式IO、汇川PLC、三菱PLC及其远程IO、智能网关的组态编程要点。
2. 认识加盖拧盖工作站的组成，以及模型上的传感器、执行器的工作原理。
3. 了解加盖拧盖工作站工业网络控制的工艺流程。
4. 认识加盖拧盖工作站的元器件，掌握该模型工业网络控制的接线方法。
5. 掌握加盖拧盖工作站工业网络控制的程序编写及调试。
6. 掌握西门子PLC、汇川PLC、三菱PLC与智能网关的综合网络配置方法。

任务描述

本任务是以加盖拧盖工作站为实训载体，基于工业网络通信应用的实训任务。我们将编写加盖拧盖工作站控制程序，运用由西门子PLC、汇川PLC、三菱PLC和智能网关组成的工业网络配合控制加盖拧盖工作站。

西门子PLC（模拟从站1）控制加盖机构、主皮带部分；汇川PLC（模拟从站2）控制拧盖机构；三菱PLC（模拟远程主站）对模型的启动、停止和复位进行控制。西门子PLC与其分布式IO构成一个子网络，分布式IO模拟远程IO站。三菱PLC与CC-Link IE远程IO也构成一个子网络，CC-Link IE模拟远程IO站。

一、加盖拧盖实训模块组成

加盖拧盖实训模块如图5-2-1所示，其主体由加盖机构、拧盖机构、传送皮带组成。整个模块实现无盖的物料瓶在传送皮带的带动下，经加盖机构、拧盖机构处理，拧上盖子的过程

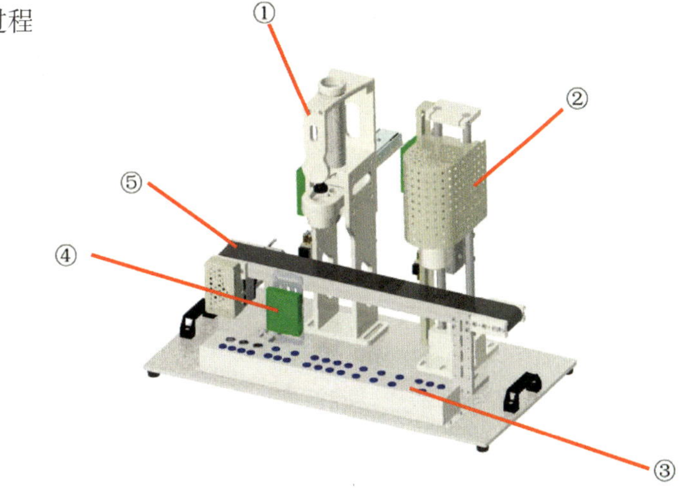

①加盖机构
②拧盖机构
③接口盒
④I/O转换板
⑤传送皮带

图5-2-1　加盖拧盖实训模块图解

二、加盖装置构成

加盖装置如图5-2-2所示，主体由三个气缸实现定位、伸缩、升降三个主要动作。加盖定位气缸将无盖的物料瓶定位于加盖位上，加盖伸缩气缸将瓶盖推出，加盖升降气缸将瓶盖垂直压倒在物料瓶上面。

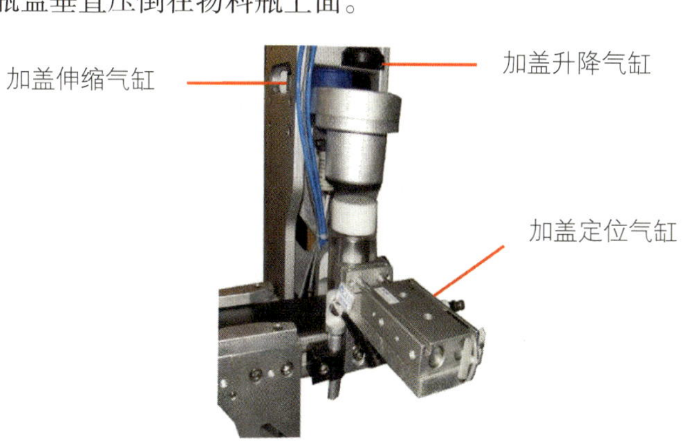

图5-2-2　加盖装置

三、拧盖装置构成

拧盖装置如图5-2-3所示。其中拧盖定位气缸将一个加盖完成的物料瓶定位在拧盖位，拧盖升降气缸带动主体为拧盖电机的拧盖机构拧紧瓶盖。

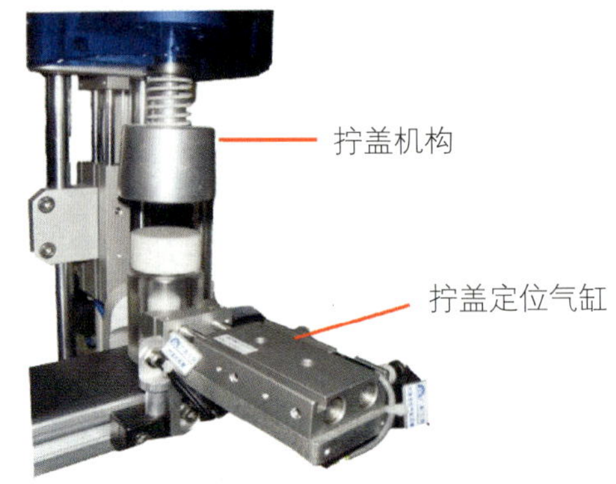

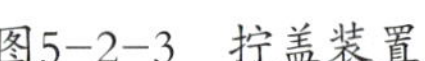
图5-2-3　拧盖装置

一、任务准备

根据表5-2-1的材料清单，清点与确认实施本任务教学所需的实训设备及工具。

表 5-2-1　项目五中任务二实验需要的主要设备及工具

设备	数量	单位
S7-1200 CPU（1214C）	1	台
SM1223 IO扩展模块	1	台
西门子ProfiNet远程模块：IM155-6PN	1	台
分布式输入点模块：DI 8×24VDC ST	1	台
分布式输出点模块：DQ 8×24VDC/0.5A BA	1	台
汇川AM400系列PLC：AM401-CPU1608TP	1	台
汇川电源模块：AM600PS2	1	台
三菱PLC：Q03UDVCPU	1	台
三菱电源模块：Q61P	1	台
三菱IO模块：QX48Y57（8输入/7输出 共阳极）	1	台
三菱CC-Link主站模块：QJ61BT11N	1	台
三菱远程IO模块：NZ2MFB1-32DT	1	台
加盖拧盖模型单元　SX-IM818F-D2	1	套
交换机	1	台
RJ45接头网线	2	条
XL90智能网关	1	套
装有Portal V13的个人电脑	1	台

（续表）

工具	数量	单位
万用表	1	台
2 mm一字水晶头小螺丝刀	1	支
6 mm十字螺丝刀	1	支
6 mm一字螺丝刀	1	支
六角扳手组	1	套
试电笔	1	支

二、关键部分调试

加盖装置调试：①将一个无盖的物料瓶放在加盖位，锁住加盖定位气缸电磁阀，调整加盖伸缩与升降气缸安装位置，保证瓶盖垂直压在物料瓶正中心；②调整各个气缸磁性开关的位置，确保传感器能检测到各自气缸的伸缩到位情况。

拧盖装置调试：①将一个加盖完成的物料瓶放在拧盖位，锁住拧盖定位气缸电磁阀，调整拧盖升降气缸的高度，保证气缸能在有效的行程内拧紧瓶盖；②手动启动拧盖电机，根据电机的转速与物料瓶螺纹的高度，估算出拧紧瓶盖所需要的时间。

三、网络拓扑与接线

对西门子PLC、西门子分布式IO、汇川PLC、三菱PLC、三菱CC-Link IE远程IO、智能网关与编程电脑的局域网进行搭建，通过网线和交换机将其连接在同一个局域网内，网络搭建如图5-2-4所示。

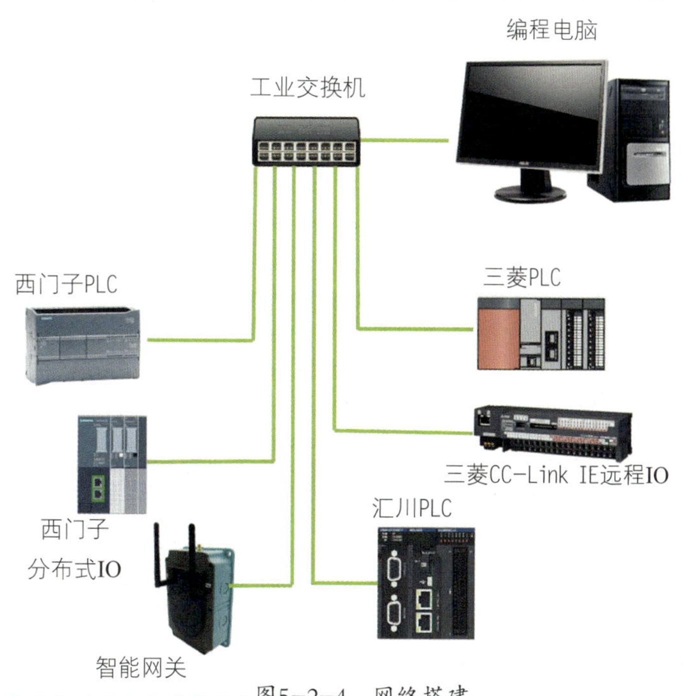

图5-2-4　网络搭建

四、加盖拧盖工作站I/O地址分配

加盖拧盖工作站的西门子PLC及西门子分布式IO模块 I/O地址分配如表5-2-2所示。

表5-2-2 加盖拧盖工作站的西门子PLC及西门子分布式IO模块I/O地址分配

西门子PLC I/O地址分配		
PLC地址	功能描述	对应接口盒接点
I0.0	瓶盖检测	瓶盖检测（加盖传感器）
I0.1	加盖位检测	加盖检测（加盖传感器）
I0.3	加盖气缸升降上限	升降上限（加盖传感器）
I0.4	加盖气缸升降下限	升降下限（加盖传感器）
I0.5	加盖伸缩气缸前限位	伸缩前限（加盖传感器）
I0.6	加盖伸缩气缸后限位	伸缩后限（加盖传感器）
I0.7	拧盖位检测	拧盖检测（拧盖传感器）
I1.0	拧盖定位气缸后限位	定位后限（拧盖传感器）
Q0.0	传送皮带运行	传送皮带
Q0.2	加盖伸缩电磁阀	加盖伸缩
Q0.3	加盖升降电磁阀	加盖升降
Q0.4	加盖定位电磁阀	加盖定位
Q0.6	拧盖定位电磁阀	拧盖定位
西门子分布式IO模块 I/O地址分配		
PLC地址	功能描述	对应接口盒接点
I10.0	加盖位后限位（远程模块）	定位后限（加盖传感器）

加盖拧盖工作站的三菱PLC及三菱CC-Link IE远程IO模块 I/O地址分配如表5-2-3所示。

表5-2-3 加盖拧盖工作站的三菱PLC及三菱CC－L ink IE远程IO模块I/O地址分配

三菱PLC I/O地址分配		
PLC地址	功能描述	对应接口盒接点
X0	启动按钮	启动
X1	停止按钮	停止
三菱CC-Link IE远程IO模块I/O地址分配		
PLC地址	功能描述	对应接口盒接点
X100	复位按钮	复位

加盖拧盖工作站的汇川PLC的 I/O地址分配如表5-2-4所示。

表5-2-4 加盖拧盖工作站的汇川PLC I/O地址分配

汇川PLC I/O地址分配		
PLC地址	功能描述	对应接口盒接点
iX1.1	拧盖升降气缸上限位	升降上限（拧盖传感器）
qX0.1	拧盖电机	拧盖电机
qX0.5	拧盖升降电磁阀	拧盖升降

五、加盖拧盖工作站接线

接口盒电源部分与西门子PLC公共端迭对插头连线参考本项目任务一，接下来主要阐述PLC输入输出迭对插头连线。

1. 西门子PLC部分

西门子PLC输入点、输出点迭对插头连线及西门子分布式IO迭对插头连线见表5-2-5～表5-2-7。

表5-2-5 西门子PLC输入点迭对插头连线表

加盖拧盖接口盒插孔	迭对插头连线	西门子PLC实训屏面板插孔
瓶盖检测（加盖传感器）	•———•	I0.0
加盖检测（加盖传感器）	•———•	I0.1
升降上限（加盖传感器）	•———•	I0.3
升降下限（加盖传感器）	•———•	I0.4
伸缩前限（加盖传感器）	•———•	I0.5
伸缩后限（加盖传感器）	•———•	I0.6
拧盖检测（拧盖传感器）	•———•	I0.7
定位后限（拧盖传感器）	•———•	I1.0

表5-2-6 西门子PLC输出点迭对插头连线表

加盖拧盖接口盒插孔	迭对插头连线	西门子PLC实训屏面板插孔
传送皮带	•———•	Q0.0
加盖伸缩	•———•	Q0.2
加盖升降	•———•	Q0.3
加盖定位	•———•	Q0.4
拧盖定位	•———•	Q0.6

表5-2-7　西门子分布式IO迭对插头连线表

远程IO模块面板插孔	迭对插头连线	西门子PLC实训屏面板插孔
24 V（西门子分布式IO电源）	——	24 V
0 V（西门子分布式IO电源）	——	0 V
西门子分布式IO接线端子针脚	迭对插头连线	加盖拧盖接口盒插孔
.0	——	定位后限

2. 三菱PLC部分

三菱PLC输入点迭对插头连线见表5-2-8，三菱CC-Link IE远程IO模块迭对插头连线见表5-2-9。

表5-2-8　三菱PLC输入点迭对插头连线表

加盖拧盖接口盒插孔	迭对插头连线	三菱PLC实训屏面板插孔
启动（按钮）	——	X00
停止（按钮）	——	X01

表5-2-9　三菱CC-Link IE 远程IO模块迭对插头连线表

远程IO模块面板插孔	迭对插头连线	三菱PLC实训屏面板插孔
24 V（三菱远程IO电源）	——	24 V
0 V（三菱远程IO电源）	——	0 V
三菱CC-Link IE 远程IO接线端子针脚	迭对插头连线	加盖拧盖接口盒插孔
X0	——	复位（按钮）
CMO+	——	24 V
COM-	——	0 V

3. 汇川PLC部分

汇川PLC输入点、输出点部分迭对插头连线见表5-2-10、表5-2-11。

表5-2-10　汇川PLC输入点部分迭对插头连线表

加盖拧盖接口盒插孔	迭对插头连线	汇川PLC实训屏面板插孔
升降上限（拧盖传感器）	——	X11

表5-2-11　汇川PLC输出点部分迭对插头连线表

加盖拧盖接口盒插孔	迭对插头连线	汇川PLC实训屏面板插孔
拧盖电机	•——————•	Y01
拧盖升降	•——————•	Y05

六、加盖拧盖工作站工艺分析及程序编写

1. 智能网关综合配置

智能网关综合配置的主要步骤包括配置模板集、装置集、端口集及通信机组态里的装置集、转发集、监控集，具体的配置步骤见本项目任务一。

智能网关配置好之后，对三个PLC工作站透明，并最终为实现图5-2-5所示的西门子PLC工作站、汇川PLC工作站、三菱PLC工作站三者的通信关系奠定基础。

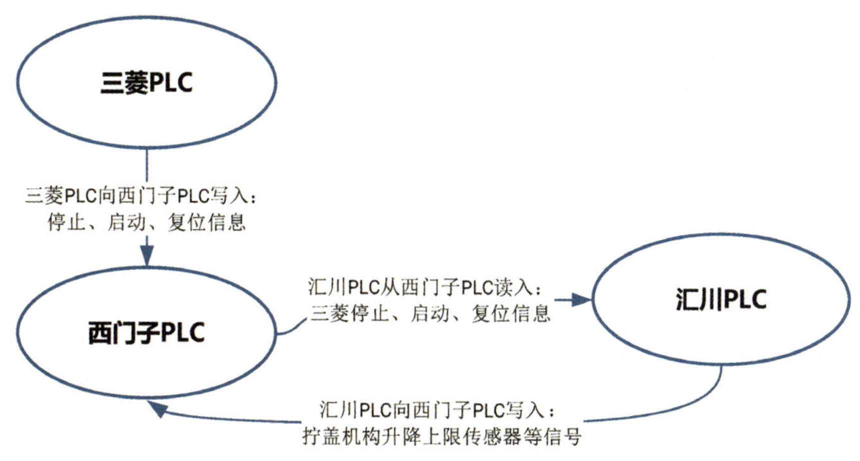

图5-2-5　三个PLC工作站的通信关系

2. 三菱PLC程序

在对三菱PLC进行编程之前，需要建立起与远程IO（NZ2MFB1-32DT）的CC-Link IE通信，并且需要配置内置以太网通信组态程序，具体配置过程与配置内容请参考项目四任务一。

三菱PLC负责将接于三菱IO模块X0、X1之上的启动和停止按钮，以及接于远程IO上的复位按钮的状态，通过Modbus TCP功能码6写到偏移地址为0的保持寄存器上（Modbus地址空间40001，对应三菱PLC D1003），以传输到西门子PLC中。

三菱PLC程序主体为TCP通信程序。TCP通信程序的内容主要为建立通信连接、内

置以太网通信协议控制、断开通信连接三部分。参考程序如图5–2–6～图5–2–8所示。

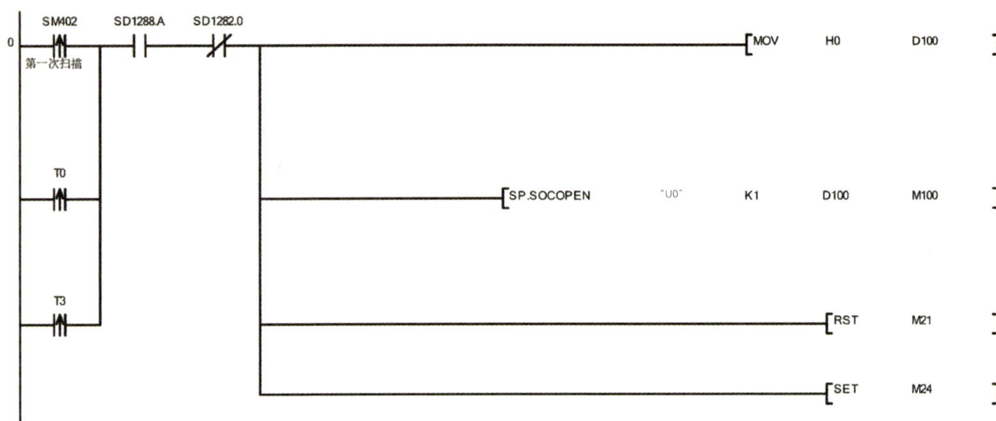

SM402
SD1288.A
SD1282.0
0
第一次扫描
MOV H0 D100
T0
SP.SOCOPEN "U0" K1 D100 M100
T3
RST M21
SET M24

图5–2–6　建立通信连接图示

SD1282.0
T3
25
K20
T3
SD1282.0
T4
31
MOV K1 D502
MOV K1 D1001
SP.ECPRTCL "U0" K1 K1 D500 M500
M500
52
K2
T4

图5–2–7　内置以太网通信协议控制图示

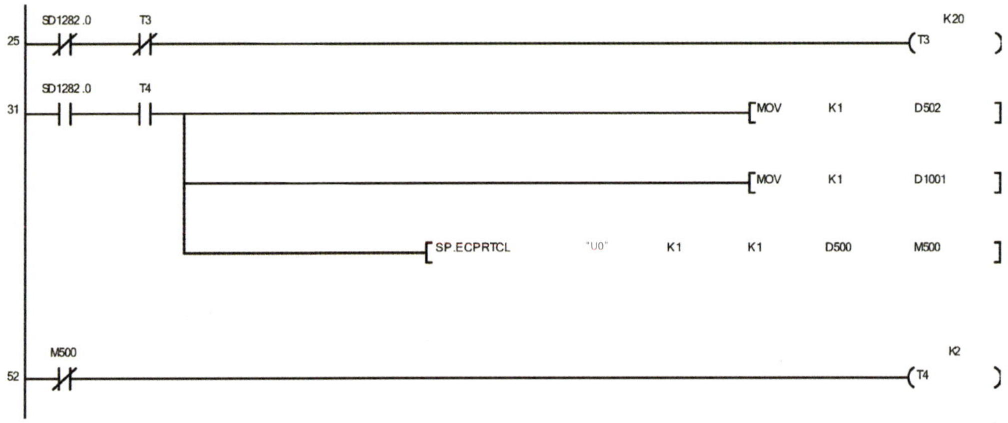

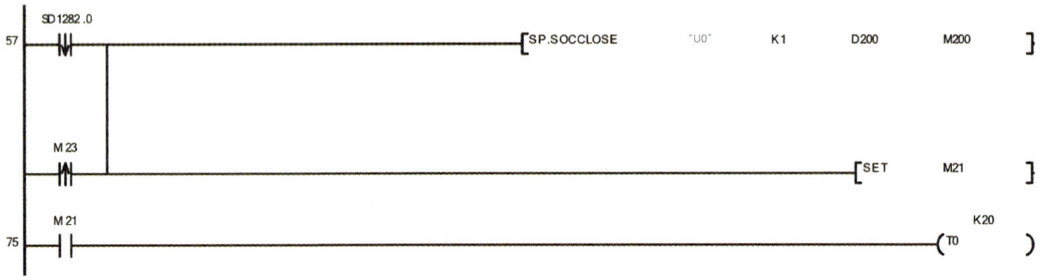

SD1282.0
57
SP.SOCCLOSE "U0" K1 D200 M200
M23
SET M21
M21
75
K20
T0

图5–2–8　断开通信连接图示

最后一部分为刷新Modbus地址空间40001（即对应三菱PLC D1003）的保持寄存器程序，如图5–2–9所示。

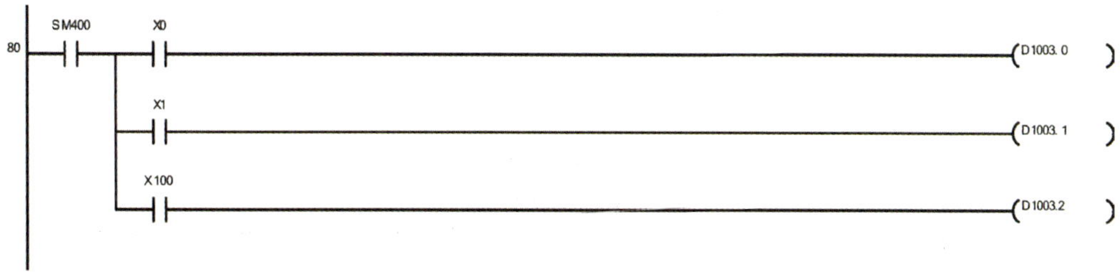

图5-2-9　刷新Modbus TCP保持寄存器图示

3. 西门子PLC程序

西门子PLC进行编程前需要对ProfiNet远程通信模块进行组态，详细组态过程与步骤请参考项目二。远程西门子PLC具有两个功能：①负责整个系统的主要部分的动作控制，即负责皮带、加盖机构的动作控制；②通过Modbus TCP接收来自三菱PLC的启动、停止、复位信息（存放在Modbus地址空间为40001的保持寄存器上），并将三菱PLC的启动、停止、复位信息写到Modbus地址空间为40003的保持寄存器上，供汇川PLC读取。

（1）Modbus TCP通信程序。

负责进行Modbus TCP通信的子程序如表5-2-12所示。关于西门子S7-1200 PLC的Modbus TCP控制指令的详细解释请参考项目二。此处，西门子PLC通过MB_SERVER程序的MB_HOLD_REG参数，将DB17.DBW14指定为保持寄存器起始地址（即Modbus地址空间为40001），并将西门子PLC的启动标志M10.0和从三菱PLC中读到的启动、停止、复位按钮信号（对应DB17.DBX15.0、DB17.DBX15.1、DB17.DBX15.2）写到DB17.DBX19.3、DB17.DBX19.0、DB17.DBX19.1、DB17.DBX19.2中，再通过Modbus TCP发送给汇川PLC。

表5-2-12 加盖拧盖工作站Modbus TCP通信子程序

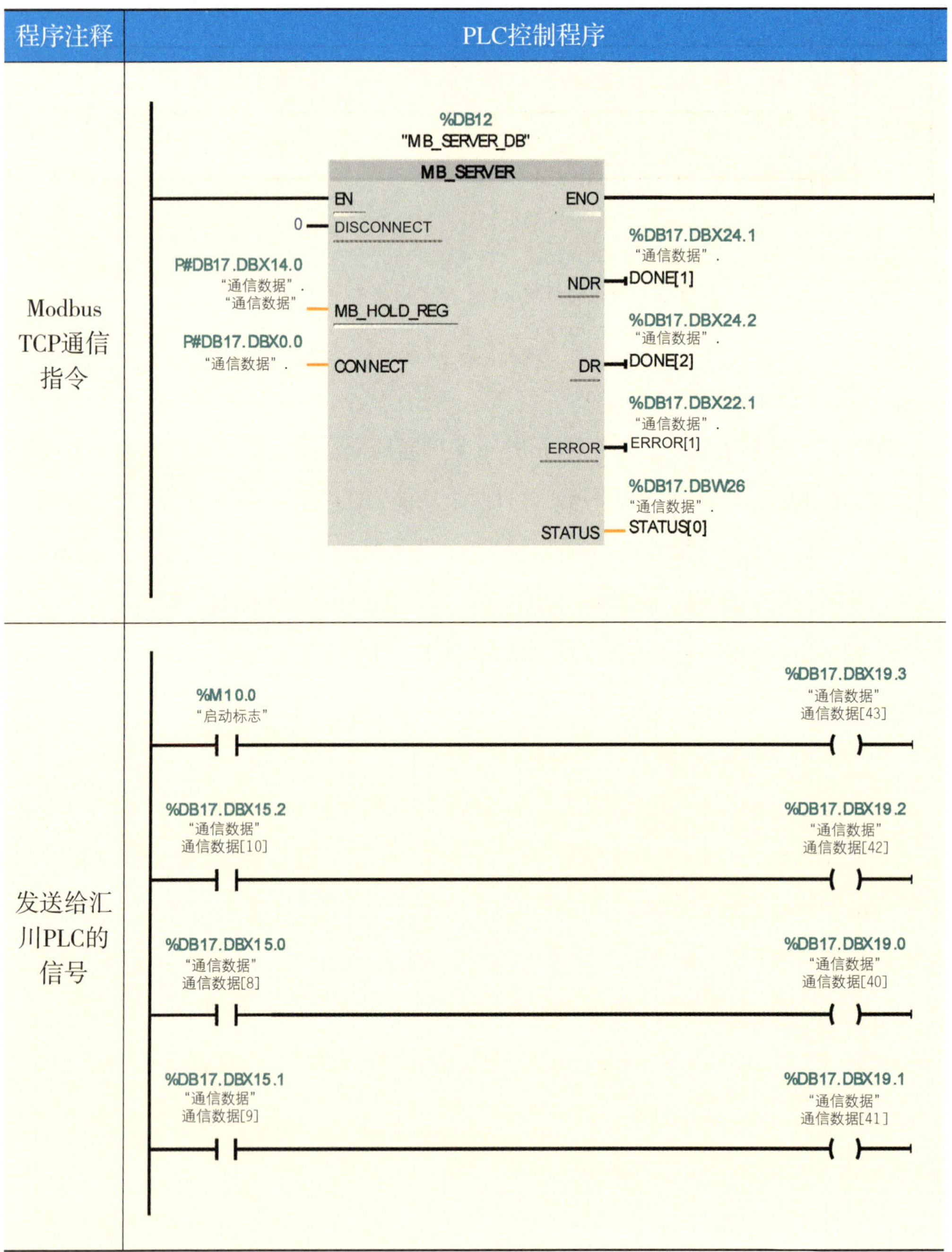

程序注释	PLC控制程序
Modbus TCP通信指令	%DB12 "MB_SERVER_DB" MB_SERVER EN ENO 0 DISCONNECT P#DB17.DBX14.0 "通信数据". "通信数据" MB_HOLD_REG P#DB17.DBX0.0 "通信数据". CONNECT NDR %DB17.DBX24.1 "通信数据". DONE[1] DR %DB17.DBX24.2 "通信数据". DONE[2] ERROR %DB17.DBX22.1 "通信数据". ERROR[1] STATUS %DB17.DBW26 "通信数据". STATUS[0]
发送给汇川PLC的信号	%M10.0 "启动标志" —— %DB17.DBX19.3 "通信数据" 通信数据[43] %DB17.DBX15.2 "通信数据" 通信数据[10] —— %DB17.DBX19.2 "通信数据" 通信数据[42] %DB17.DBX15.0 "通信数据" 通信数据[8] —— %DB17.DBX19.0 "通信数据" 通信数据[40] %DB17.DBX15.1 "通信数据" 通信数据[9] —— %DB17.DBX19.1 "通信数据" 通信数据[41]

（2）加盖机构与传送皮带控制程序。

西门子主流程如图5-2-10所示，传送皮带控制子程序流程如图5-2-11所示，加盖机构程序流程与拧盖机构程序流程分别如图5-2-12和图5-2-13所示。

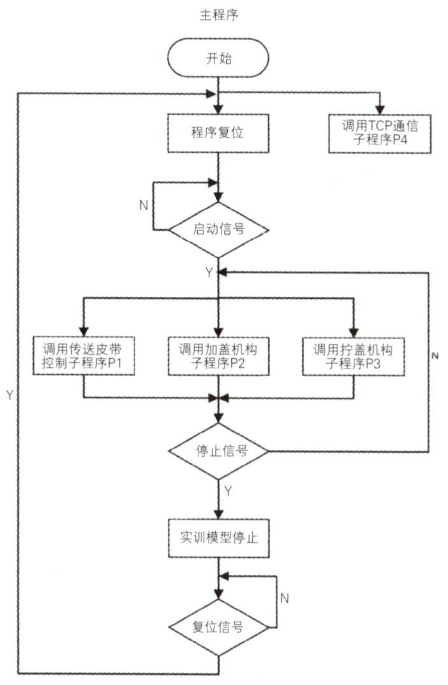

图5-2-10　加盖拧盖工作站西门子PLC主流程

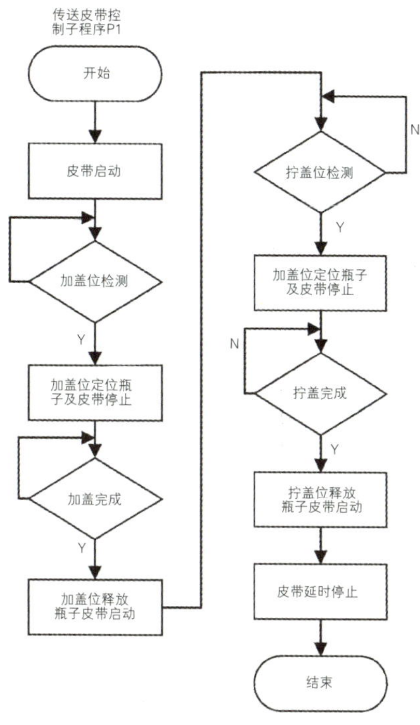

图5-2-11　传送皮带控制子程序流程

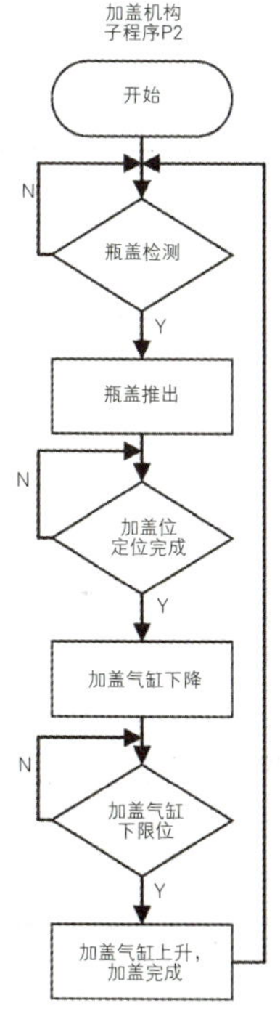

图5-2-12　加盖机构程序流程

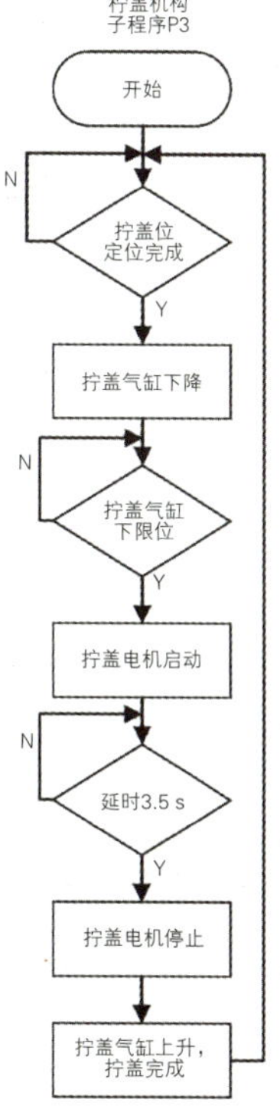

图5-2-13　拧盖机构程序流程

西门子PLC加盖拧盖工作站启停程序参考程序如表5-2-13所示。为了方便进行西门子工作站的调试，程序设置了I2.0、I2.1、I2.2作为本站启动、停止、复位按钮。

表5-2-13 西门子PLC加盖拧盖工作站启停程序

程序注释	PLC控制程序
启动	%I2.0 "启动按钮" %DB17.DBX15.0 "通信数据".通信数据[8] %I2.1 "停止按钮" %DB17.DBX15.1 "通信数据".通信数据[9] %M10.3 "复位完成" %M10.3 "复位完成" (R) %M10.0 "启动标志" (S)
停止	%I2.1 "停止按钮" %DB17.DBX15.1 "通信数据".通信数据[9] %M10.0 "启动标志" (R) %M10.1 "停止标志" (S) %Q0.0 "传送皮带运行" (R) %M10.2 "复位标志" (R)
复位	%I2.2 "复位按钮" %DB17.DBX15.2 "通信数据".通信数据[10] %M10.1 "停止标志" %M10.1 "停止标志" (R) %M10.0 "启动标志" (R) %M10.2 "复位标志" (S)

（续表）

程序注释	PLC控制程序
复位中	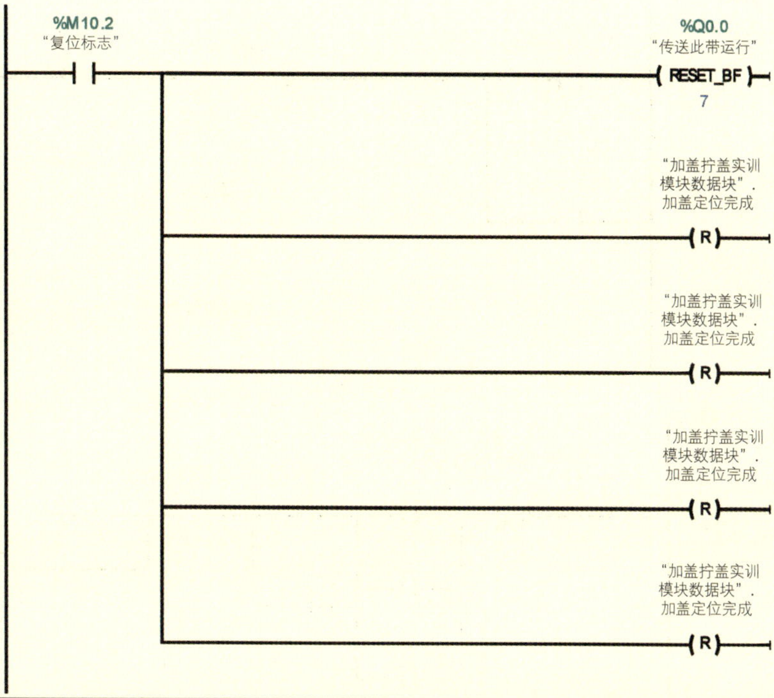 %M10.2 "复位标志" %Q0.0 "传送此带运行" RESET_BF 7 "加盖拧盖实训模块数据块".加盖定位完成 R "加盖拧盖实训模块数据块".加盖定位完成 R "加盖拧盖实训模块数据块".加盖定位完成 R "加盖拧盖实训模块数据块".加盖定位完成 R
复位完成	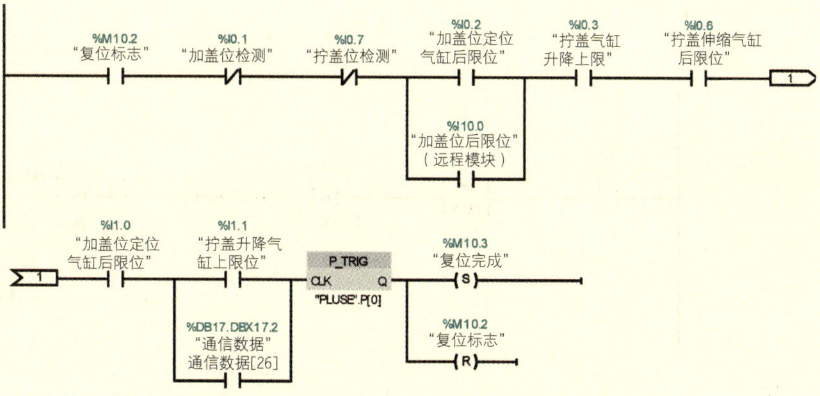 %M10.2 "复位标志" %I0.1 "加盖位检测" %I0.7 "拧盖位检测" %I0.2 "加盖位定位气缸后限位" %I10.0 "加盖位后限位"（远程模块） %I0.3 "拧盖气缸升降上限" %I0.6 "拧盖伸缩气缸后限位" 1 %I1.0 "加盖位定位气缸后限位" %I1.1 "拧盖升降气缸上限位" %DB17.DBX17.2 "通信数据"通信数据[26] P_TRIG CLK Q "PLUSE".P[0] %M10.3 "复位完成" S %M10.2 "复位标志" R

西门子PLC传送皮带控制程序见表5-2-14、表5-2-15。皮带运行控制流程分为A、B两个流程，各自通过数据块数据寄存器控制其流程。其中，皮带运行控制流程A控制瓶子从进料位到加盖工位的输送；皮带运行控制流程B控制将瓶子输送到拧盖工位。为方便本地工作站的调试，在本地工作站进行调试的时候将加盖定位气缸后限位接于I0.2，将拧盖升降气缸上限位接于I1.1，并通过数据块布尔量“拧盖完成”模拟从汇川PLC传来的拧盖完成信号。

表5-2-14　传送皮带控制程序A

程序注释	PLC控制程序
流程复位	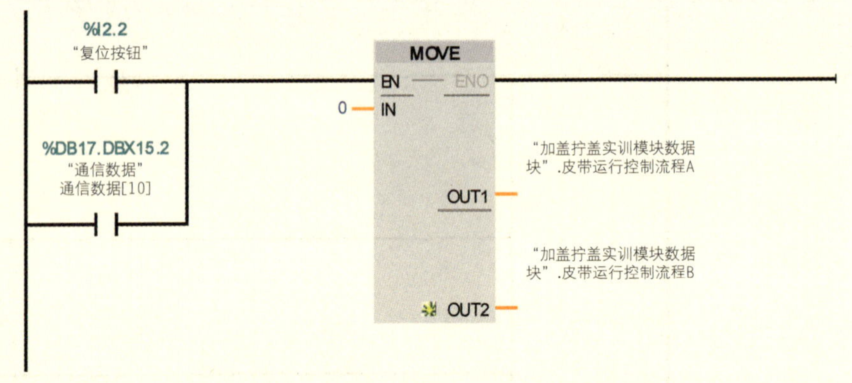 %I2.2 "复位按钮" %DB17.DBX15.2 "通信数据" 通信数据[10] MOVE EN ENO 0 IN OUT1 "加盖拧盖实训模块数据块".皮带运行控制流程A OUT2 "加盖拧盖实训模块数据块".皮带运行控制流程B
加盖工位进料，皮带运行	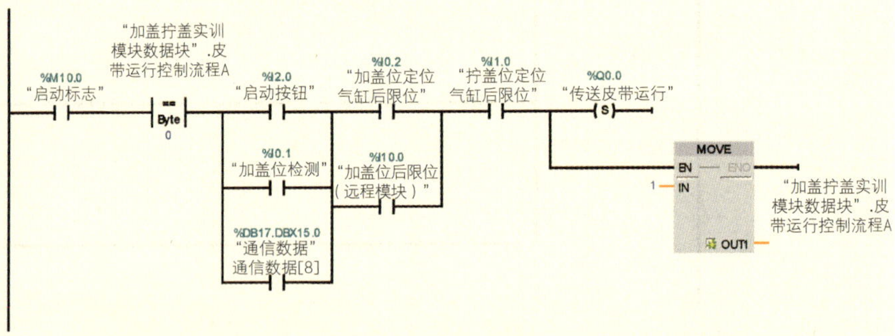 %M10.0 "启动标志" "加盖拧盖实训模块数据块".皮带运行控制流程A == Byte 0 %I2.0 "启动按钮" %I0.1 "加盖位检测" %DB17.DBX15.0 "通信数据" 通信数据[8] %I0.2 "加盖位定位气缸后限位" %I10.0 "加盖位后限位（远程模块）" %I1.0 "拧盖位定位气缸后限位" %Q0.0 "传送皮带运行" S MOVE EN ENO 1 IN OUT1 "加盖拧盖实训模块数据块".皮带运行控制流程A
瓶子通过加盖位前传感器	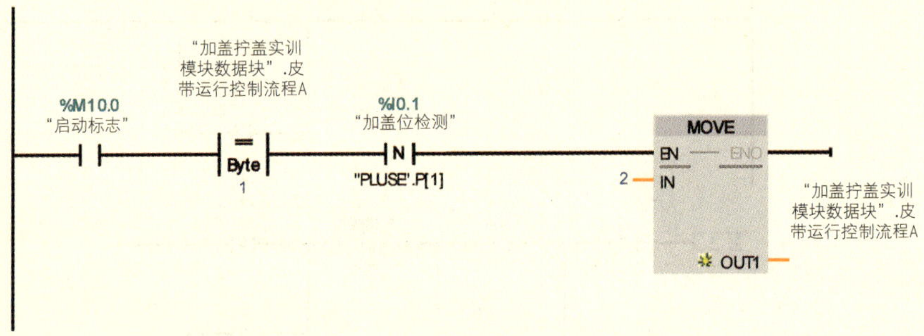 %M10.0 "启动标志" "加盖拧盖实训模块数据块".皮带运行控制流程A == Byte 1 %I0.1 "加盖位检测" N "PLUSE".P[1] MOVE EN ENO 2 IN OUT1 "加盖拧盖实训模块数据块".皮带运行控制流程A
加盖位延时定位	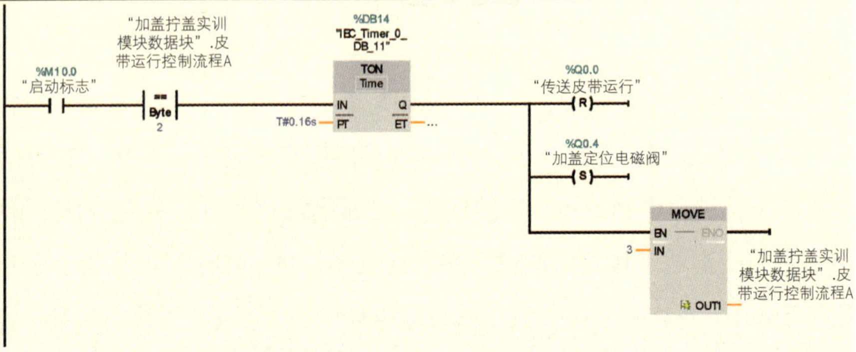 %M10.0 "启动标志" "加盖拧盖实训模块数据块".皮带运行控制流程A == Byte 2 %DB14 "IEC_Timer_0_DB_11" TON Time IN Q T#0.16s PT ET ... %Q0.0 "传送皮带运行" R %Q0.4 "加盖定位电磁阀" S MOVE EN ENO 3 IN OUT1 "加盖拧盖实训模块数据块".皮带运行控制流程A

（续表）

程序注释	PLC控制程序
加盖完成，瓶子离开加盖位	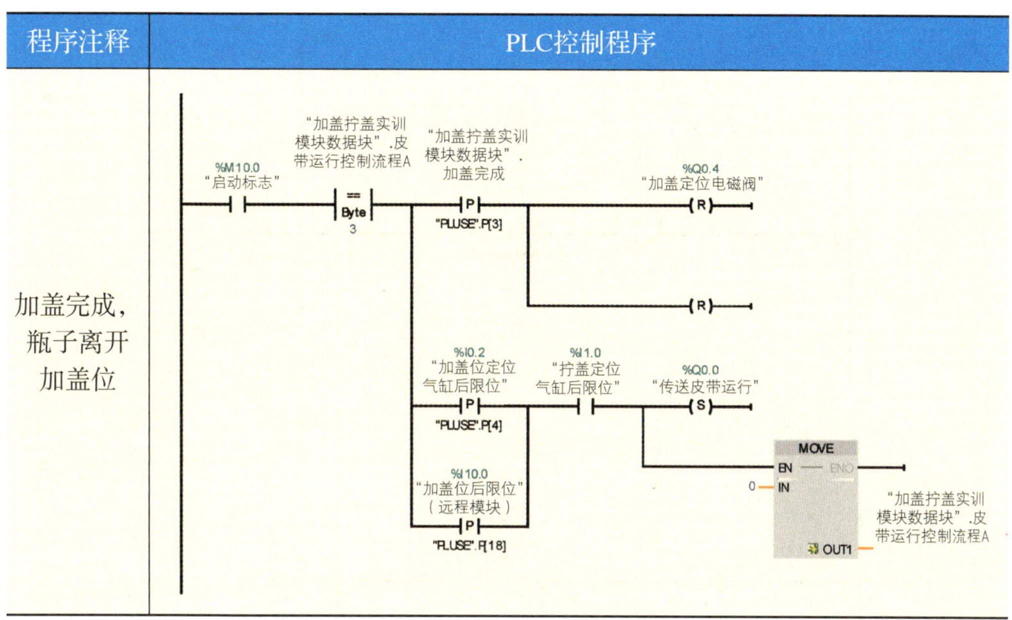

表5-2-15　传送皮带控制程序B

程序注释	PLC控制程序
拧盖工位进料，皮带运行	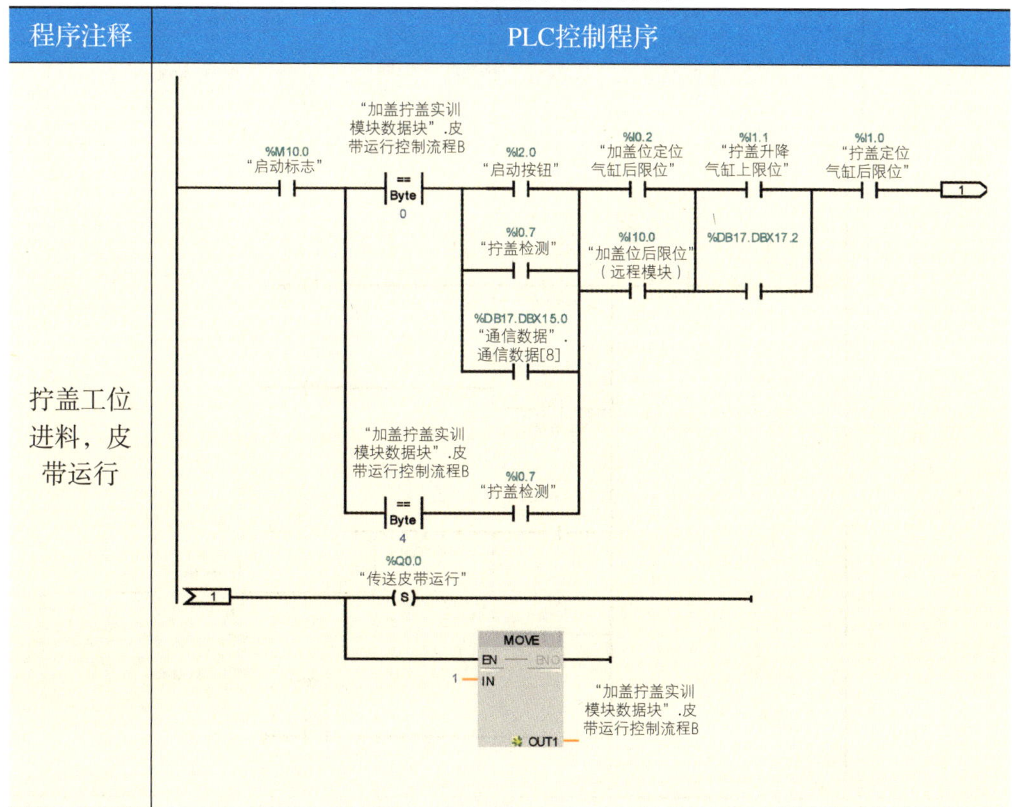

（续表）

程序注释	PLC控制程序
瓶子通过拧盖位前传感器	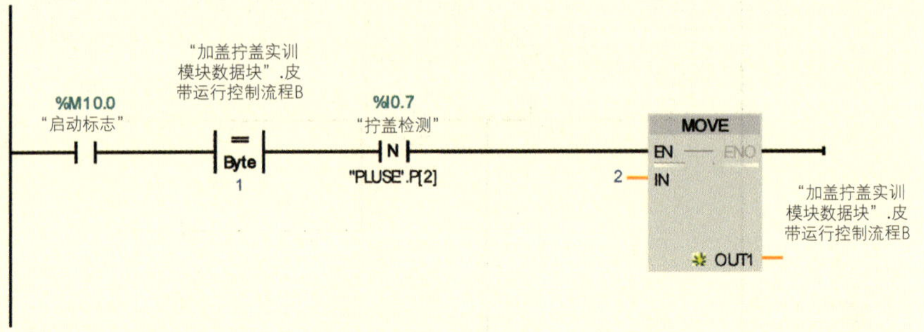 %M10.0 "启动标志" "加盖拧盖实训模块数据块".皮带运行控制流程B == Byte 1 %I0.7 "拧盖检测" N "PLUSE".P[2] MOVE EN ENO 2 IN OUT1 "加盖拧盖实训模块数据块".皮带运行控制流程B
拧盖位延时定位	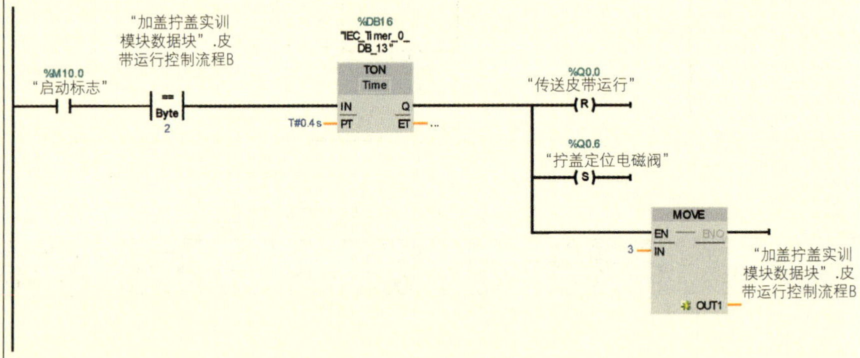 %M10.0 "启动标志" "加盖拧盖实训模块数据块".皮带运行控制流程B == Byte 2 %DB16 "IEC_Timer_0_DB_13" TON Time IN Q T#0.4 s PT ET %Q0.0 "传送皮带运行" R %Q0.6 "拧盖定位电磁阀" S MOVE EN ENO 3 IN OUT1 "加盖拧盖实训模块数据块".皮带运行控制流程B
拧盖完成，瓶子离开拧盖位	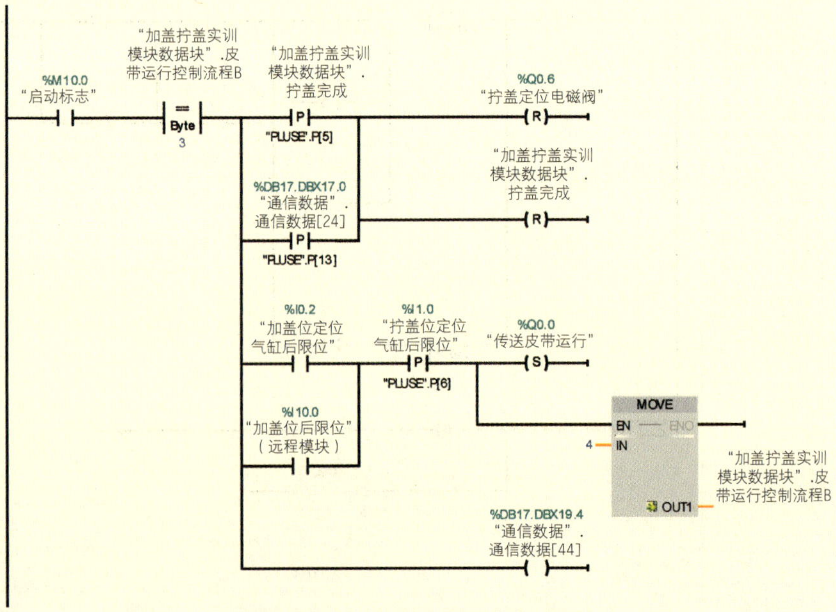 %M10.0 "启动标志" "加盖拧盖实训模块数据块".皮带运行控制流程B == Byte 3 "加盖拧盖实训模块数据块".拧盖完成 P "PLUSE".P[5] %DB17.DBX17.0 "通信数据".通信数据[24] P "PLUSE".P[13] %Q0.6 "拧盖定位电磁阀" R "加盖拧盖实训模块数据块".拧盖完成 R %I0.2 "加盖位定位气缸后限位" %I10.0 "加盖位后限位"（远程模块） %I1.0 "拧盖位定位气缸后限位" P "PLUSE".P[6] %Q0.0 "传送皮带运行" S MOVE EN ENO 4 IN OUT1 "加盖拧盖实训模块数据块".皮带运行控制流程B %DB17.DBX19.4 "通信数据".通信数据[44]

加盖机构控制子程序见表5-2-16。

表5-2-16 加盖机构控制子程序

程序注释	PLC控制程序
流程复位	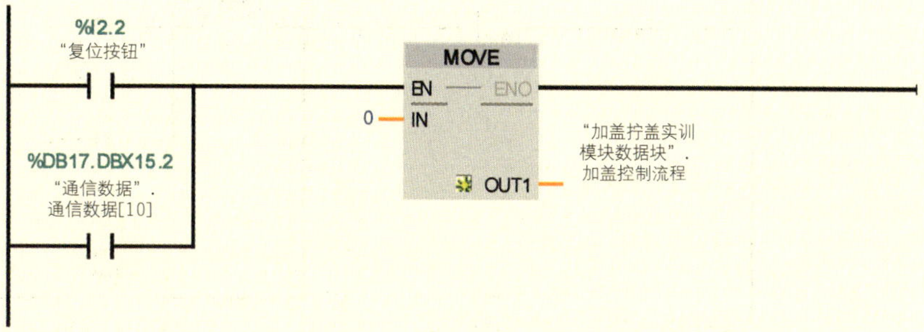 %I2.2 "复位按钮"；%DB17.DBX15.2 "通信数据".通信数据[10]；MOVE EN ENO；0 — IN；OUT1 — "加盖拧盖实训模块数据块".加盖控制流程
瓶盖推出	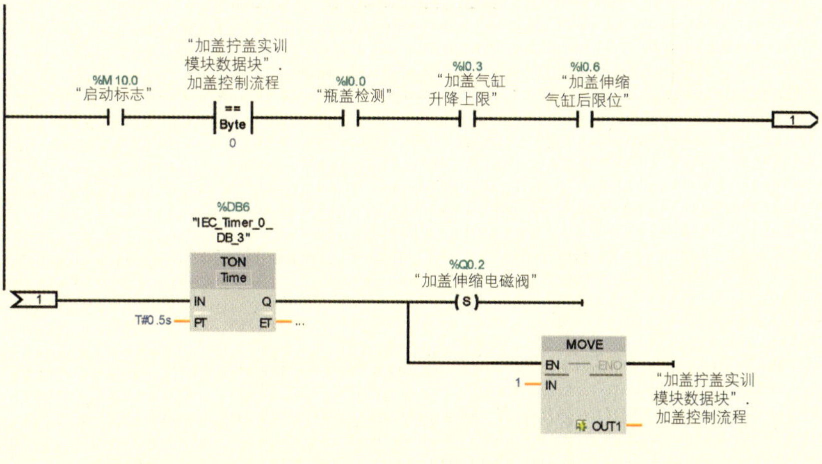 %M10.0 "启动标志"；"加盖拧盖实训模块数据块".加盖控制流程 == Byte 0；%I0.0 "瓶盖检测"；%I0.3 "加盖气缸升降上限"；%I0.6 "加盖伸缩气缸后限位"；1；%DB6 "IEC_Timer_0_DB_3" TON Time IN Q PT ET；T#0.5s；%Q0.2 "加盖伸缩电磁阀" (S)；MOVE EN ENO；1 — IN；OUT1 — "加盖拧盖实训模块数据块".加盖控制流程
瓶子到达加盖定位后，升降气缸下降	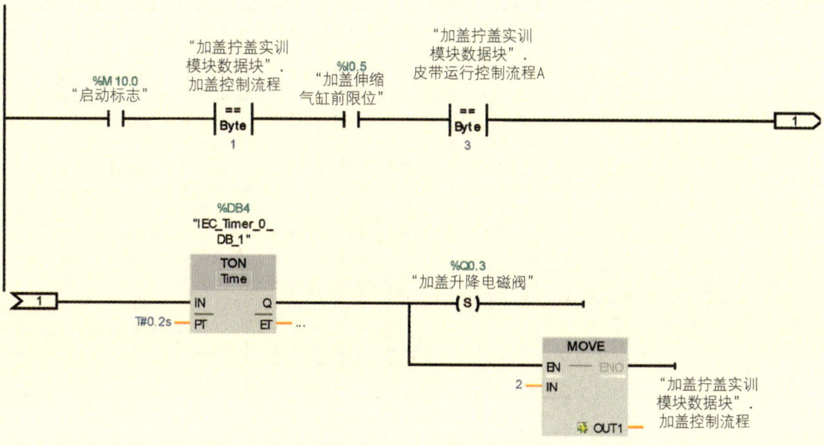 %M10.0 "启动标志"；"加盖拧盖实训模块数据块".加盖控制流程 == Byte 1；%I0.5 "加盖伸缩气缸前限位"；"加盖拧盖实训模块数据块".皮带运行控制流程A == Byte 3；1；%DB4 "IEC_Timer_0_DB_1" TON Time IN Q PT ET；T#0.2s；%Q0.3 "加盖升降电磁阀" (S)；MOVE EN ENO；2 — IN；OUT1 — "加盖拧盖实训模块数据块".加盖控制流程

（续表）

程序注释	PLC控制程序
加盖升降气缸到下限位后上升，加盖完成	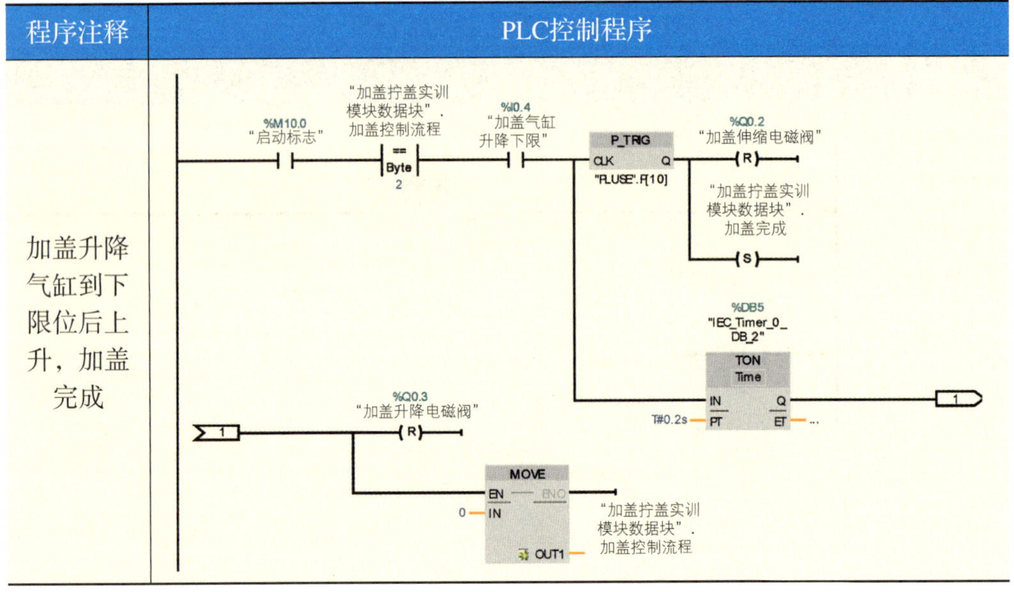

4. 汇川PLC程序

汇川PLC一方面负责控制拧盖机构，另一方面从西门子PLC工作站中读取整个模型的启动、停止、复位等信号，并将拧盖完成的信息发送给西门子PLC，供西门子PLC用。

汇川PLC在进行编程之前需要组态并建立Modbus TCP通道，详细的组态过程见项目三。由此可知，汇川PLC与西门子PLC、三菱PLC之间信号的关系如表5-2-17所示。

表5-2-17　汇川PLC与西门子PLC、三菱PLC之间信号的关系（二）

汇川PLC		方向	西门子PLC		方向	三菱PLC
—	%ix200.0	←	DB17.DBX19.0	DB17.DBX15.0	←	启动按钮
	%ix200.1	←	DB17.DBX19.1	DB17.DBX15.1	←	停止按钮
	%ix200.2	←	DB17.DBX19.2	DB17.DBX15.2	←	复位按钮
	%ix200.3	←	DB17.DBX19.3	启动标志M10.0	—	
	%ix200.4	←	DB17.DBX19.4	拧盖完成，瓶子离开拧盖位		
拧盖完成	%qx200.0	→	DB17.DBX17.0	—		
拧盖升降气缸上限位	%qx200.2	→	DB17.DBX17.2			

汇川PLC拧盖机构动作控制参考程序如图5-2-14所示，其中MW50为拧盖流程控

制寄存器。当MW50=1时，拧盖电机启动并且升降气缸向下运动，拧盖机构开始拧盖动作。当MW50=2时，对拧盖动作进行计时，计时完成之后，拧盖电机停止旋转，同时升降气缸上升，计时时间需要根据现场设备进行调试，具体操作见本任务“任务实施”部分的“关键部分调试”。当MW50=3时，说明已经完成拧盖操作，待升降气缸上升回原位（%ix1.1=1）时，此时置位%qx200.0两秒（对应DB17.DBX17.0），允许西门子PLC工作站传送带输送瓶子离开拧盖位。

除了动作控制，由于西门子PLC工作站需要汇川PLC的“拧盖升降气缸上限位”传感器信息进行复位等操作。这个信息通过%qx200.2传送给西门子PLC工作站。

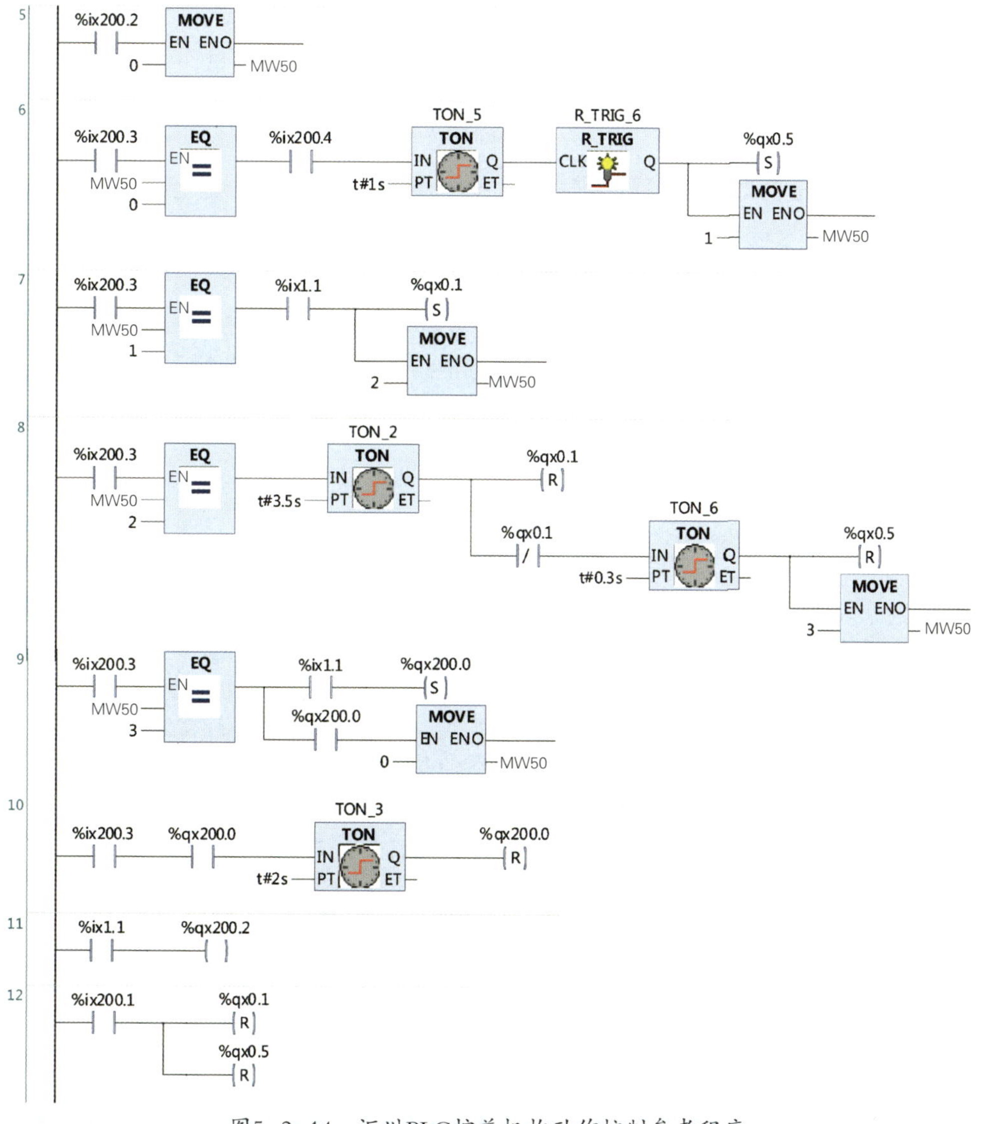

图5-2-14 汇川PLC拧盖机构动作控制参考程序

任务考核

一、对任务实施的完成情况进行检查，并将结果填入表5-2-18内。

表5-2-18　项目五任务二自评表

序号	主要内容	考核要求	评分标准	配分/分	扣分/分	得分/分
1	ProfiNet、CC-Link、Modbus TCP网络搭建	正确描述各个网络中各部分的名称，并完成网络安装	（1）描述3种网络的组成有错误或遗漏，每处扣5分； （2）3种网络安装有错误或遗漏，每处扣5分	20		
2	PLC程序设计与调试	正确进行ProfiNet、CC-Link、Modbus TCP网络组态	（1）硬件组态遗漏或出错，每处扣5分； （2）网络参数表达不正确或参数设置不正确，每处扣2分	20		
		按PLC控制I/O（输入/输出）接线图在配线板上正确安装，安装要准确、紧固，配线导线要紧固、美观，导线要进行线槽，导线要有端子标号	（1）损坏元件扣5分； （2）布线不进行线槽，不美观，主电路、控制电路每根扣1分； （3）接点松动、露铜过长、压绝缘层，标记线号不清楚、遗漏或误标，引出端无别径压端子，每处扣1分； （4）损伤导线绝缘或线芯，每根扣1分； （5）不按PLC控制 I/O （输入/输出）接线图接线，每处扣5分	20		
		熟练、正确地将所编程序输入PLC；按照被控设备的动作要求进行调试，达到设计要求	（1）不能熟练操作PLC键盘输入指令扣2分； （2）不能用删除、插入、修改、存盘等命令，每项扣2分； （3）试车不成功扣20分	30		
3	安全文明生产	劳动保护用品穿戴整齐；遵守操作规程；讲文明，有礼貌；操作结束后要清理现场	（1）操作中，违反安全文明生产考核要求的任何一项扣5分，扣完为止； （2）当发现学生有重大事故隐患时，要立即予以制止，并每次扣5分	10		
合计						
开始时间:			结束时间:			

二、根据考核评比要求，对考核内容进行多方评价，并将结果填入表5-2-19内。

表5-2-19　项目五任务二考核评价表

考核内容						
	考核评比要求		项目分值	自我评价	小组评价	教师评价
专业能力（60%）	工作准备的质量评估	（1）器材和工具、仪表的准备数量是否齐全，检验的方法是否正确； （2）辅助材料准备的质量和数量是否适用； （3）工作周围环境布置是否合理、安全	10			
	工作过程各个环节的质量评估	（1）做工的顺序安排是否合理； （2）计算机编程的使用是否正确； （3）图纸设计是否正确、规范； （4）导线的连接是否能够安全载流、绝缘是否安全可靠、放置是否合适； （5）安全措施是否到位	20			
	工作成果的质量评估	（1）程序设计是否功能齐全； （2）电器安装位置是否合理、规范； （3）程序调试方法是否正确； （4）环境是否整洁、干净； （5）其他物品是否在工作中遭到损坏； （6）整体效果是否美观	30			
综合能力（40%）	信息收集能力	基础理论；收集和处理信息的能力；独立分析和思考问题的能力；综述报告	10			
	交流沟通能力	编程设计、安装、调试总结；程序设计方案论证	10			
	分析问题能力	程序设计与线路安装调试基本思路、基本方法研讨；工作过程中处理程序设计	10			
	深入研究能力	将具体实例抽象为模拟安装调试的能力；相关知识的拓展与知识水平的提升；了解步进顺序控制未来发展的方向	10			
备注	强调项目成员注意安全规程及行业标准； 本项目可以小组或个人形式完成					

三、完成下列相关知识技能拓展题。

（1）试将上述系统的西门子PLC工作站的加盖机构流程控制放到汇川PLC工作站实现，即汇川PLC实现对加盖与拧盖机构的控制，西门子PLC实现对传送皮带的控制。在不修改智能网关的前提下，应该如何修改汇川PLC与西门子PLC、三菱PLC之间的信号关系？试试实现这一功能。

（2）上述系统的功能，是否可以在没有智能网关，而仅仅采用Modbus TCP的情况下实现三菱PLC、西门子PLC、汇川PLC之间的互联？该如何实现？

基于工业网络系统的检测分拣工作站编程与调试

学习目标

1. 熟练掌握西门子PLC及其分布式IO、汇川PLC、三菱PLC及其远程IO、智能网关的组态编程要点。
2. 认识检测分拣工作站的组成，以及模型上的传感器、执行器的工作原理。
3. 了解检测分拣工作站工业网络控制的工艺流程。
4. 认识检测分拣工作站的元器件，掌握该模型工业网络控制的接线方法。
5. 掌握检测分拣工作站工业网络控制的程序编写及调试。
6. 掌握西门子PLC、汇川PLC、三菱PLC与智能网关的综合网络配置方法。

任务描述

本任务是以检测分拣工作站为实训载体，基于工业网络通信应用的实训任务。我们将编写检测分拣工作站控制程序，运用由西门子PLC、汇川PLC、三菱PLC和智能网关组成的工业网络配合控制检测分拣工作站。

西门子PLC（模拟从站1）控制检测龙门桥和分拣机构部分；汇川PLC（模拟从站2）控制检测结果指示灯；三菱PLC（模拟远程主站）对模型的启动、停止和复位进行控制。西门子PLC与其分布式IO构成一个子网络，分布式IO模拟远程IO站。三菱PLC与CC-Link IE远程IO也构成一个子网络，CC-Link IE模拟远程IO站。

学习储备

一、检测分拣实训模块组成

检测分拣实训模块如图5-3-1所示，其主体由瓶盖拧紧检测传感器、检测龙门桥、分拣机构、传送皮带组成。模块实现如下过程：检测装置检测物料瓶的瓶盖拧紧合格情况、瓶中物料数量和瓶盖颜色信息，分拣机构根据这些信息将合格产品与不合格产品推到不同位置。

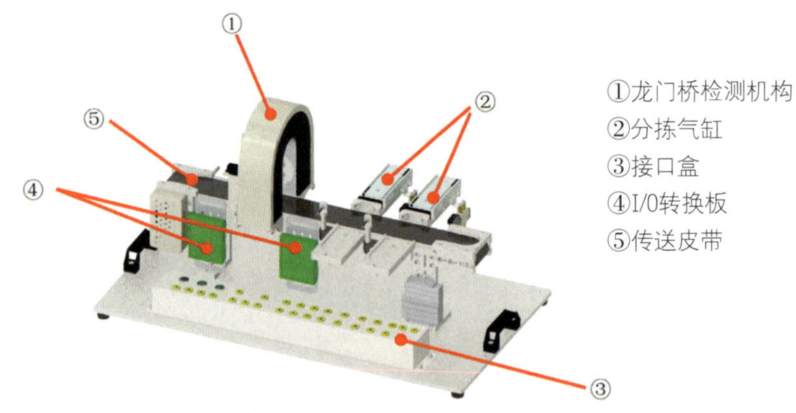

图5-3-1　检测分拣实训模块图解

二、瓶盖拧紧检测传感器

瓶盖拧紧检测传感器是一个回归反射式光电传感器。回归反射式光电传感器工作原理如图5-3-2所示。

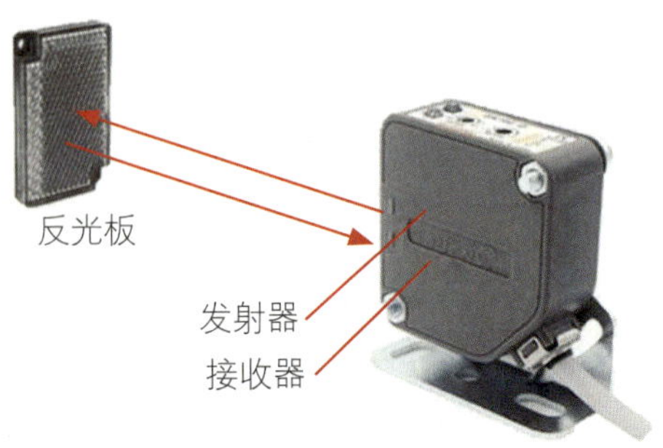

图5-3-2　回归反射式光电传感器工作原理

回归反射式光电传感器把发射器和接收器集成于同一个装置内，在其前方装一块反光板，利用反射原理完成光电控制。相比漫反射式光电开关，回归反射式光电开关能够检测小物件与较少的偏移量，而且相对于对射式光电传感器，便于安装使用时光路对齐，且节省安装使用空间。

正常情况下，发射器发出的光在被反光板反射回来后又被接收器收到；一旦光路被检测物挡住，接收器检测的光信号有变化，光电传感器就动作，输出一个开关控制信号。未拧紧瓶盖的物料瓶比正常拧紧的物料瓶高1 mm左右，其通过时能够遮挡传感器的反射光路，从而检测出未拧紧的物料瓶，其原理如图5-3-3所示。

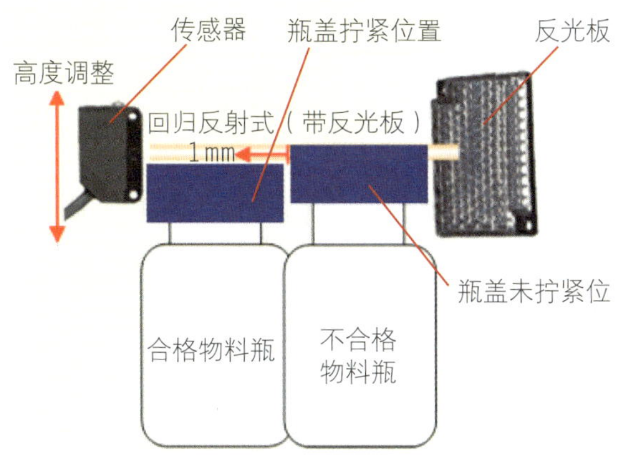

图5-3-3 瓶盖拧紧度检测原理

三、检测龙门桥

检测龙门桥如图5-3-4所示。物料瓶经过检测龙门桥时，检测龙门桥检测瓶盖颜色，并通过A、B两对对射式光纤传感器实现对物料瓶内物料数量的检测。

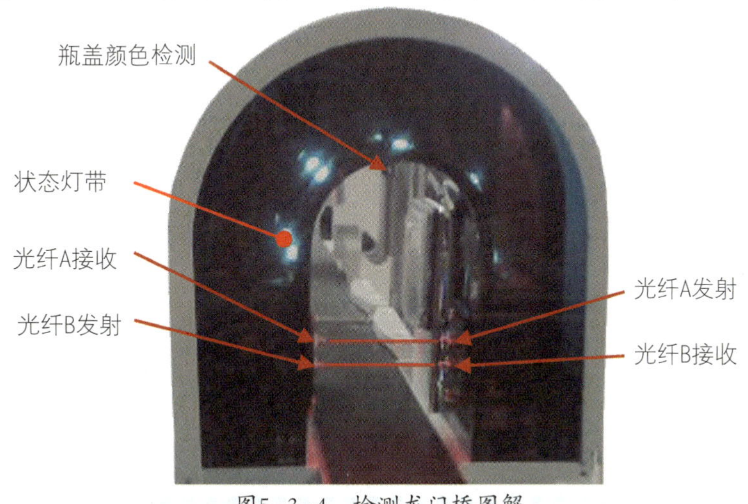

图5-3-4 检测龙门桥图解

对射式光电开关由发射器和接收器组成，结构上两者是相互分离的，在光束被中断的情况下会产生开关信号变化。与回归反射式光电开关相比，对射式光电开关可以辨别不透明的反光物体，且因为光束跨越感应距离的次数仅为一次，故不易受干扰。其工作原理如图5-3-5所示。

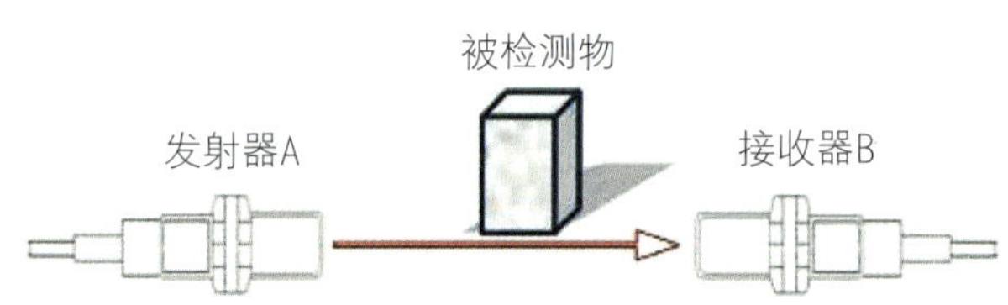

图5-3-5　对射式光电开关工作原理

任务实施

一、任务准备

根据表5-3-1的材料清单，清点与确认实施本任务教学所需的实训设备及工具。

表 5-3-1　项目五任务三实验需要的主要设备及工具

设备	数量	单位
S7-1200 CPU （1214C）	1	台
SM1223 扩展IO模块	1	台
西门子ProfiNet远程模块：IM155-6PN	1	台
分布式输入点模块：DI 8×24VDC ST	1	台
分布式输出点模块：DQ 8×24VDC/0.5A BA	1	台
汇川AM400系列PLC：AM401-CPU1608TP	1	台
汇川电源模块：AM600PS2	1	台
三菱PLC：Q03UDVCPU	1	台
三菱电源模块：Q61P	1	台
三菱IO模块：QX48Y57（8输入/7输出 共阳极）	1	台
三菱CC-Link主站模块：QJ61BT11N	1	台
三菱远程IO模块：NZ2MFB1-32DT	1	台
检测分拣模型单元　SX-IM818F-D3	1	套
交换机	1	台
RJ45接头网线	2	条

（续表）

设备	数量	单位
XL90智能网关	1	套
装有Portal V13的个人电脑	1	台
工具	数量	单位
万用表	1	台
2 mm一字水晶头小螺丝刀	1	支
6 mm十字螺丝刀	1	支
6 mm一字螺丝刀	1	支
六角扳手组	1	套
试电笔	1	支

二、关键部分调试

瓶盖拧紧检测传感器放大器指示灯与操作按键如图5-3-6所示。瓶盖拧紧检测传感器调试：①根据本任务要求，将输出极性设置为D.ON，即遮光通；②通过使用小号一字螺丝刀调整传感器极性和敏感度，强度根据实际情况调节；③调节传感器上下位置，要求安装比正常拧紧的灌装物料高1 mm左右，确保当拧紧瓶盖的瓶子通过时未遮挡光路；未拧紧瓶盖的瓶子通过时能够遮挡传感器的反射光路且动作准确无误，并输出信号。

图5-3-6　瓶盖拧紧检测传感器放大器

检测龙门桥调试：如图5-3-4所示，光纤A、B是两对对射式光纤传感器，检测瓶子里物料的数量，安装时应保证在同一水平上，不能有错位。如果检测有失误，则需根据情况调整相应的传感器。

三、网络拓扑与接线

对西门子PLC、西门子分布式IO、汇川PLC、三菱PLC、三菱CC-Link IE远程IO、智能网关与编程电脑的局域网进行搭建，通过网线和交换机将其连接在同一个局域网内，网络搭建如图5-3-7所示。

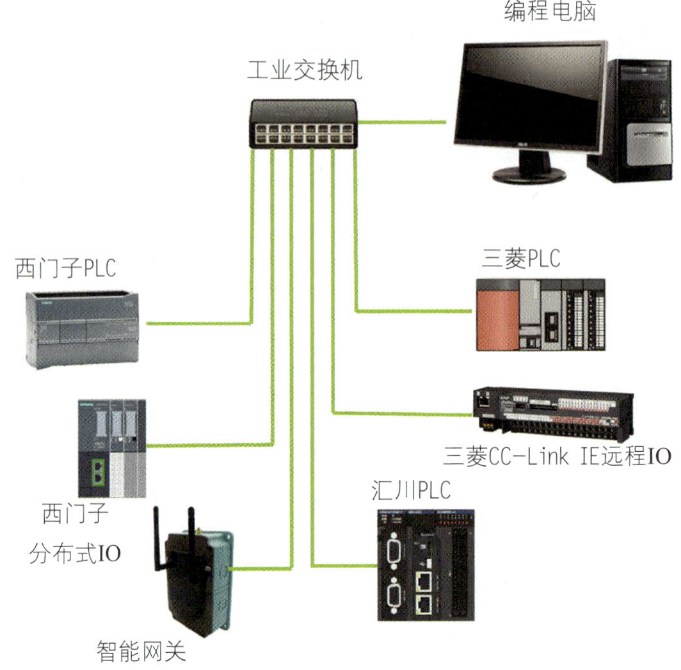

图5-3-7　网络搭建

四、检测分拣工作站I/O地址分配

检测分拣工作站的西门子PLC及西门子分布式IO模块 I/O地址分配如表5-3-2所示。

表5-3-2　检测分拣工作站的西门子PLC及西门子分布式IO模块I/O地址分配

西门子PLC I/O地址分配		
PLC地址	功能描述	对应接口盒接点
I0.0	瓶盖旋紧检测	瓶盖旋紧
I0.1	瓶盖颜色检测1	瓶盖1
I0.2	瓶盖颜色检测2	瓶盖2
I0.3	3颗颗粒检测	3颗检测
I0.4	4颗颗粒检测	4颗检测
I0.5	推料1位检测	位置1
I0.6	推料2位检测	位置2
I0.7	推料1后限位	推料1后
I1.0	推料2后限位	推料2后
Q0.0	推料电磁阀1	推料1
Q0.1	推料电磁阀2	推料2

（续表）

西门子PLC I/O地址分配		
Q0.5	主皮带	主皮带
西门子分布式IO模块 I/O地址分配		
PLC地址	功能描述	对应接口盒接点
I10.0	进料传感器（远程IO）	皮带进料

检测分拣工作站的三菱PLC及三菱CC-Link IE远程IO模块 I/O地址分配如表5-3-3所示。

表5-3-3　检测分拣工作站的三菱PLC及三菱CC-Link IE远程IO模块I/O地址分配

三菱PLC I/O地址分配		
PLC地址	功能描述	对应接口盒接点
X0	启动按钮	启动
X1	停止按钮	停止
三菱CC-Link IE 远程IO模块I/O地址分配		
PLC地址	功能描述	对应接口盒接点
X100	复位按钮	复位

检测分拣工作站的汇川PLC的 I/O地址分配如表5-3-4所示。

表5-3-4　检测分拣工作站的汇川PLC I/O地址分配

汇川PLC I/O地址分配		
PLC地址	功能描述	对应接口盒接点
QX0.0	绿色指示灯	绿灯
QX0.1	红色指示灯	红灯
QX0.2	蓝色指示灯	蓝灯

五、检测分拣工作站接线

接口盒电源部分与西门子PLC公共端迭对插头连线参考本项目任务一，下面仅述PLC输入输出迭对插头连线。

1. 西门子PLC部分

西门子PLC输入点、输出点迭对插头连线及西门子分布式IO迭对插头连线见

表5-3-5～表5-3-7。

表5-3-5　西门子PLC输入点迭对插头连线表

检测分拣接口盒插孔	迭对插头连线	西门子PLC实训屏面板插孔
瓶盖旋紧	———	I0.0
瓶盖1	———	I0.1
瓶盖2	———	I0.2
3颗检测	———	I0.3
4颗检测	———	I0.4
位置1	———	I0.5
位置2	———	I0.6
推料1后	———	I0.7
推料2后	———	I1.0

表5-3-6　西门子PLC输出点迭对插头连线表

检测分拣接口盒插孔	迭对插头连线	西门子PLC实训屏面板插孔
推料电磁阀1	———	Q0.0
推料电磁阀2	———	Q0.1
主皮带	———	Q0.5

表5-3-7　西门子分布式IO迭对插头连线表

远程IO模块面板插孔	迭对插头连线	西门子PLC实训屏面板插孔
24 V（西门子分布式IO电源）	———	24 V
0 V（西门子分布式IO电源）	———	0 V
西门子分布式IO接线端子针脚	迭对插头连线	检测分拣接口盒插孔
.0	———	皮带进料

2. 三菱PLC部分

三菱PLC输入点迭对插头连线及三菱CC-Link IE 远程IO模块迭对插头连线见表5-3-8、表5-3-9。

表5-3-8 三菱PLC输入点迭对插头连线表

检测分拣接口盒插孔	迭对插头连线	三菱PLC实训屏面板插孔
启动（按钮）	●——●	X00
停止（按钮）	●——●	X01

表5-3-9 三菱CC-Link IE 远程IO模块迭对插头连线表

远程IO模块面板插孔	迭对插头连线	三菱PLC实训屏面板插孔
24 V（三菱远程IO电源）	●——●	24 V
0 V（三菱远程IO电源）	●——●	0 V
三菱CC-Link IE 远程IO接线端子针脚	迭对插头连线	检测分拣接口盒插孔
X0	●——●	复位（按钮）
CMO+	●——●	24 V
COM-	●——●	0 V

3. 汇川PLC部分

汇川PLC输出点迭对插头连线见表5-3-10。

表5-3-10 汇川PLC输出点迭对插头连线表

检测分拣接口盒插孔	迭对插头连线	汇川PLC实训屏面板插孔
绿灯	●——●	Y00
红灯	●——●	Y01
蓝灯	●——●	Y02

六、检测分拣工作站工艺分析及程序编写

1. 智能网关综合配置

智能网关综合配置的主要步骤包括配置模板集、装置集、端口集，以及通信机组态里的装置集、转发集、监控集，具体的配置步骤见本项目任务一。

智能网关配置好之后，对三个PLC工作站透明，并最终为实现图5-3-8所示的西门子PLC工作站、汇川PLC工作站、三菱PLC工作站三者的通信关系奠定基础。

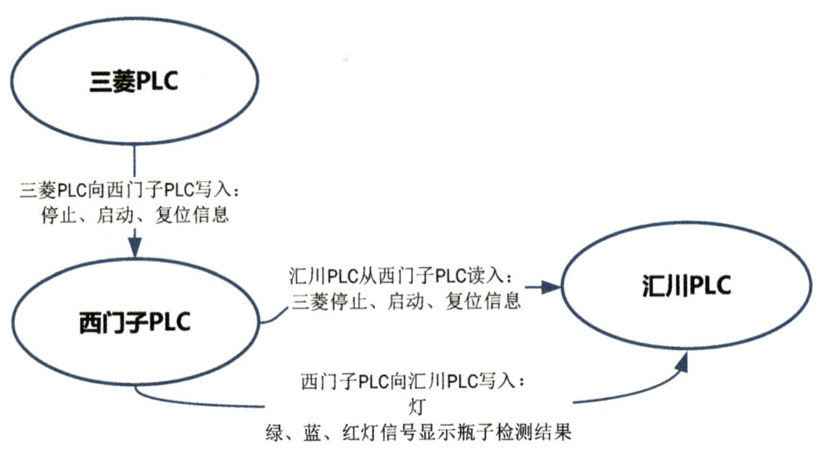

图5-3-8　西门子PLC工作站、汇川PLC工作站、三菱PLC工作站的通信关系

2. 三菱PLC程序

在对三菱PLC进行编程之前，需要建立起与远程IO（NZ2MFB1-32DT）的CC-Link IE通信，并且需要配置内置以太网通信组态程序，具体配置过程与配置内容请参考项目四任务一。

三菱PLC负责将接于三菱IO模块X0、X1之上的启动和停止按钮，以及接于远程IO上的复位按钮的状态，通过Modbus TCP功能码6写到偏移地址为0的保持寄存器上（Modbus地址空间40001，对应三菱PLC D1003），以传输到西门子PLC中。

三菱PLC程序主体为TCP通信程序。TCP通信程序的内容主要为建立通信连接、内置以太网通信协议控制、断开通信连接三部分。参考程序如图5-3-9～图5-3-11所示。

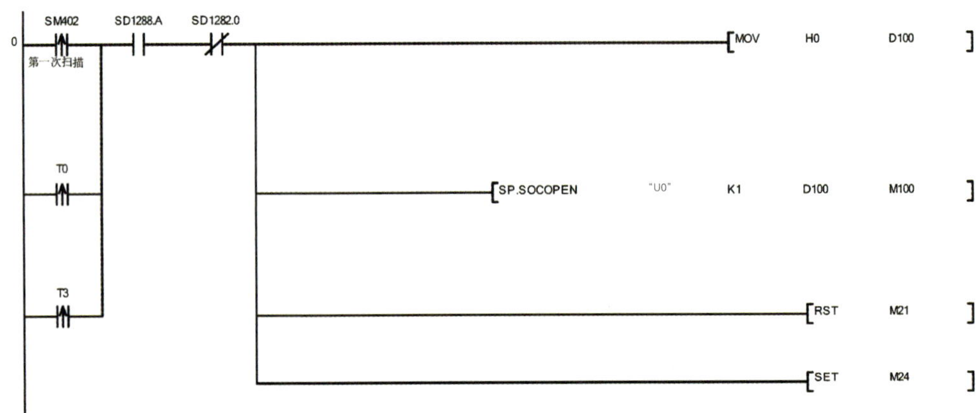

图5-3-9　建立通信连接图示

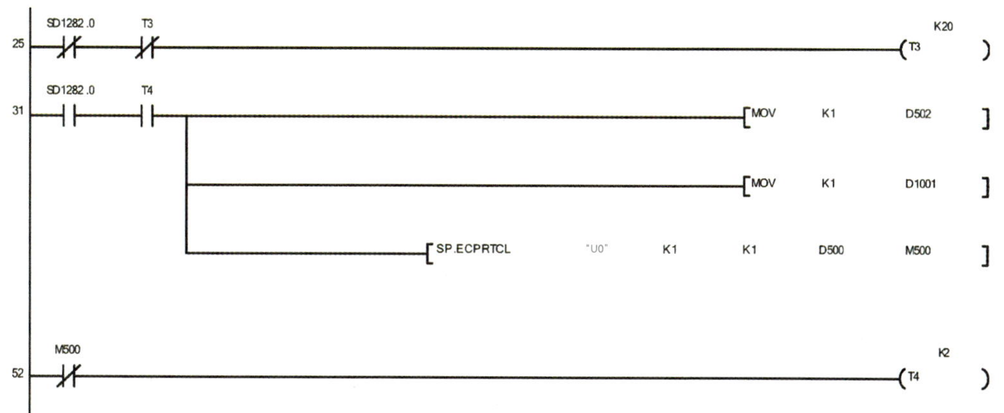

图5-3-10　内置以太网通信协议控制图示

图5-3-11　断开通信连接图示

最后一部分为刷新Modbus地址空间40001（即对应三菱PLC D1003）的保持寄存器程序，如图5-3-12所示。

图5-3-12　刷新Modbus TCP保持寄存器图示

3. 西门子PLC程序

西门子PLC进行编程前需要对ProfiNet远程通信模块进行组态，详细组态过程与步骤请参考项目二。远程西门子PLC具有两个功能：①控制整个系统的主要部分的动作与检测结果综合判断，即输送与分拣机构的控制、龙门桥检测结果综合判断；②通过Modbus TCP接收来自三菱PLC的启动、停止、复位信息（存放在Modbus地址空间为40001的保持寄存器上），并将三菱PLC的启动、停止、复位信息和综合判断结果信息写到Modbus地址空间为40003的保持寄存器上，供汇川PLC读取、控制信号灯。

（1）Modbus TCP通信程序。

负责进行Modbus TCP通信的子程序如表5-3-11所示。关于西门子S7-1200 PLC的Modbus TCP控制指令的详细解释请参考项目二。此处，西门子PLC通过MB_SERVER程序的MB_HOLD_REG参数，将DB20.DBW14指定为保持寄存器起始地址（即Modbus地址空间为40001），并将西门子PLC的启动标志M10.0和从三菱PLC中读到的启动、停止、复位按钮信号（对应DB20.DBX15.0、DB20.DBX15.1、DB20.DBX15.2）写到DB20.DBX19.3、DB20.DBX19.0、DB20.DBX19.1、DB20.DBX19.2中，将检测不合格物料瓶、蓝盖合格物料瓶、白盖合格物料瓶信息，分别写到DB20.DBX19.5、DB20.DBX19.6、DB20.DBX19.4中，再通过Modbus TCP发送给汇川PLC，以供汇川PLC进行程序启停控制与信号灯显示。

表5-3-11　检测分拣工作站Modbus TCP通信子程序

程序注释	PLC控制程序
Modbus TCP通信指令	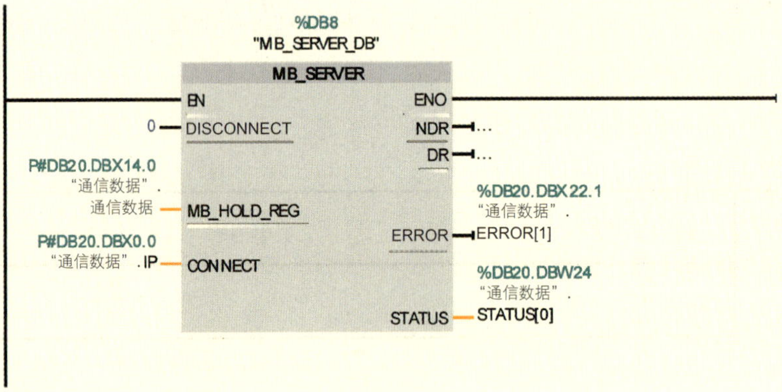 %DB8 "MB_SERVER_DB" MB_SERVER EN　ENO 0 — DISCONNECT　NDR —... DR —... P#DB20.DBX14.0 "通信数据".通信数据 — MB_HOLD_REG ERROR — %DB20.DBX22.1 "通信数据".ERROR[1] P#DB20.DBX0.0 "通信数据".IP — CONNECT STATUS — %DB20.DBW24 "通信数据".STATUS[0]

（续表）

程序注释	PLC控制程序
发送给汇川PLC的信号	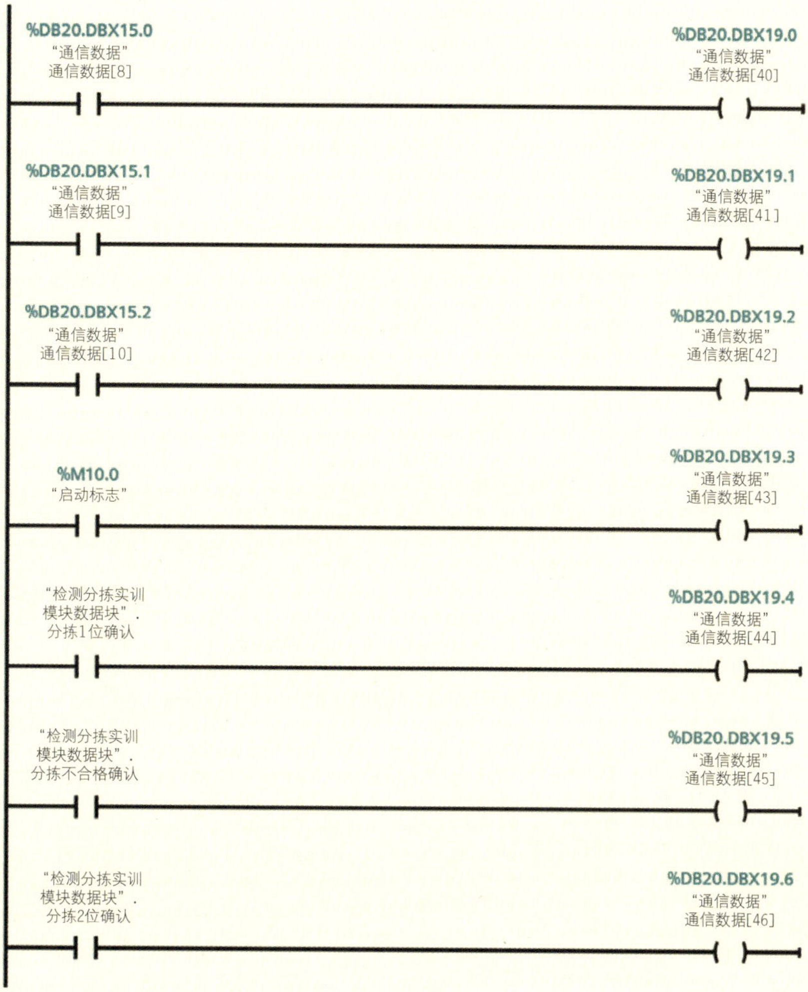 %DB20.DBX15.0 “通信数据” 通信数据[8] —| |— —( )— %DB20.DBX19.0 “通信数据” 通信数据[40] %DB20.DBX15.1 “通信数据” 通信数据[9] —| |— —( )— %DB20.DBX19.1 “通信数据” 通信数据[41] %DB20.DBX15.2 “通信数据” 通信数据[10] —| |— —( )— %DB20.DBX19.2 “通信数据” 通信数据[42] %M10.0 “启动标志” —| |— —( )— %DB20.DBX19.3 “通信数据” 通信数据[43] “检测分拣实训模块数据块”.分拣1位确认 —| |— —( )— %DB20.DBX19.4 “通信数据” 通信数据[44] “检测分拣实训模块数据块”.分拣不合格确认 —| |— —( )— %DB20.DBX19.5 “通信数据” 通信数据[45] “检测分拣实训模块数据块”.分拣2位确认 —| |— —( )— %DB20.DBX19.6 “通信数据” 通信数据[46]

（2）检测分拣工作站西门子PLC部分工艺流程。

西门子PLC程序主流程如图5-3-13所示，输送与分拣控制子程序流程如图5-3-14所示，龙门桥检测子程序流程如图5-3-15所示。

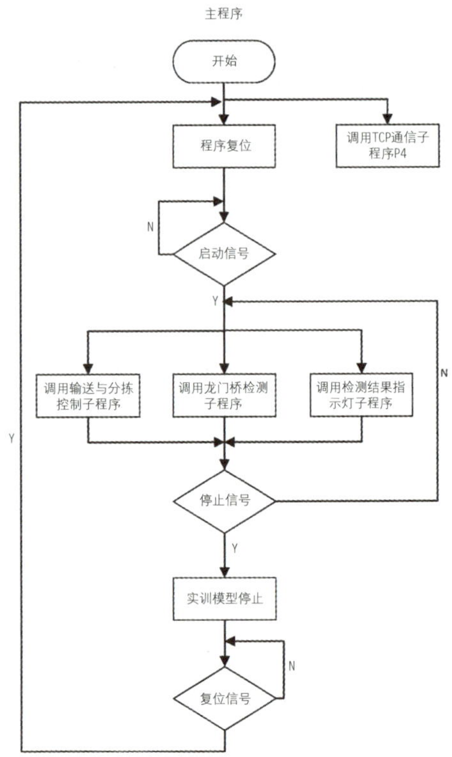

主程序

开始

程序复位

调用TCP通信子程序P4

N

启动信号

Y

调用输送与分拣控制子程序

调用龙门桥检测子程序

调用检测结果指示灯子程序

N

Y

停止信号

Y

实训模型停止

N

复位信号

图5-3-13　检测分拣工作站西门子PLC程序主流程

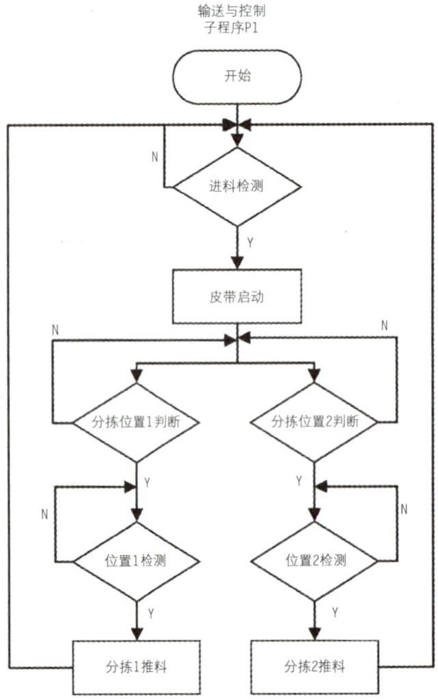

输送与控制子程序P1

开始

N

进料检测

Y

皮带启动

N

N

分拣位置1判断

分拣位置2判断

Y

Y

N

N

位置1检测

位置2检测

Y

Y

分拣1推料

分拣2推料

图5-3-14　输送与分拣控制子程序流程

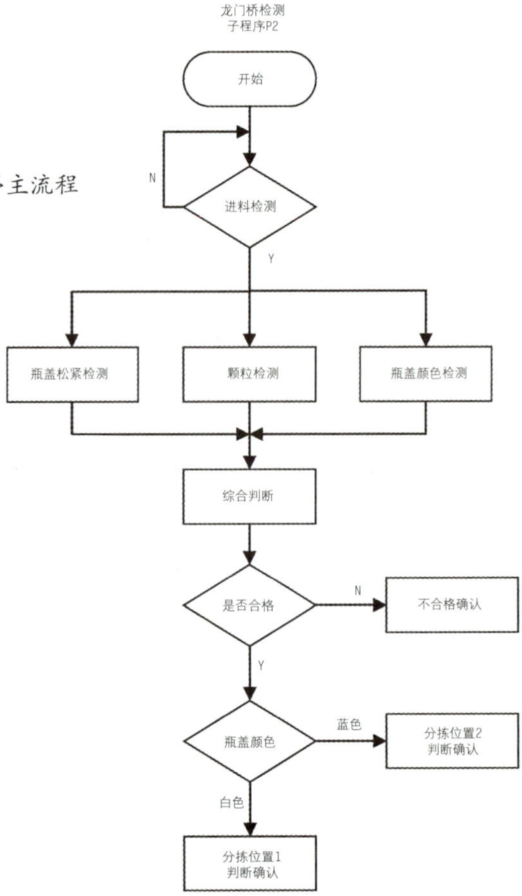

龙门桥检测子程序P2

开始

N

进料检测

Y

瓶盖松紧检测

颗粒检测

瓶盖颜色检测

综合判断

是否合格

N

不合格确认

Y

瓶盖颜色

蓝色

分拣位置2判断确认

白色

分拣位置1判断确认

图5-3-15　龙门桥检测子程序流程

（3）检测分拣工作站工艺流程。

西门子PLC检测分拣工作站启停程序如表5-3-12所示。为了方便进行西门子工作站的调试，程序设置了I2.0、I2.1、I2.2作为本站启动、停止、复位按钮。

表5-3-12　西门子PLC检测分拣工作站启停程序

程序注释	PLC控制程序
启动	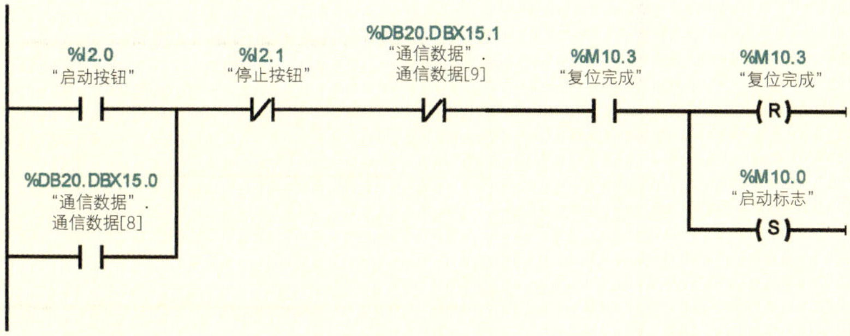 %I2.0 "启动按钮"（常开）与 %DB20.DBX15.0 "通信数据".通信数据[8]（常开）并联 —— %I2.1 "停止按钮"（常闭） —— %DB20.DBX15.1 "通信数据".通信数据[9]（常闭） —— %M10.3 "复位完成"（常开） —— %M10.3 "复位完成"（R）；%M10.0 "启动标志"（S）
停止	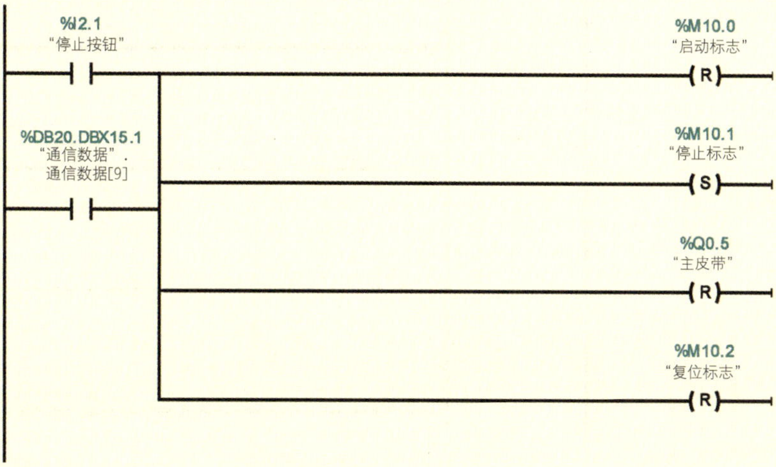 %I2.1 "停止按钮"（常开）与 %DB20.DBX15.1 "通信数据".通信数据[9]（常开）并联 —— %M10.0 "启动标志"（R）；%M10.1 "停止标志"（S）；%Q0.5 "主皮带"（R）；%M10.2 "复位标志"（R）
复位	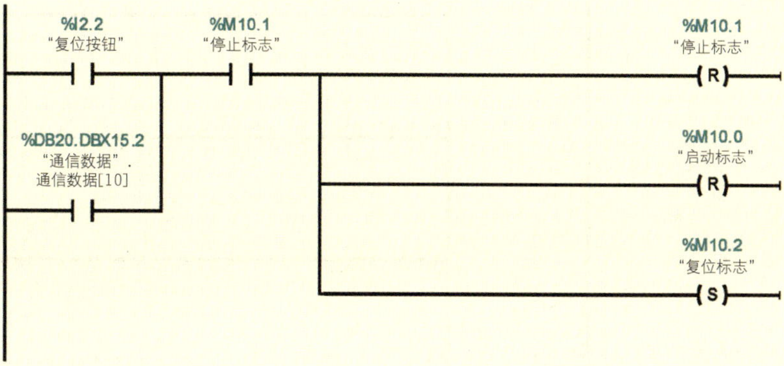 %I2.2 "复位按钮"（常开）与 %DB20.DBX15.2 "通信数据".通信数据[10]（常开）并联 —— %M10.1 "停止标志"（常开） —— %M10.1 "停止标志"（R）；%M10.0 "启动标志"（R）；%M10.2 "复位标志"（S）

（续表）

程序注释	PLC控制程序
复位中	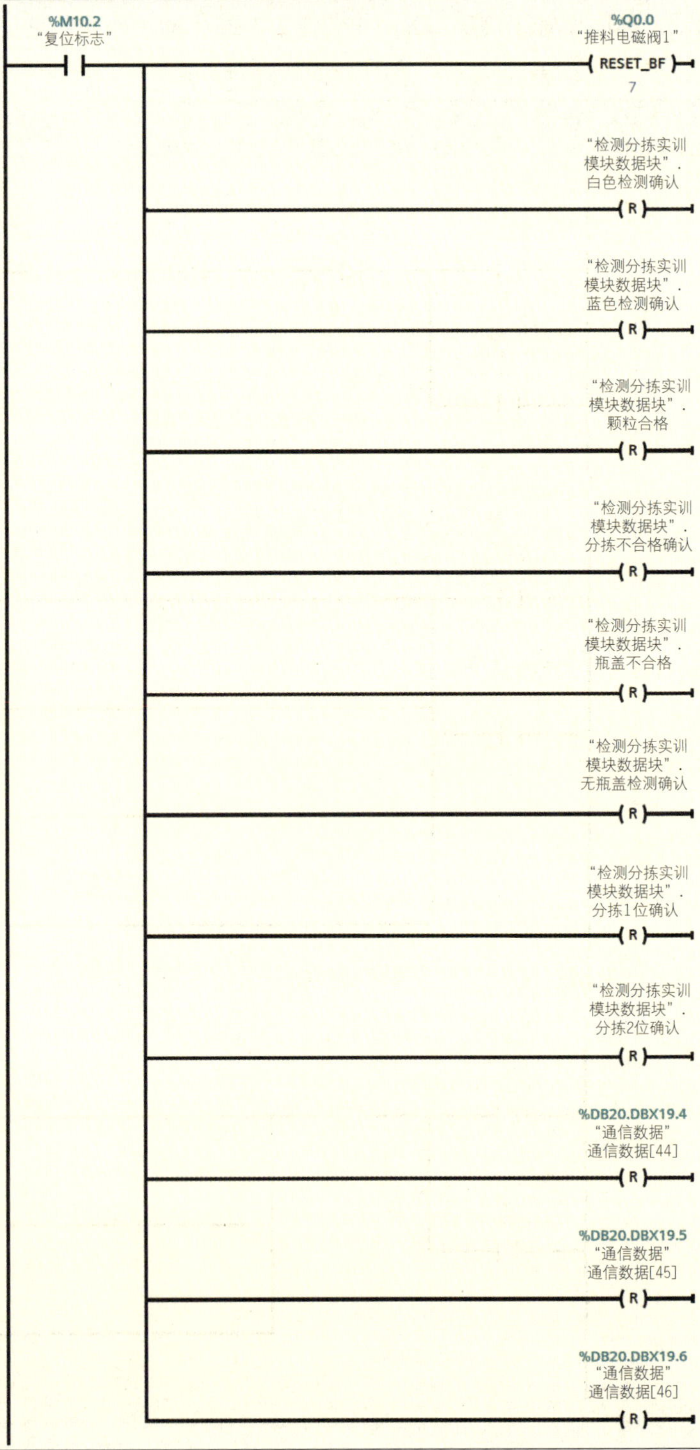 %M10.2 "复位标志" —| |— %Q0.0 "推料电磁阀1" —(RESET_BF)— 7 —(R)— "检测分拣实训模块数据块".白色检测确认 —(R)— "检测分拣实训模块数据块".蓝色检测确认 —(R)— "检测分拣实训模块数据块".颗粒合格 —(R)— "检测分拣实训模块数据块".分拣不合格确认 —(R)— "检测分拣实训模块数据块".瓶盖不合格 —(R)— "检测分拣实训模块数据块".无瓶盖检测确认 —(R)— "检测分拣实训模块数据块".分拣1位确认 —(R)— "检测分拣实训模块数据块".分拣2位确认 —(R)— %DB20.DBX19.4 "通信数据" 通信数据[44] —(R)— %DB20.DBX19.5 "通信数据" 通信数据[45] —(R)— %DB20.DBX19.6 "通信数据" 通信数据[46]

（续表）

程序注释	PLC控制程序
复位完成	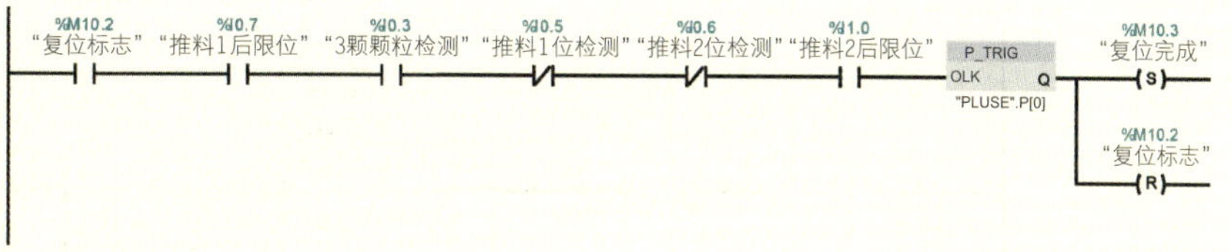 %M10.2 “复位标志” %I0.7 “推料1后限位” %I0.3 “3颗颗粒检测” %I0.5 “推料1位检测” %I0.6 “推料2位检测” %I1.0 “推料2后限位” P_TRIG CLK Q "PLUSE".P[0] %M10.3 “复位完成” (S) %M10.2 “复位标志” (R)

（4）输送与分拣控制子程序。

西门子PLC输送与分拣控制子程序及其解释如表5-3-13所示。根据龙门桥检测结果，白色合格物料瓶最终被分拣到分拣1位，蓝色合格物料瓶最终被分拣到分拣2位，不合格物料瓶则最终被输送到皮带末端。输送与分拣控制子程序通过数据块数据寄存器“皮带输送控制流程”控制其流程。

表5-3-13　西门子PLC输送与分拣控制子程序

程序注释	PLC控制程序
流程复位	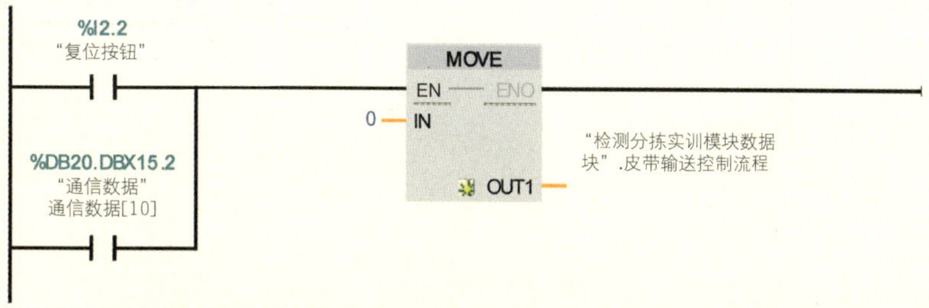 %I2.2 “复位按钮” %DB20.DBX15.2 “通信数据” 通信数据[10] MOVE EN ENO 0 IN OUT1 “检测分拣实训模块数据块”.皮带输送控制流程
进料	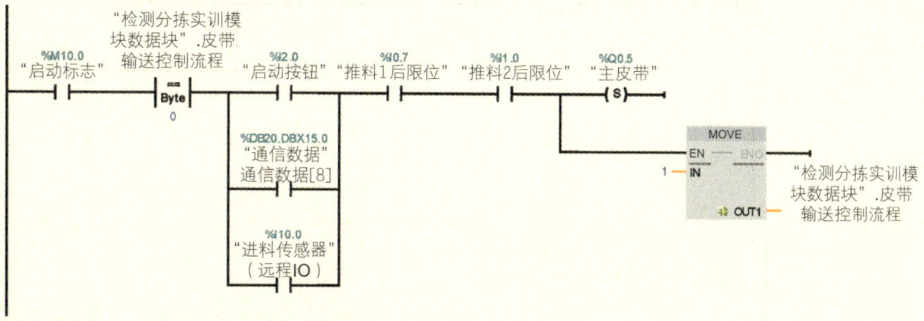 %M10.0 “启动标志” “检测分拣实训模块数据块”.皮带输送控制流程 == Byte 0 %I2.0 “启动按钮” %DB20.DBX15.0 “通信数据” 通信数据[8] %I10.0 “进料传感器”（远程IO） %I0.7 “推料1后限位” %I1.0 “推料2后限位” %Q0.5 “主皮带” (S) MOVE EN ENO 1 IN OUT1 “检测分拣实训模块数据块”.皮带输送控制流程
物料通过推料1位置检测	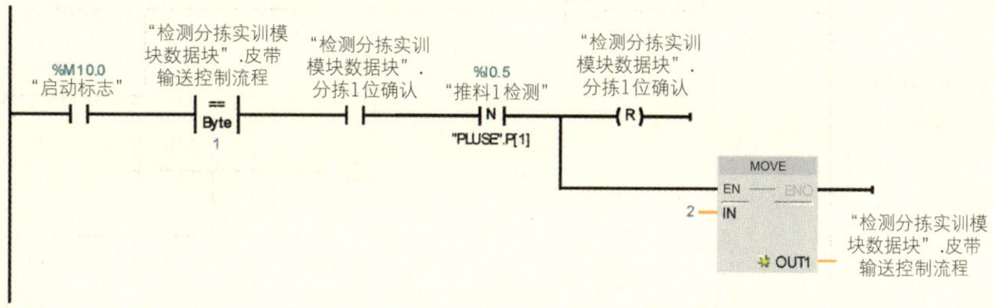 %M10.0 “启动标志” “检测分拣实训模块数据块”.皮带输送控制流程 == Byte 1 “检测分拣实训模块数据块”.分拣1位确认 %I0.5 “推料1检测” N "PLUSE".P[1] “检测分拣实训模块数据块”.分拣1位确认 (R) MOVE EN ENO 2 IN OUT1 “检测分拣实训模块数据块”.皮带输送控制流程

（续表）

程序注释	PLC控制程序
推料1气缸分拣	%M10.0 “启动标志” “检测分拣实训模块数据块”.皮带输送控制流程 == Byte 2 %DB14 "IEC_Timer_0_DB_11" TON Time IN Q PT ET T#1s ... %Q0.5 “主皮带” R %Q0.5 “主皮带” 1 1 %Q0.0 “推料电磁阀1” S MOVE EN ENO 3 IN OUT1 “检测分拣实训模块数据块”.皮带输送控制流程
1位置分拣完成	%M10.0 “启动标志” “检测分拣实训模块数据块”.皮带输送控制流程 == Byte 3 %I0.7 “推料1后限位” %DB15 "IBC_Timer_0_DB_12" TON Time IN Q PT ET T#0.8s ... %Q0.0 “推料电磁阀1” R MOVE EN ENO 0 IN OUT1 “检测分拣实训模块数据块”.皮带输送控制流程
物料通过推料2位置检测	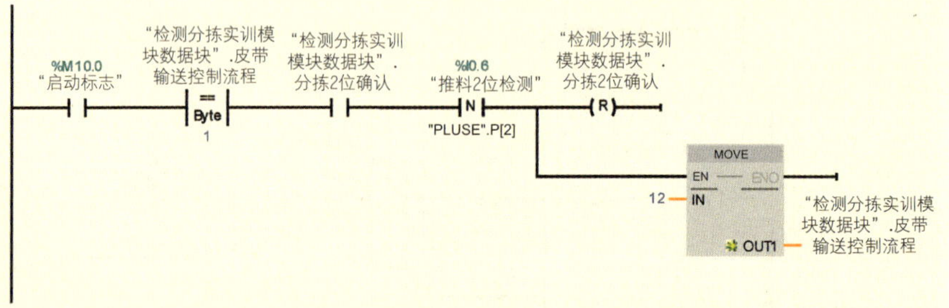 %M10.0 “启动标志” “检测分拣实训模块数据块”.皮带输送控制流程 == Byte 1 “检测分拣实训模块数据块”.分拣2位确认 %I0.6 “推料2位检测” N "PLUSE".P[2] “检测分拣实训模块数据块”.分拣2位确认 R MOVE EN ENO 12 IN OUT1 “检测分拣实训模块数据块”.皮带输送控制流程
推料2气缸分拣	%M10.0 “启动标志” “检测分拣实训模块数据块”.皮带输送控制流程 == Byte 12 %DB16 "IEC_Timer_0_DB_13" TON Time IN Q PT ET T#0.5s ... %Q0.5 “主皮带” R %Q0.5 “主皮带” 1 1 %Q0.1 “推料电磁阀2” S MOVE EN ENO 13 IN OUT1 “检测分拣实训模块数据块”.皮带输送控制流程

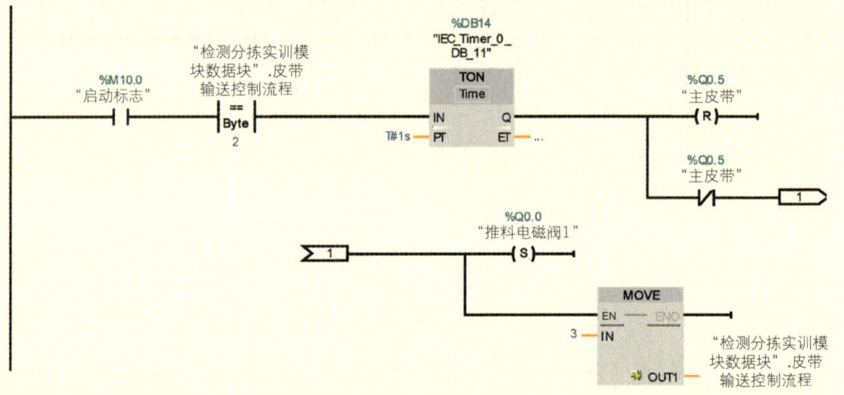

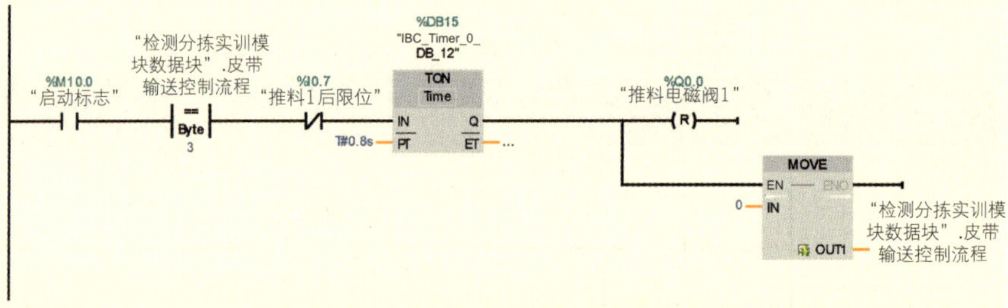

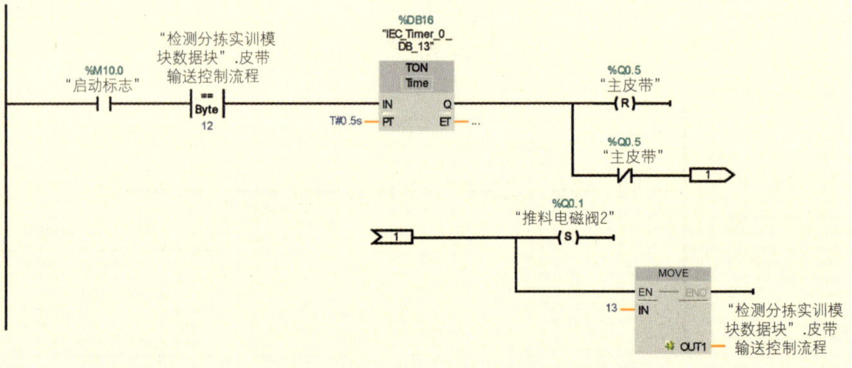

（续表）

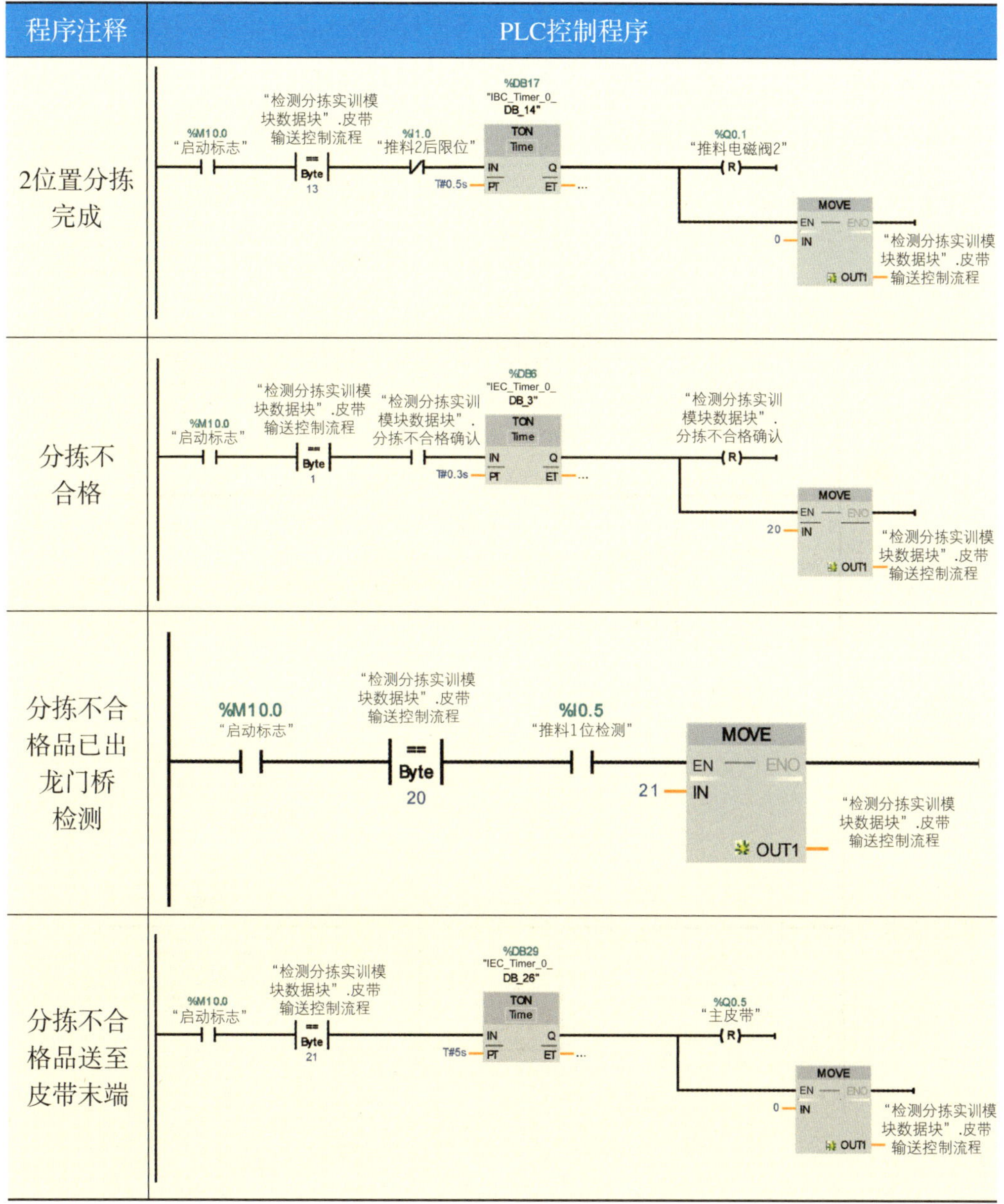

程序注释	PLC控制程序
2位置分拣完成	%M10.0 "启动标志"；"检测分拣实训模块数据块".皮带输送控制流程 == Byte 13；%I1.0 "推料2后限位"；%DB17 "IBC_Timer_0_DB_14" TON Time IN Q PT ET，T#0.5s；%Q0.1 "推料电磁阀2" (R)；MOVE EN ENO，0 — IN，OUT1 — "检测分拣实训模块数据块".皮带输送控制流程
分拣不合格	%M10.0 "启动标志"；"检测分拣实训模块数据块".皮带输送控制流程 == Byte 1；"检测分拣实训模块数据块".分拣不合格确认；%DB6 "IEC_Timer_0_DB_3" TON Time IN Q PT ET，T#0.3s；"检测分拣实训模块数据块".分拣不合格确认 (R)；MOVE EN ENO，20 — IN，OUT1 — "检测分拣实训模块数据块".皮带输送控制流程
分拣不合格品已出龙门桥检测	%M10.0 "启动标志"；"检测分拣实训模块数据块".皮带输送控制流程 == Byte 20；%I0.5 "推料1位检测"；MOVE EN ENO，21 — IN，OUT1 — "检测分拣实训模块数据块".皮带输送控制流程
分拣不合格品送至皮带末端	%M10.0 "启动标志"；"检测分拣实训模块数据块".皮带输送控制流程 == Byte 21；%DB29 "IEC_Timer_0_DB_26" TON Time IN Q PT ET，T#5s；%Q0.5 "主皮带" (R)；MOVE EN ENO，0 — IN，OUT1 — "检测分拣实训模块数据块".皮带输送控制流程

（5）龙门桥检测子程序。

龙门桥检测子程序如表5-3-14所示。龙门桥检测子程序通过数据块数据寄存器“龙门桥检测流程”控制其流程。当“龙门桥检测流程”寄存器等于1时，开始对瓶盖旋紧情况、瓶内颗粒数目、瓶盖颜色与有无情况进行检测，并最终产生瓶盖旋紧度不合格、颗粒数目合格、白色瓶盖、蓝色瓶盖、无瓶盖5个判断信号；每个监测过程设置定时器，以防信号抖动，具体时间由现场调试确定。当“龙门桥检测流程”寄存器等于2时，根据流程1产生的5个判断信号进行综合判断，产生分拣1位确认（对应白色合格物料瓶）、分拣2位确认（对应蓝色合格物料瓶）、分拣不合格确认（对应不合格物料瓶），供物料输送与分拣控制子程序进行分拣位置判断用。当“龙门桥检测流程”寄存器等于3时，即产生综合判断结果之后，对流程1由传感器检测出来的检测信号进行复位。

表5-3-14　龙门桥检测子程序

程序注释	PLC控制程序
流程复位	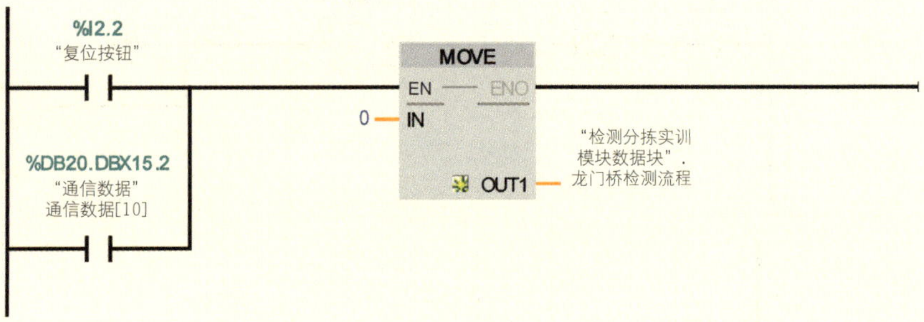 %I2.2 “复位按钮” %DB20.DBX15.2 “通信数据” 通信数据[10] MOVE EN　ENO 0 — IN OUT1 — “检测分拣实训模块数据块”.龙门桥检测流程
瓶盖旋紧检测开始	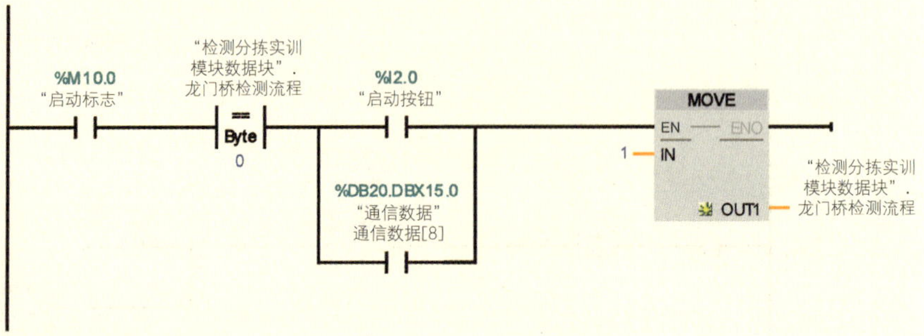 %M10.0 “启动标志” “检测分拣实训模块数据块”.龙门桥检测流程 == Byte 0 %I2.0 “启动按钮” %DB20.DBX15.0 “通信数据” 通信数据[8] MOVE EN　ENO 1 — IN OUT1 — “检测分拣实训模块数据块”.龙门桥检测流程
瓶盖旋紧检测	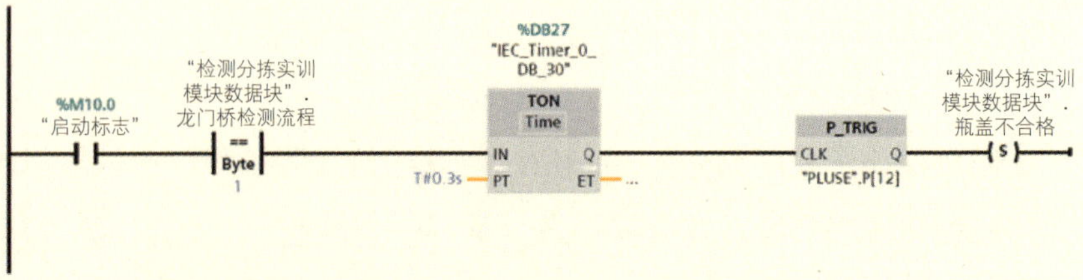 %M10.0 “启动标志” “检测分拣实训模块数据块”.龙门桥检测流程 == Byte 1 %DB27 “IEC_Timer_0_DB_30” TON Time IN　Q T#0.3s — PT　ET — ... P_TRIG CLK　Q “PLUSE”.P[12] “检测分拣实训模块数据块”.瓶盖不合格 (S)

（续表）

程序注释	PLC控制程序
颗粒检测	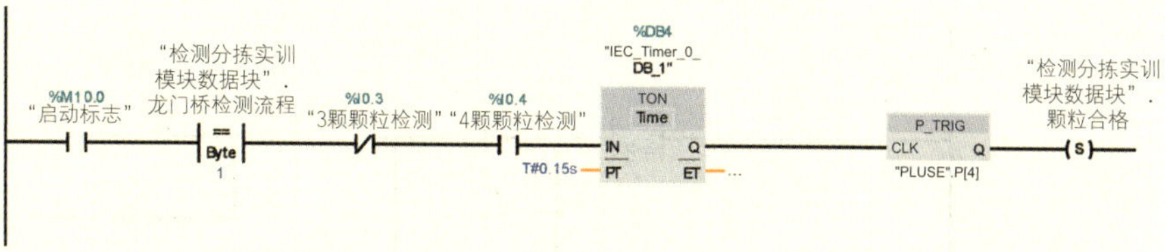 %M10.0 "启动标志"；"检测分拣实训模块数据块".龙门桥检测流程 ==Byte 1；%I0.3 "3颗颗粒检测"；%I0.4 "4颗颗粒检测"；%DB4 "IEC_Timer_0_DB_1" TON Time IN Q PT ET，T#0.15s；P_TRIG CLK Q "PLUSE".P[4]；"检测分拣实训模块数据块".颗粒合格 (S)
瓶盖颜色判断	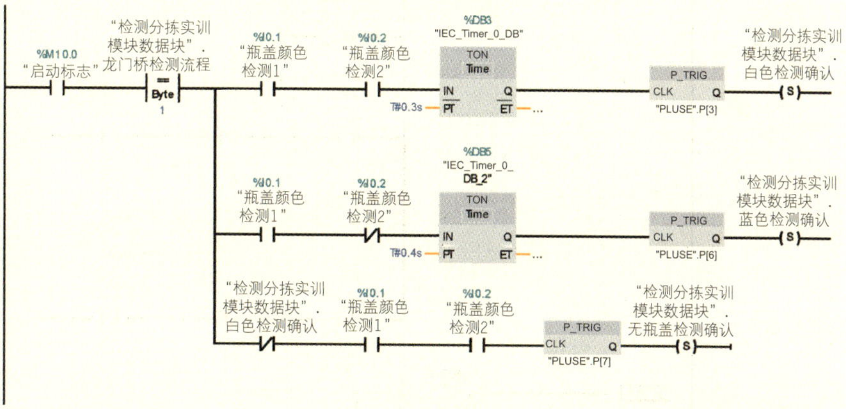 %M10.0 "启动标志"；"检测分拣实训模块数据块".龙门桥检测流程 ==Byte 1；%I0.1 "瓶盖颜色检测1"；%I0.2 "瓶盖颜色检测2"；%DB3 "IEC_Timer_0_DB" TON Time IN Q PT ET，T#0.3s；P_TRIG CLK Q "PLUSE".P[3]；"检测分拣实训模块数据块".白色检测确认 (S) %I0.1 "瓶盖颜色检测1"；%I0.2 "瓶盖颜色检测2"；%DB5 "IEC_Timer_0_DB_2" TON Time IN Q PT ET，T#0.4s；P_TRIG CLK Q "PLUSE".P[6]；"检测分拣实训模块数据块".蓝色检测确认 (S) "检测分拣实训模块数据块".白色检测确认；%I0.1 "瓶盖颜色检测1"；%I0.2 "瓶盖颜色检测2"；P_TRIG CLK Q "PLUSE".P[7]；"检测分拣实训模块数据块".无瓶盖检测确认 (S)
综合判断开始	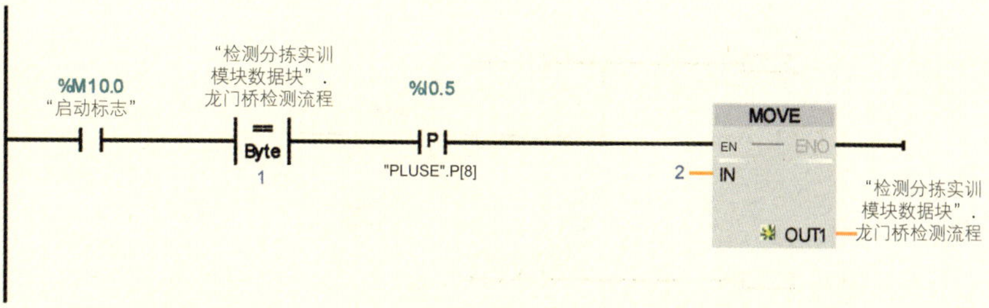 %M10.0 "启动标志"；"检测分拣实训模块数据块".龙门桥检测流程 ==Byte 1；%I0.5 P "PLUSE".P[8]；MOVE EN ENO，2 IN，OUT1 "检测分拣实训模块数据块".龙门桥检测流程

（续表）

程序注释	PLC控制程序
综合判断	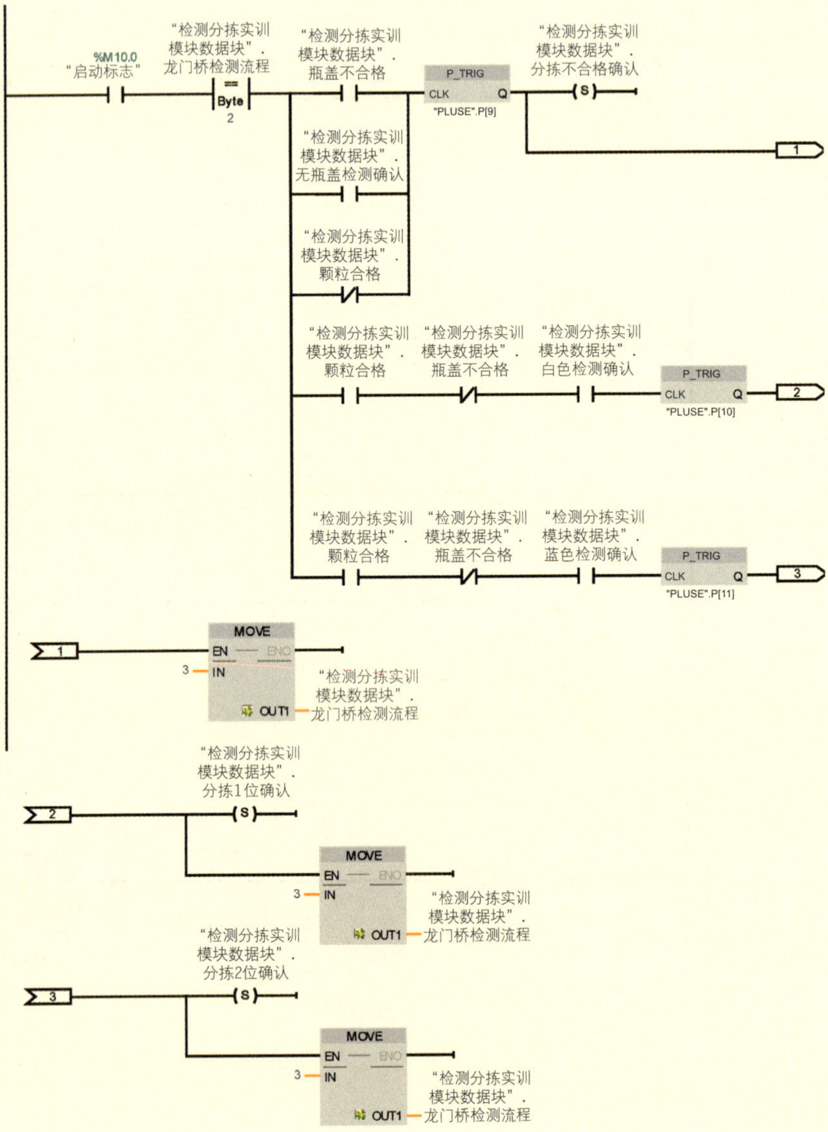 %M10.0 “启动标志”；“检测分拣实训模块数据块”.龙门桥检测流程 == Byte 2；“检测分拣实训模块数据块”.瓶盖不合格；“检测分拣实训模块数据块”.无瓶盖检测确认；“检测分拣实训模块数据块”.颗粒合格；P_TRIG CLK Q "PLUSE".P[9]；“检测分拣实训模块数据块”.分拣不合格确认 (S)；1 “检测分拣实训模块数据块”.颗粒合格；“检测分拣实训模块数据块”.瓶盖不合格；“检测分拣实训模块数据块”.白色检测确认；P_TRIG CLK Q "PLUSE".P[10]；2 “检测分拣实训模块数据块”.颗粒合格；“检测分拣实训模块数据块”.瓶盖不合格；“检测分拣实训模块数据块”.蓝色检测确认；P_TRIG CLK Q "PLUSE".P[11]；3 1；MOVE EN ENO；3 IN；OUT1 “检测分拣实训模块数据块”.龙门桥检测流程 2；“检测分拣实训模块数据块”.分拣1位确认 (S)；MOVE EN ENO；3 IN；OUT1 “检测分拣实训模块数据块”.龙门桥检测流程 3；“检测分拣实训模块数据块”.分拣2位确认 (S)；MOVE EN ENO；3 IN；OUT1 “检测分拣实训模块数据块”.龙门桥检测流程

（续表）

程序注释	PLC控制程序
判断状态清除	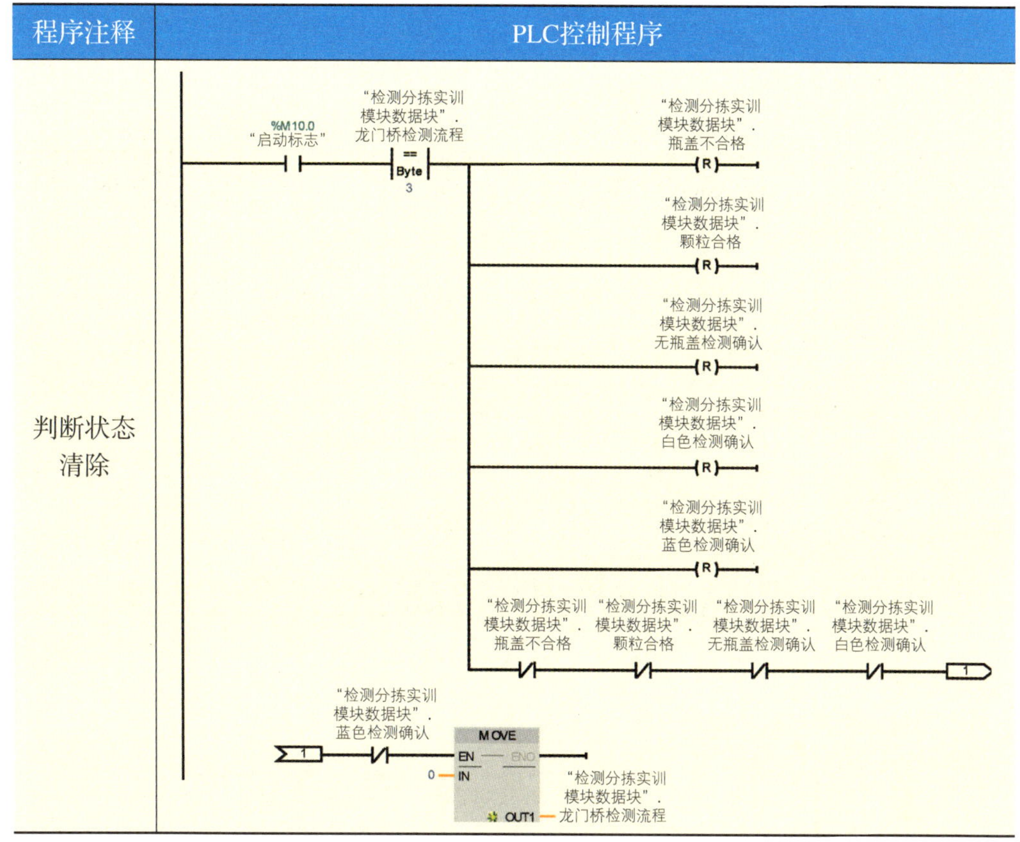

4. 汇川PLC程序

汇川PLC主要负责控制检测结果指示灯，根据综合判断结果进行显示，如图5-3-16所示；并负责从西门子PLC工作站中读取整个模型的启动、停止、复位等信号。

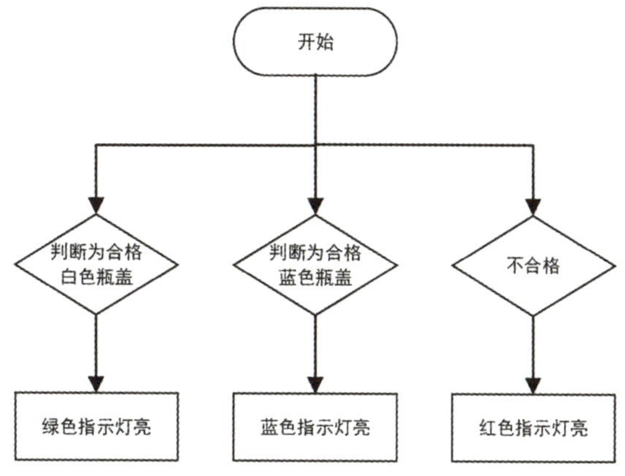

图5-3-16 检测结果指示灯子程序

汇川PLC在进行编程之前需要组态并建立Modbus TCP通道，详细的组态过程见项目三。由此可知，汇川PLC与西门子PLC、三菱PLC之间信号的关系如表5-3-15所示。

表5-3-15　汇川PLC与西门子PLC、三菱PLC之间信号的关系（三）

汇川PLC		方向	西门子PLC		方向	三菱PLC
—	%ix200.0	←	DB17.DBX19.0	DB17.DBX15.0	←	启动按钮
	%ix200.1	←	DB17.DBX19.1	DB17.DBX15.1	←	停止按钮
	%ix200.2	←	DB17.DBX19.2	DB17.DBX15.2	←	复位按钮
	%ix200.3	←	DB17.DBX19.3	启动标志M10.0	—	
用于控制绿灯	%ix200.4	←	DB17.DBX19.4	白盖合格物料瓶		
用于控制红灯	%ix200.5	←	DB17.DBX19.5	不合格物料瓶		
用于控制蓝灯	%ix200.6	←	DB17.DBX19.6	蓝盖合格物料瓶		

汇川PLC的参考程序如图5-3-17所示。

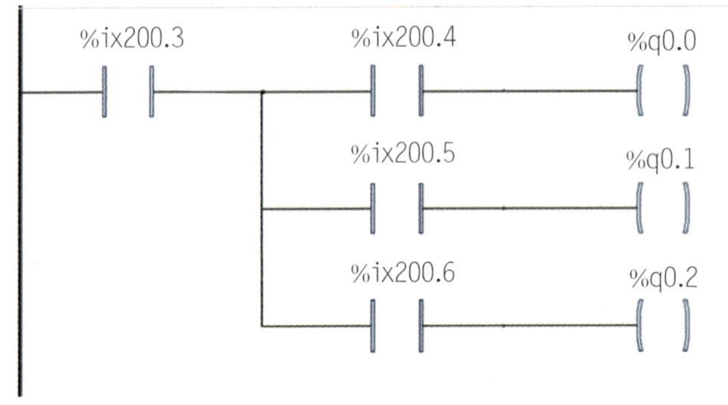

图5-3-17　汇川PLC检测结果指示灯程序

任务考核

一、对任务实施的完成情况进行检查，并将结果填入表5-3-16内。

表5-3-16 项目五任务三自评表

序号	主要内容	考核要求	评分标准	配分/分	扣分/分	得分/分
1	ProfiNet、CC-Link、Modbus TCP网络搭建	正确描述各个网络中各部分的名称，并完成网络安装	（1）描述3种网络的组成有错误或遗漏，每处扣5分； （2）3种网络安装有错误或遗漏，每处扣5分	20		
2	PLC程序设计与调试	正确进行ProfiNet、CC-Link、Modbus TCP网络组态	（1）硬件组态遗漏或出错，每处扣5分； （2）网络参数表达不正确或参数设置不正确，每处扣2分	20		
		按PLC控制 I/O（输入/输出）接线图在配线板上正确安装，安装要准确、紧固，配线导线要紧固、美观，导线要进行线槽，导线要有端子标号	（1）损坏元件扣5分； （2）布线不进行线槽，不美观，主电路、控制电路每根扣1分； （3）接点松动、露铜过长、压绝缘层，标记线号不清楚、遗漏或误标，引出端无别径压端子，每处扣1分； （4）损伤导线绝缘或线芯，每根扣1分； （5）不按PLC控制 I/O（输入/输出）接线图接线，每处扣5分	20		
		熟练、正确地将所编程序输入PLC；按照被控设备的动作要求进行调试，达到设计要求	（1）不能熟练操作 PLC 键盘输入指令扣2分； （2）不能用删除、插入、修改、存盘等命令，每项扣2分； （3）试车不成功扣20分	30		
3	安全文明生产	劳动保护用品穿戴整齐；遵守操作规程；讲文明，有礼貌；操作结束后要清理现场	（1）操作中，违反安全文明生产考核要求的任何一项扣5分，扣完为止； （2）当发现学生有重大事故隐患时，要立即予以制止，并每次扣5分	10		
合计						
开始时间:			结束时间:			

二、根据考核评比要求，对考核内容进行多方评价，并将结果填入表5-3-17内。

表5-3-17 项目五任务三考核评价表

考核内容						
	考核评比要求		项目分值	自我评价	小组评价	教师评价
专业能力（60%）	工作准备的质量评估	（1）器材和工具、仪表的准备数量是否齐全，检验的方法是否正确； （2）辅助材料准备的质量和数量是否适用； （3）工作周围环境布置是否合理、安全	10			
	工作过程各个环节的质量评估	（1）做工的顺序安排是否合理； （2）计算机编程的使用是否正确； （3）图纸设计是否正确、规范； （4）导线的连接是否能够安全载流、绝缘是否安全可靠、放置是否合适； （5）安全措施是否到位	20			
	工作成果的质量评估	（1）程序设计是否功能齐全； （2）电器安装位置是否合理、规范； （3）程序调试方法是否正确； （4）环境是否整洁、干净； （5）其他物品是否在工作中遭到损坏； （6）整体效果是否美观	30			
综合能力（40%）	信息收集能力	基础理论；收集和处理信息的能力；独立分析和思考问题的能力；综述报告	10			
	交流沟通能力	编程设计、安装、调试总结；程序设计方案论证	10			
	分析问题能力	程序设计与线路安装调试基本思路、基本方法研讨；工作过程中处理程序设计	10			
	深入研究能力	将具体实例抽象为模拟安装调试的能力；相关知识的拓展与知识水平的提升；了解步进顺序控制未来发展的方向	10			
备注	强调项目成员注意安全规程及行业标准； 本项目可以小组或个人形式完成					

任务考核

一、对任务实施的完成情况进行检查，并将结果填入表5-3-16内。

表5-3-16　项目五任务三自评表

序号	主要内容	考核要求	评分标准	配分/分	扣分/分	得分/分
1	ProfiNet、CC-Link、Modbus TCP网络搭建	正确描述各个网络中各部分的名称，并完成网络安装	（1）描述3种网络的组成有错误或遗漏，每处扣5分； （2）3种网络安装有错误或遗漏，每处扣5分	20		
2	PLC程序设计与调试	正确进行ProfiNet、CC-Link、Modbus TCP网络组态	（1）硬件组态遗漏或出错，每处扣5分； （2）网络参数表达不正确或参数设置不正确，每处扣2分	20		
		按PLC控制I/O（输入/输出）接线图在配线板上正确安装，安装要准确、紧固，配线导线要紧固、美观，导线要进行线槽，导线要有端子标号	（1）损坏元件扣5分； （2）布线不进行线槽，不美观，主电路、控制电路每根扣1分； （3）接点松动、露铜过长、压绝缘层，标记线号不清楚、遗漏或误标，引出端无别径压端子，每处扣1分； （4）损伤导线绝缘或线芯，每根扣1分； （5）不按PLC控制I/O（输入/输出）接线图接线，每处扣5分	20		
		熟练、正确地将所编程序输入PLC；按照被控设备的动作要求进行调试，达到设计要求	（1）不能熟练操作PLC键盘输入指令扣2分； （2）不能用删除、插入、修改、存盘等命令，每项扣2分； （3）试车不成功扣20分	30		
3	安全文明生产	劳动保护用品穿戴整齐；遵守操作规程；讲文明，有礼貌；操作结束后要清理现场	（1）操作中，违反安全文明生产考核要求的任何一项扣5分，扣完为止； （2）当发现学生有重大事故隐患时，要立即予以制止，并每次扣5分	10		
合计						
开始时间:			结束时间:			

二、根据考核评比要求，对考核内容进行多方评价，并将结果填入表5-3-17内。

表5-3-17　项目五任务三考核评价表

考核内容						
	考核评比要求		项目分值	自我评价	小组评价	教师评价
专业能力（60%）	工作准备的质量评估	（1）器材和工具、仪表的准备数量是否齐全，检验的方法是否正确； （2）辅助材料准备的质量和数量是否适用； （3）工作周围环境布置是否合理、安全	10			
	工作过程各个环节的质量评估	（1）做工的顺序安排是否合理； （2）计算机编程的使用是否正确； （3）图纸设计是否正确、规范； （4）导线的连接是否能够安全载流、绝缘是否安全可靠、放置是否合适； （5）安全措施是否到位	20			
	工作成果的质量评估	（1）程序设计是否功能齐全； （2）电器安装位置是否合理、规范； （3）程序调试方法是否正确； （4）环境是否整洁、干净； （5）其他物品是否在工作中遭到损坏； （6）整体效果是否美观	30			
综合能力（40%）	信息收集能力	基础理论；收集和处理信息的能力；独立分析和思考问题的能力；综述报告	10			
	交流沟通能力	编程设计、安装、调试总结；程序设计方案论证	10			
	分析问题能力	程序设计与线路安装调试基本思路、基本方法研讨；工作过程中处理程序设计	10			
	深入研究能力	将具体实例抽象为模拟安装调试的能力；相关知识的拓展与知识水平的提升；了解步进顺序控制未来发展的方向	10			
备注	强调项目成员注意安全规程及行业标准； 本项目可以小组或个人形式完成					